台灣人工智慧實戰解方精選50

感謝您購買旗標書，
記得到旗標網站
www.flag.com.tw
更多的加值內容等著您…

<請下載 QR Code App 來掃描>

- FB 官方粉絲專頁：旗標知識講堂
- 旗標「線上購買」專區：您不用出門就可選購旗標書！
- 如您對本書內容有不明瞭或建議改進之處，請連上旗標網站，點選首頁 聯絡我們 專區。

  若需線上即時詢問問題，可點選旗標官方粉絲專頁留言詢問，小編客服隨時待命，盡速回覆。

  若是寄信聯絡旗標客服 email，我們收到您的訊息後，將由專業客服人員為您解答。

  我們所提供的售後服務範圍僅限於書籍本身或內容表達不清楚的地方，至於軟硬體的問題，請直接連絡廠商。

學生團體	訂購專線：(02)2396-3257 轉 362
	傳真專線：(02)2321-2545
經銷商	服務專線：(02)2396-3257 轉 331
	將派專人拜訪
	傳真專線：(02)2321-2545

國家圖書館出版品預行編目資料

台灣人工智慧實戰解方精選 50：AI 專家學者 × 企業經理人的深度對話,剖析台灣在地跨領域的 AI 解決方案 / 林筱玫、周芳妃、吳信輝、胡翔崴、胡筱薇、張凱鑫、許嘉裕、黃新鉗、謝右文、韓傳祥 編著 台灣人工智慧協會審訂. -- 初版. -- 臺北市：旗標科技股份有限公司，2025.7
　　　　面；　　公分

ISBN 978-986-312-818-2(平裝)

1.CST: 人工智慧　2.CST: 產業發展
312.83　　　　　　　　　　113016582

作　　者／林筱玫、周芳妃、吳信輝、胡翔崴、
　　　　　胡筱薇、張凱鑫、許嘉裕、黃新鉗、
　　　　　謝右文、韓傳祥 編著
　　　　　台灣人工智慧協會 審訂

發 行 所／旗標科技股份有限公司
　　　　　台北市杭州南路一段 15-1 號 19 樓

電　　話／(02)2396-3257 (代表號)

傳　　真／(02)2321-2545

劃撥帳號／1332727-9

帳　　戶／旗標科技股份有限公司

監　　督／陳彥發

執行企劃／張根誠

執行編輯／張根誠、王菀柔

美術編輯／林美麗

封面設計／陳憶萱、曾莉棻

校　　對／張根誠、王菀柔

新台幣售價： 630 元

西元 2025 年 9 月 初版 4 刷

行政院新聞局核准登記 - 局版台業字第 4512 號

ISBN 978-986-312-818-2

Copyright © 2025 Flag Technology Co., Ltd.
All rights reserved.

本著作未經授權不得將全部或局部內容以任何形式重製、轉載、變更、散佈或以其他任何形式、基於任何目的加以利用。

本書內容中所提及的公司名稱及產品名稱及引用之商標或網頁，均為其所屬公司所有，特此聲明。

目錄

推薦序 ── 黃彥男 博士 7
推薦序 ── 段行建 博士 9
推薦序 ── 呂正華 顧問 12
推薦序 ── 范書愷 博士 13
推薦序 ── 陳春山 博士 15
推薦序 ── 欒　斌 博士 17
推薦序 ── 廖財固 博士 19
推薦序 ── 林建憲 博士 22
　序　　 ── 林筱玫 博士 24
台灣人工智慧協會介紹 ── 吳春森 博士 28
出版目的聲明書 ── 張凱鑫 律師・王怡璇 會計師 34

Part01 基礎篇

CHAPTER 1　導論：臺灣 AI 產業的現況與未來趨勢

1-1　AI 實踐與思辨：產業・教育・倫理全景解析 1-6
1-2　AI 導入教育的挑戰與實踐 1-9

CHAPTER 2　AI 倫理：給產業的體系化 AI 倫理原則案例

2-1　AI 的人格問題 2-2
2-2　AI 的幻覺問題 2-3
2-3　隱私與個人資料保護 2-3
2-4　防止偏見、歧視 2-5
2-5　防止濫用、誤用，透明性原則與人為控制可能性的保留 2-6

3

CHAPTER 3 生成式 AI 和分辨式 AI 之差異與整合活用趨勢

- 3-1 編輯的話：生成式 AI 和分辨式 AI 簡介 3-2
  - 3-1-1 生成式 AI 和分辨式 AI 的定義與技術差異 3-2
  - 3-1-2 生成式 AI 與分辨式 AI 的應用與整合策略 3-8
  - 3-1-3 生成式 AI 與分辨式 AI 的融合應用：
    從資料補全到跨領域效益的提升 3-13
  - 3-1-4 導入生成式 AI 與分辨式 AI 的模型驗證及監控比較 3-14
  - 3-1-5 總結 3-15
- 3-2 生成式 AI 與顯示技術的深度融合，開創數位藝術新時代 3-18
- 3-3 智慧空間設計 3-21
- 3-4 以 AI 重塑房地產與家居設計的未來 3-28
- 3-5 TAIDE 計畫：打造具智慧價值的大型語言模型 3-33
- 3-6 糖尿病管理再升級，AI 與專家聯手打造專業問答平台 3-39

Part02 AI 企業實戰實例

CHAPTER 4 AI 製造

- 4-1 編輯的話：AI 於智慧製造的應用 4-2
- 4-2 從傳統到智慧製造：運用 APHM 打造智能未來 4-7
- 4-3 精密檢測革命：AI 助力零組件瑕疵檢測，品質效能雙突破 ... 4-11
- 4-4 AI 驅動的超早期局部放電預警，為高壓設備安全保駕護航 ... 4-14
- 4-5 AI 智慧監控：精準修補與異常偵測，破解製程數據挑戰 4-17
- 4-6 AI 助攻！突破面板修補瓶頸，提升良率新方案 4-21
- 4-7 結合大數據分析與 AIoT 技術打造智慧製造燈塔工廠 4-25
- 4-8 雷射測距與伺服馬達驅動整合開發 4-29
- 4-9 使用 Tukey 實踐石化業非計畫性停機事前預警 4-35
- 4-10 AI 賦能永續轉型：實現 ESG 與 SDGs 的創新之道 4-41

4-11	AI 驅動零缺陷製造，面板產業的智慧轉型	4-49
4-12	精準對接 AI 未來──群創光電無人載具的智能搬運革命	4-53

CHAPTER 5　AI 醫療

5-1	編輯的話：台灣智慧醫療大健康、大商機	5-2
5-2	AI 智慧預防跌倒風險，守護高齡者行動安全	5-7
5-3	AI 技術落地照護現場，從預警到監測提升整體照護品質	5-13
5-4	以智慧床墊為核心實現精準高齡照顧	5-20
5-5	遠距傷口照護雲端平台和 App 設計實踐	5-27
5-6	基於機器學習的圖片描述進行輕度認知障礙檢測之語音分割與辨識	5-32
5-7	AI 失能預防系統實務應用：串聯在地診所的高齡健康照護新模式	5-40
5-8	用 AI 創新健康管理、提升睡眠品質	5-45
5-9	AI 精準診斷睡眠呼吸問題，開啟智能健康新時代	5-50

CHAPTER 6　AI 金融

6-1	編輯的話：智慧金融－以投資管理為例	6-2
6-2	結合『自適應 AI』的智能理賠解決方案 - 讓民眾分秒內完成理賠申請	6-8
6-3	AI 金融科技新標竿：好好證券的數位開戶創新	6-16
6-4	AI 智慧專利年費管理	6-21

CHAPTER 7　AI 零售

7-1	編輯的話：AI 浪潮下的智慧新零售：重塑消費體驗與商業模式	7-2

7-2　將 AI 導入人流分析與銷售預測..7-11
7-3　全家便利商店如何用 AI 解決訂貨與剩食的兩難..................................7-17
7-4　更懂消費者：從購物行為到市場需求的 AI 深度解析................................7-22

CHAPTER 8　AI 農業

8-1　編輯的話：智慧農業、大・人・物、青農...8-2
8-2　水產養殖新時代：AIoT 引領漁業永續，倡議藍色食物................................8-9
8-3　養魚也能高科技！AIoT 幫忙養得好又輕鬆..8-13
8-4　AI 驅動的養豬業革新...8-22

CHAPTER 9　AI 創新（跨域整合）

9-1　編輯的話：生成式 AI 的崛起，
　　帶來全新商業模式與產業升級機會..9-2
9-2　聲學演算法...9-6
9-3　不動產產業 AI 客服解決方案..9-14
9-4　如何用 AI 技術建立完整的資訊安全體系..9-20
9-5　數位轉型中的 AI 綠色革命..9-26
9-6　突破資料整合挑戰的防災與氣象預測 AI..9-32
9-7　配方設計 AI 化！特用化學品行業的智能轉型......................................9-36
9-8　Building × Lifecycle Twin 引領智慧建築新未來.................................9-41

CHAPTER 10　智慧轉型新藍圖：AI 驅動的產業創新與永續發展

推薦序

臺灣正處於人工智慧（AI）之發展關鍵時刻，已然自學術研究向產業應用邁進，遂成為數位轉型之不可缺推力。AI 不僅重塑製造、醫療、農業、金融的傳統產業結構，亦催生創新商業模式與新興服務，讓臺灣於全球科技競爭中，具更強競爭之力。值此關鍵，吾甚榮撰《臺灣人工智慧實戰解方精選 50》推薦序，見證此書於臺灣 AI 產業所帶來重要貢獻。

本書不僅為產業技術專書，更可見臺灣 AI 產業發展之縮影。書中精選 50 具代表性 AI 案例，涵蓋智慧製造、醫療、農業、金融、零售、跨域創新等八大產業，昭示臺灣 AI 多元發展與實踐果效。尤為可貴者，本書亦涉 AI 社會責任、倫理、法規等議題，反映人工智慧技術發展中重要挑戰與未來趨勢。

於全球競爭日激烈之環境中，臺灣擁有堅實科技產業基礎與卓越人才資源，此為 AI 時代脫穎而出關鍵。透過此書，吾儕不僅能見 AI 如何於產業間發揮影響，亦能藉業界先驅之經驗，為未來發展供借鏡啟發。身為資訊科技研究工作者，長期推動數位產業發展，吾深知 AI 技術發展不獨關乎企業競爭，亦與國家數位轉型、社會福祉緊密相連。政府持續推 AI 技術創新、資料開放、數據治理、數位基礎建設，冀創臺灣 AI 產業更佳發展環境。同時，吾等促進產學合作，勉跨域人才交流，揚 AI 於臺普及率與應用價值。

臺灣於 AI 發展已顯明晰戰略，包括技術創新、應用多元化、產業生態完善。以半導體為核心之技術優勢，為 AI 技術研發提供強勁支撐。倚賴生成式 AI 及邊緣智慧之技術進步，將驅動更高效演算法及硬體整合，廣泛 AI 應用。政府正促「擴算力」、「鏈場域」、「引人才」、「展應

用」四大策略，聚焦智慧醫療、資安、淨零綠能與智慧交通等 AI 應用場景，升產業應用深度與廣度，構完整 AI 應用生態。

《臺灣人工智慧實戰解方精選 50》之出版，無疑為臺灣 AI 產業供重要知識平台。此書不獨助企業速掌 AI 發展脈動，亦為學術研究者、政策制定者與相關產業工作人士的豐富參考。我相信此知識分享與經驗交流，將加速臺灣 AI 生態成熟，助吾等於全球 AI 競局中居更有利之位。

於此，吾誠薦此書予海內外關心臺灣 AI 產業者。冀其成推 AI 應用、促產學合作、引產業創新之橋樑。讓吾等攜手齊步，推臺灣 AI 業、邁向光明未來。

黃彥男 博士
數位發展部 部長

推薦序

我跟台灣人工智慧協會很有緣分，認識很多協會的董監事及會員，我也很有幸跟很多的台灣 AI 新創公司的老闆及同仁們認識，因此平常有不少機會和 AI 界的朋友們交流，今天看到協會出了這本書，而且很多 AI 新創公司都有分享案例，很替大家高興。

我個人的背景從研究生開始，後來在美國從事研發工作十幾年，再回到台灣開創 TFT-LCD 公司，這五十多年來我的工作一直與製作某樣東西的某一個 step 的配方有關，所以早就對使用 AI 來優化製程配方非常期待。為了有最直接的體會，過去幾年我自己也時常使用杰倫智能科技的 AutoML 軟體平台，嘗試在幾個不同產業的製造流程中，用 AutoML 建模，從使用的製程參數（x）來推測產出的結果（y），進而改善該 step 所使用的配方。這樣子來來回回了幾年，愈做愈謙虛，一方面感覺 AI 真的很厲害，而且進步快得讓人跟不上，另一方面也覺得 AI 也不是 magic solution，原來的 domain knowledge、統計學概念、對製程能力的定義及 control chart 等等的深度了解，還是同樣的重要。

如果對於 AI/AutoML 的認知只是它可以幫助我們建立一個模型，用一組 x 來推測 y，進而達到虛擬量測以及配方改善，如果建模的 score 很低，就是代表 AI 失敗了，那就有一點小看 AI/AutoML 了，我認為不管建立的 AI 推測模型 score 是高還是低，對使用者都很有提示的價值，如後頁圖所示，x- 軸是該模型的 R2 score，y- 軸是你實際使用的配方（x）所產出的結果（y）在業界的相對水平，如圖中所示，每一個象限都代表了對使用者不同的提示，所以從這個角度來看，用

AI/AutoML 建模的過程本身就是在診斷使用者的體質，而這個診斷工具是公正的，沒有人為的影響，光這一個功能就值回票價了。

因為製造業製程所使用的參數常常很多，有的時候資料也不足或許也不準確，所以在建模的初期模型分數高反而是例外，分數低反而是正常，在這段期間 AI/AutoML 的價值在於體質診斷，診斷以後使用者要做體質的改善，體質改善以後再去嘗試建模，然後再診斷、再體質改善、再建模，經過幾個循環以後可能就有希望建立一個比較準確的模型，但是我相信在這個過程中，即使分數還不是很高的時候，因為體質的逐漸增強，已經可以看到製程本身的改善了，逐漸向第一象限右上角推進。

AI 發展至今進步神速，生成式 AI 出現後，應用的領域變得更廣更深，本書中發表的眾多案例就是見證，一個企業再不導入 AI 已經不是一個選項，決策者在導入 AI 的時候一定要有決心，也更要有耐心，同樣的工具在不一樣的人手中，發揮出的結果可以有很大的差異，到底要用什麼樣的組織來推動？用那種人來領導推動？選定那些題目來推動？都是很重要的抉擇。我個人的偏見是先選容易的題目，建立對 AI 的信心及經驗，由有跨領域、跨學域、有整合能力的 general scientist 來領導，這談何容易？所以要有耐心，但不做，可能在 AI 的浪潮下逐漸喪失競爭力。如果企業內還沒有這種的人才，需要趕快挑選，栽培，送訓，當然參加台灣人工智慧協會成為會員，也可以增加多和外部交流的機會。最後預祝這本書發揮它應有的影響力，也期望未來還有續集。

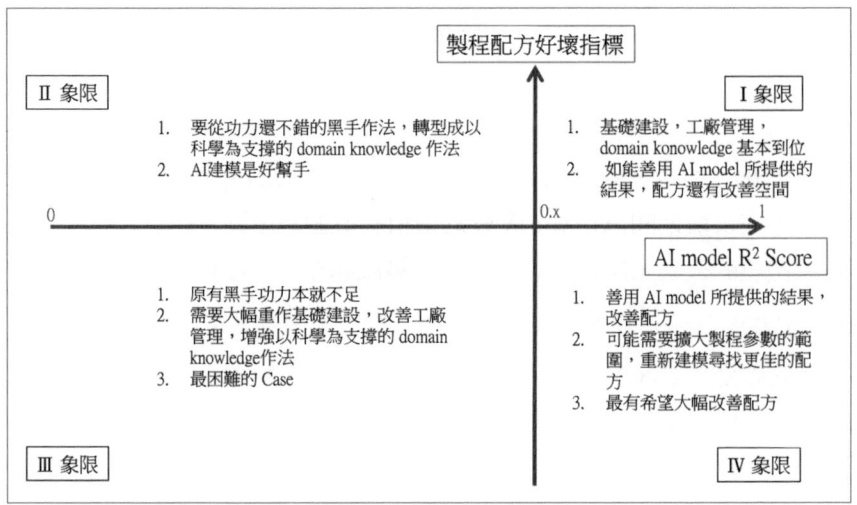

段行建 博士
群創光電創辦人暨榮譽董事長
台灣人工智慧協會資深顧問

推薦序

身為台灣人工智慧協會顧問，看到協會成長，感到非常欣慰，也非常榮幸能為《台灣人工智慧實戰解方精選 50》撰寫推薦文章。

當今，台灣正站在全球人工智慧應用的重要時代交叉點，正如作者們所言：台灣企業如何抓住這次千載難逢的機會，進行突破和轉型，成為備受關注的議題。我在政府任職期間，從工業局到數位產發署，致力於平衡產業發展需求與供應鏈的韌性以及 AI 數位轉型，目的是讓數位科技能夠成為驅動進步的引擎。透過規劃相關政策、推廣技術應用、培訓專才，希望能幫助台灣的產業在這數位經濟時代中找到新的發展動力。

《台灣人工智慧實戰解方精選 50》是一本很棒的工具書，它匯集了台灣 AI 產業的核心發展與實際應用，讓讀者一窺台灣在不同行業中如何展現卓越。《大學》說："知之者不如好之者，好之者不如樂之者。"而這本書，正是能激勵讀者對 AI 的熱情投入，完美詮釋了這句古訓的智慧。

除了涵蓋智慧製造、醫療、農業、金融及零售等多個領域，這本書每一章節深入剖析 AI 技術如何改變我們的世界。無論是應用影響還是社會責任、倫理法律發展，它都融入了深刻的思考，為讀者帶來透徹的洞見。

相信本書將成為推動台灣 AI 產業前進的重要力量之一，為廣大讀者指引方向、啟發靈感，共同讓台灣在全球 AI 的舞台上大放異彩。

呂正華
中華民國工業總會秘書長
數發部數位產業署前署長
台灣人工智慧協會資深顧問

推薦序

隨著全球產業數位轉型與智慧化技術的蓬勃發展，人工智慧（AI）已成為推動產業升級與創新不可或缺的驅動力。尤其在台灣，擁有堅實的 ICT 產業基礎與完善的研發能量，AI 的應用正迅速地拓展到各行各業，並在技術創新、商業模式、法規與倫理挑戰之間，持續展現其多元的發展潛力。近年來，台灣所累積的 AI 實務經驗，無論是在製造、物流、醫療、金融、零售甚至社會公益等多面向場域，皆呈現了極具價值的實戰成果與前瞻性。

本書《台灣人工智慧實戰解方精選 50》不僅涵蓋了台灣 AI 技術創新與應用的寶貴經驗，也從商業模式到社會責任、從組織轉型到法遵規範，為讀者提供一個宏觀而深入的視角，讓業界、學界與政策制訂者能夠有效掌握 AI 的最新脈動。書中案例之豐富程度與完整性，正說明了台灣 AI 生態系的多元與活力，同時也展現產官學研在面對新興技術時，如何透過跨領域合作協力推動產業升級與策略佈局。

從**工業工程**的角度而言，AI 與工業工程的結合更是前景可期。工業工程所重視的流程效率、系統整合與資源優化，若能藉由 AI 在機器學習、巨量資料分析與智慧化決策等方面的支持，勢必能在供應鏈協同、彈性生產、自動化排程以及智慧維運等領域產生巨大效益。這些應用場景所帶來的經濟與社會價值，不僅能為企業創造新的競爭優勢，也將為全球工業工程領域注入新的動能。對於身處數位革命浪潮的我們而言，AI 以指數型速度成長，更促使工業工程面臨全面升級與重新定義，藉此實現更高階的生產力與可持續發展。

作為**中國工業工程學會理事長**，我深刻體認到 AI 與工業工程的結合，已從原先的理論探討，落實到日常營運與企業決策的核心。本書集

結台灣 AI 發展中最具代表性的多元案例，為海內外產業界與研究機構提供了絕佳的參考範本。更難能可貴的是，書中所呈現的不只是技術與工具，而是跨領域整合與系統思維的實踐，正是工業工程與 AI 結合的關鍵價值所在。

我誠摯推薦《台灣人工智慧實戰解方精選 50》給所有關心 AI 產業與工業工程的同道。本書兼具廣度與深度，能協助讀者快速掌握台灣在 AI 領域的尖端成果與發展趨勢，並將激發更多關於產業轉型與技術創新的思考。期盼在各界的共同努力之下，AI 能與工業工程攜手推動全球產業持續進步，實現技術與人文並進的永續未來。

范書愷 博士
國立臺北科技大學管理學院院長
中國工業工程學會理事長
台灣人工智慧協會顧問

推薦序

　　根據麥肯錫顧問公司的預測，2030 年 AI 產業可能為全球經濟帶來高達 13 兆美元的額外成長，相當於每年全球 GDP 增長 1.2%。台灣過去在半導體產業的成功奠定了技術優勢，而在 AI 浪潮下，台灣如何定位其全球角色，並對經濟與社會產生深遠影響，已成為關鍵議題。我們如何透過產官學協力，制定出具全球競爭力的 AI 產業戰略，攜手推動台灣成為國際 AI 發展的核心？

　　我們誠摯感謝台灣人工智慧協會執行長林筱玫博士，邀請 AI 產業新創大同盟共謀台灣 AI 未來發展，並在全球 AI 生態系中，確立台灣的戰略地位。我們期望共同推動以下關鍵方向：

1. **推動 AI 創新生態，促進新創企業規模化與國際化**：透過「大帶小」模式，串聯企業創投與市場機制，加速台灣 AI 新創的全球布局與資本市場發展。
2. **深化國際合作，確立台灣 AI 產業的全球價值鏈地位**：與國際 AI 龍頭企業建立策略聯盟，強化台灣在全球產業鏈中的技術與市場定位。
3. **推動資本市場與產業鏈接軌，加速 AI 新創 IPO 進程**：攜手證券交易所與櫃檯買賣中心，舉辦「AI 產業新創聚合論壇」，促進大型企業與新創對接，並透過證交所機制，引導企業成功上市。
4. **打造 AI 產業生態圈，發展多元創投與私募基金**：建立涵蓋 AI 創投、私募基金及產業策略投資的完整資本生態系，確保產業長期競爭力。

5. **制定 AI 國家級戰略政策，推動基礎建設與人才發展**：向政府、立法院及法人機構提出 AI 戰略建議，推動基礎設施建設、人才培育及國際人才引進計畫。
6. **參與全球 AI 治理，強化台灣在國際 AI 聯盟的影響力**：雖台灣未能正式加入聯合國，但我們可成為「AI 產業聯合國」的重要成員，積極參與國際政策協調、倫理規範制定、產業鏈結與人才交流，讓台灣在全球 AI 治理中發揮關鍵作用。

台灣人工智慧協會透過本書集結台灣 AI 創新與應用方案，展現台灣在全球 AI 產業的實力。如賴清德總統與 Nvidia 執行長黃仁勳所言，台灣是「人工智慧島」，而「Taiwan」的核心正是「AI」。我們務實規劃並實踐這一願景，讓 AI 成為台灣新一代的產業支柱。

我們誠摯邀請各法人機構、大型企業及 AI 新創，共同加入 AI 產業新創大同盟，推動 AI 產業化、產業 AI 化、AI 生活化，共同開創更美好的智慧未來！

陳春山 博士
AI 產業新創大同盟 執行長
數位治理協會理事長
國立臺北科技大學智慧財產權研究所 教授

推薦序

　　近年來，人工智慧（AI）已從研究與理論快速走向實際應用，成為企業轉型與各產業升級的關鍵推動力。身處管理與科技交融之時代，能快速掌握 AI 發展趨勢並將其整合至各種產業情境中，無疑將是組織因應當前競爭環境、培養未來成長力的關鍵。本書《台灣人工智慧實戰解方精選 50》（AI Solutions in Taiwan - Premium Selection 50），正是以詳實且系統化的方式，為讀者揭示在台灣 AI 領域多元而豐富的創新應用實況。

　　過去我於管理領域的教學、研究與推動產學合作的過程中，深切體會到技術發展與商業模式並進的重要性。AI 能為企業帶來的，不只是效率提升和成本優化，更可能顛覆以往既定的運作模式，創造全新價值鏈。但 AI 技術並非只是程式碼的演算，而是與人員、組織、市場以及產業生態環境等複雜因素相互影響，需要具備跨領域整合視野和思維，才能打造出務實且持久的成果。

　　林筱玫主編及其編輯團隊在本書中，邀請各領域代表企業與組織，分享其在 AI 實際落地的詳細過程與心得，將抽象的「AI 思維」具體化為「行動方案」，進而呈現落地執行中所面臨的挑戰以及所獲得的寶貴經驗。書中內容涵蓋製造、金融、服務、醫療、農業等眾多關鍵產業，這些案例不但充分體現了台灣在 AI 應用上的多樣性，也讓人看到了未來在國際舞台上大放異彩的可能性。

　　此外，本書的可貴之處在於並非只著墨於技術層面，同時也兼顧組織文化、人才培育、法規與倫理等議題，協助讀者清楚認識 AI 落地時可能面臨的挑戰與必要考量。這些來自第一線的現場經驗，可在管理決策與策略訂定上提供寶貴的參考依據。

面對瞬息萬變的全球競爭局勢，台灣從傳統產業的升級，到新創企業的誕生，都亟需創造更多「AI + X」的應用範疇，以奠定新世代的發展基礎。台科大管理學院向來強調「理論與實務並重，知識與行動融合」，相信本書所收錄的 AI 實戰案例，將有助於讀者全面掌握人工智慧如何真正為企業與社會帶來改變，進而激發出更多創新火花。

我深信，《台灣人工智慧實戰解方精選 50》能帶給業界與學界新的啟發與對話，也期盼更多組織與個人能從中獲得前瞻洞見與具體行動指引，為台灣在全球科技舞台上繼續綻放耀眼光芒。誠摯推薦此書予所有渴望深入了解並實踐 AI 應用的朋友，共同書寫台灣智慧創新的嶄新篇章。

欒斌 博士
國立臺灣科技大學 管理學院企業管理系 教授
113 年教育部 師鐸獎得主
台灣人工智慧協會顧問

推薦序

AI 時代來臨，數位教育的新浪潮

在全球數位化急速發展的浪潮下，人工智慧（AI）已不再只是實驗室中的技術，而已滲透到生活、產業與教育的每一個角落。從生成式 AI 協助學習與創作，到大數據驅動決策模式，AI 正在改變人類工作的方式與生活的面貌。在這樣的背景下，如何結合人工智慧為自身的發展加值升級，也成為各領域、各行業，甚至是每一個人的挑戰。

《台灣人工智慧實戰解方精選 50》一書從智慧製造、智慧醫療、智慧農業、智慧金融、智慧零售及跨域 AI 創新六大面向，彙整台灣 AI 產業的重要發展與實戰應用，呈現出台灣在 AI 技術導入與產業創新的多元成果，不僅展現企業與機構如何運用 AI 提升效率、創造價值，更提供具體案例與實作經驗，作為學術界、產業界及政府政策制定的重要參考。

面對這波浪潮，教育體系同樣需要重新思考教學內容與學習方法，培育兼具科技素養與人文關懷的未來公民，成為時代的要務。以下藉臺南一中的實例呼應《台灣人工智慧實戰解方精選 50》一書所呈現的趨勢與理念。

臺南一中的 AI 數位教學精進計畫

臺南一中於 2024 年開始積極推動的「數位轉型與 AI 教學精進計畫」，正是以「接軌國際、培育 AI 人才」為核心願景，結合基礎建設升級、教學應用創新、師資專業精進與跨校跨國交流等面向，致力打造現代化智慧校園與高品質的 AI 教學場域的極佳實例。

在基礎建設升級方面，臺南一中全面規劃網路與設備升級，包括獨立光纖布建、核心交換器與無線基地台更新、Cat.6 以上等級的網路線佈建，建構高速穩定且具資安防護的數位校園環境。這些硬體設施的整備，不僅提升行政效率，也為教師創新教學與學生多元學習提供堅實的後盾。

在教學應用創新方面，臺南一中導入生成式 AI 技術，設計多門跨學科課程與創意專案，例如結合跨領域探究與文學創作的課程「竹園岡的甜心執事」，透過 ChatGPT 與 Gemini 等平台，引導學生進行問題探究、資料分析與創意表達，從而培養批判思考與解決問題的能力。此外，學校也積極開發適合高中生的 AI 實作課程，涵蓋提示詞優化、自動化應用、機器學習與數據視覺化等主題，並鼓勵學生參與 AI 專案設計與地方、全國競賽，將 AI 能力實際應用於學術與生活情境。

在師資專業精進方面，臺南一中成立教師數位學習社群，舉辦 AI 應用工作坊與跨科教案發展研習，並規劃前往 Google、微軟等國際科技企業與教育機構參訪，促進教育科技觀念的吸收與轉化。透過持續的專業成長機制與實務交流，教師不僅掌握最新教學科技，也能在課堂中實踐 AI 教育理念，進而建立可複製、可擴散的教學典範。

在跨校跨國交流方面，臺南一中透過與國內外學校的聯盟互訪、課程協作與教學觀摩，師生得以跨越地域限制，了解全球 AI 教育的最新趨勢與實務成果。例如與日本、韓國等國的高中進行交流活動，或邀請國際學者與產業專家進校分享 AI 應用經驗，皆促進了國際教育對話，也為學生創造更多元、開放的學習機會。這些跨校跨國的連結，不僅提升學校整體教育影響力，更讓學生從在地出發，與世界接軌，培養具備全球競爭力的未來公民。

長遠規劃，建立永續 AI 教育生態系

臺南一中這項 AI 數位教學精進計畫，並非短期、速成的急就章，而是分階段、有系統的長期規劃。從短期啟動 AI 工具導入與教師社群建構、中期深化課程設計與教學成果累積，到長期發展具代表性的 AI 教學模式與學生專案成果輸出。透過持續推動跨學科整合、生成式 AI 應用與實作導向學習，臺南一中也希望形塑出一套具未來性與示範性的數位教育生態系統，不僅強化校內教學能量，也為台灣 AI 教育建立一個可參考與複製的典範。

AI 融入教育不僅是單一學校的創新實踐，更是對未來教育可能性的積極探索與實證。正如《台灣人工智慧實戰解方精選 50》一書的關鍵理念，AI 教育的核心不僅在於技術操作能力的提升，更在於如何整合人文關懷與批判思維，創造有價值的學習經驗。

教育不應只是被動因應科技變革的受體，更應成為主動塑造未來社會與文化的引擎。透過深耕 AI 素養、強化師生共學、開展國際對話，在未來時代，教育將不再只是傳授知識的場域，而是培育未來世界創造者的搖籃。

廖財固 博士
國立臺南一中校長

推薦序

人工智慧正以前所未有的速度，重塑我們所認識的世界。無論是智慧醫療、永續農業、製造升級，或是教育轉型，AI 已不再只是技術術語，而是驅動變革、解決現實問題的關鍵力量。在這波席捲全球的浪潮中，台灣憑藉紮實的研發實力、靈活的創新文化與多元的應用場景，展現出獨特且強勁的智慧動能。

自 2020 年創立以來，台灣人工智慧協會（TAIA）秉持「AI for GOOD」的信念，致力於推動 AI 應用、促進跨界合作、培育種子講師、深化國際連結。值得一提的是，協會的創會成員多來自被譽為 AI 人才搖籃的台灣人工智慧學校（Taiwan AI Academy）。這群來自產業第一線、具備實戰經驗的實踐者，將所學化為行動，共同打造一個深耕台灣、連結國際的 AI 大平台。

多年來，作為台灣人工智慧學校最大的校友組織，協會不僅支持母校持續推動 AI 教育，更主動舉辦如 AI Day 等高頻次、長期性的技術交流論壇，並推動 AI COACH 系列工作坊，協助無程式背景的設計師、行銷企劃、企業經理人等跨域人才理解與導入 AI，真正實現知識普及與創新落地。同時，透過 AI Award 表彰在技術卓越、創新應用與社會貢獻方面具代表性的團隊與個人，持續激發多元參與與創意實踐。

在落實在地深耕的同時，協會也積極拓展國際視野。面對台灣南北產業發展差異與 AI 能量分布不均的現實，特別感謝中南部兩大法人——金屬中心與精密機械發展中心，對於推動醫療器材與精密機械產業 AI 化的全力支持與合作。

在國際合作方面，協會在工研院機械所智慧機械辦公室與資策會國際合作中心的協助下，與美國在台協會（AIT）合辦「USA - Taiwan AI

＋ Smart Manufacturing International Online Conference」，強化台美雙邊於供應鏈重組、勞動力轉型等領域的交流與合作；亦與英國在台辦事處舉辦「UK‐Taiwan AI ＋ Smart Manufacturing International Conference」，推動 AI 智慧工廠與數位孿生等創新技術的實務應用。

在日本方面，協會透過資策會台日產業合作推動辦公室 (TJPO) 牽線與支持，多次組團赴日，與日本 AI 協會及相關產學機構建立深度交流，共同探討智慧製造、長照服務與智慧城市等創新解決方案。

更進一步地，協會亦與國際合作發展基金會簽署合作備忘錄，攜手推動台灣 AI 能量拓展至全球新興市場，參與多項台灣海外經濟發展計畫，將 AI 技術應用於智慧農業、疫病預警、公共衛生管理與氣候風險監測等關鍵領域，並規劃在地培訓技術人才。

上述國際經驗讓我們深刻體會：AI 不僅是產業升級的工具，更是推動全球公平與永續發展的重要力量。推動這一切的核心動能，來自台灣這群願意攜手同行、共創願景的 AI 社群。台灣的 AI 發展之所以能持續進化，不僅仰賴技術實力，更奠基於人與人之間的信任與連結。

《台灣人工智慧實戰解方：AI Solutions in Taiwan》正是這股力量的縮影。本書所收錄的每一個案例，無論是企業的價值共創、學界的科研突破，或 NGO 的永續實踐，皆展現出台灣 AI 能量的多元與深度。它不僅是一本記錄，更是一份台灣邁向智慧未來的集體足跡。

我誠摯期盼，這本書能為更多人開啟理解 AI 的契機，也讓世界看見：台灣不僅有創造科技的實力，更有以科技實踐價值、連結世界、改變未來的決心與能力。

謹此誌序，並感謝所有一路同行、持續付出的夥伴們。未來，讓我們攜手前行，讓台灣的人工智慧，走得更遠、做得更深、發得更亮。

林建憲 博士
台灣人工智慧協會理事長

序

自 2021 年擔任台灣人工智慧協會執行長，推動 AI 產業發展，與政府機構（經濟部、數位發展部等）、國際組織（英國在台辦事處、美國在台協會等）及產業機構（工研院、資策會、全國中小企業總會、台北市電腦公會等）合作，專注於智慧機械、雲端技術及 AI 人才培訓，並參與「智慧機械 AI 加值成果發表會」、「AI Hub 黑客松」、「臺灣雲市集 TCloud 計畫」等大型計畫。此外，亦擔任專家輔導「總統盃黑客松」、「政府機關資料應用培力」、「T-Cross 在地數位種子人才」等專案，過程中見證台灣 AI 創新的蓬勃發展。

2022 年，本協會受邀於**新生命小組教會**的聖誕嘉年華展出，與牧師友人交流 AI 教育的發展機會。翌年，**璟蓉牧師**傳來喜訊，在顧其芸主任牧師及教會的支持下促成本書的構思與籌劃。籌劃過程中，曾經遇到一些瓶頸，所幸多年來有台科大**彭雲宏教授**及**梁瓊如教授**等老師們對我的鼓勵與寶貴指導，老師特別強調 **AI 解決方案的價值必須建立在實證應用之上**，這讓協會在書籍內容的規劃上更加審慎，確保所收錄的案例皆經過實際驗證，能夠真正為產業轉型帶來具體效益。

本書能夠順利出版並推廣台灣 AI 教育，除了專家指導與團隊努力，更仰賴協會會員們的熱情支持。特別感謝**超尊科技 張正煌董事長**、**大量科技 王作京董事長**、**水秀資本 林水盛夫婦**、以及**宜慶地政創辦人 林宜慶董事長**的慷慨公益贊助，使本書得以順利問世，推動本土 AI 教育理念向前邁進。

在《台灣人工智慧實戰解方精選 50》（AI Solutions in Taiwan - Premium Selection 50）正式發行之際，作為主編，我謹向所有參與本書撰寫、審閱、編輯與支持的專家學者、企業夥伴及產業先進致上最誠摯

的感謝。正是您們的智慧與熱忱，使本書得以完整呈現台灣人工智慧應用的精華，並成為推動 AI 產業發展的重要參考。

首先，衷心感謝本書發起人**台灣人工智慧協會理事長 林建憲博士**的支持與指導，為本書提供了堅實的學術與產業連結。特別感謝所有章節的編輯作者（依作者姓氏筆畫順序排列）——**副主編 周芳妃博士、吳信輝博士、胡翔崴博士、胡筱薇博士、張凱鑫博士、許嘉裕博士、黃新鉗博士、謝右文博士、韓傳祥博士**，您們的專業知識與研究成果，使本書兼具理論深度與產業實踐價值，對於本書的完成貢獻良多，在此謹致以最深的感謝。同時，我們也要向本書合作的企業與機構表達誠摯的謝意，您們的創新技術與實際應用案例，正是台灣 AI 發展落地的最佳見證（依公司筆畫順序排列）：

- **中央研究院資訊科學研究所**（副研究員黃瀚萱博士）
- **元智大學**（研發長魏毓宏教授、方士豪教授、徐業良教授、詹前隆教授、趙燿庚教授、簡廷因教授、王緒翔助理教授、鄭穎仁助理教授以及亞東醫院主任張惇皓醫生）
- **台灣先進智慧 Amiko AI**（王彥堯執行長、賴毓敏、劉維融、凌慶榮）
- **台灣創博識**（吳定謙創辦人兼資訊長）
- **永輝啟佳聯合會計師事務所**（陳中成所長、王怡璇會計師）
- **先知科技 FS-TECH**（高季安執行長、曾登琳副總經理、易凌蓉）
- **好好證券**（楊少銘董事長暨總經理）
- **隆佑興業、安佑生物科技**（蘇美俐女士、謝秀鳳董事長、李尚宸 AI 技術經理）
- **安克生醫**（李伊俐董事長、陳正剛教授研發長、彭志峰前處長）
- **艾新銳創業顧問**（江進元執行長）

- 西門子股份有限公司 SIEMENS（總裁暨執行長 Frank Grunert、洪泰隆總監、陳晉德副協理）
- 里摩室內裝修設計有限公司 Limo Design Co., Ltd.（執行長許桓瑞博士、謝雅蓉設計總監）
- 昕力資訊 TPIsoftware（姚勝富創辦人兼董事長、林秀明副總經理）
- 杰倫智能 Profect AI（黃建豪執行長、杜孟政總監）
- 東捷科技（葉公旭副總經理兼營運長、林育弘處長、胡遠文）
- 恬裸仕股份有限公司 TENDAYs（蕭文昌董事長、唐之泉副理）
- 海盛科技 HysonTech（創辦人兼執行長連唯証博士）
- 建豐健康科技（林凱馳執行長、張簡宏禹行銷長）
- 偲倢科技（陳青燁執行長、王郁云）
- 群邁通訊股份有限公司（富智康集團）（黃思翰副總經理、陳志昇處長、吳光輝資深經理、紀良治經理、辜勁智資深管理師）
- 皓博科技 Harbor（呂宏益創辦人兼執行長、高于立營運長）
- 詠鋐智能 Chimes AI（創辦人兼執行長謝宗震博士）
- 愛實境 iStaging（李鐘彬創辦人兼執行長、蔡永瑋總監）
- 群創光電 INNOLUX（廖健宏協理、張幼銘處長、前總處長謝禮宗博士）
- 睿締國際科技 HOMEE AI（杜宇威執行長、葉淑明前營運長、王馨慧公關總監、劉馨婷公關專員）
- 寬緯科技 QUADLINK（蔡政勳創辦人兼董事長）
- 興創知能 ThinkTron（總經理鄭錦桐博士、黃瑞賢部長、林子鈞、黃梓育、張浚誠、吳笙緯）
- 優智能 GoEdge.ai（創辦人陳添福教授、執行長陳建志博士、楊思妤）

- **聯雲智能 8iSoft**（應建中執行長、孫三才、蘇國鈞、蘇鉉、洪椀芝）、**精誠資訊**（謝明樹副總經理、蘇義凱、何杰希、阮賢郎）

此外，誠摯感謝為本書撰寫推薦序的數位發展部部長**黃彥男**博士、群創光電榮譽董事長**段行建**博士、全國工業總會秘書長**呂正華**顧問、中國工業工程學會理事長**范書愷**博士、數位治理協會理事長**陳春山**博士、台科大管理學院企管系**欒斌**教授（113 年教育部師鐸獎）、國立臺南一中校長**廖財固**博士、本會理事長**林建憲**博士，以及聯名推薦的業界專家及學者。您們的專業洞見與寶貴支持，不僅提升了本書的價值與影響力，也為讀者提供了更具深度的視角，引領大家理解台灣 AI 產業的發展趨勢與未來機遇。您的肯定與推薦，是對我們最大的鼓勵。

同時，特別感謝美術編輯――北科大互動設計系前系學會長**曾莉榛**，以及**旗標出版社**的陳彥發經理、張根誠先生與不具名的審查者們。您們的專業與細心，讓本書得以呈現清晰且專業的視覺設計，使讀者能夠更直觀地理解內容。本書的誕生，不僅凝聚了每位專家與企業夥伴的努力，更見證了台灣 AI 產業持續創新與發展的歷程。衷心感謝所有參與者的專業貢獻與無私付出，並特別**感謝台灣人工智慧協會（TAIA）的全體理監事、秘書處、各工作小組及委員會**的鼎力支持，期盼本書能為讀者提供寶貴的參考資訊，並為台灣 AI 生態系注入更多動能，助力台灣 AI 技術與國際接軌，共創更具競爭力的未來。

主編

林筱玫 博士

台灣人工智慧協會 常務理事兼執行長
國立台灣科技大學資訊管理系 助理教授
國立清華大學兼任助理教授（生成式 AI 與文創應用課程）

台灣人工智慧協會介紹

台灣人工智慧協會（Taiwan Artificial Intelligence Association, TAIA）成立於 2020 年，致力於推動「AI 產業化」與「產業 AI 化」，以加速人工智慧技術在各產業的應用，提升台灣在全球 AI 生態系中的競爭力。協會的核心宗旨是**促進 AI 產業的發展，推動 AI 技術的廣泛應用，並強化跨領域合作**，以打造完整且可持續發展的 AI 產業鏈。

TAIA 台灣人工智慧協會 的發展藍圖

為有效推動 AI 產業落地應用，**台灣人工智慧協會（TAIA）**依照台灣產業現況與技術發展趨勢，規劃了**八大核心領域**：

1. **智慧製造（Smart Manufacturing）**：透過 AI 與 IoT（物聯網）提升生產效率、自動化與決策優化。
2. **智慧醫療（Smart Healthcare）**：AI 於醫學診斷、健康監測、醫療影像分析等應用的發展與推動。
3. **智慧金融（FinTech）**：AI 在風險管理、詐欺偵測、客戶行為分析及自動化投資管理的應用。
4. **智慧零售（Smart Retail）**：AI 驅動的個人化行銷、供應鏈優化及數位支付系統。
5. **智慧農業（Smart Agriculture）**：透過 AI 監測作物生長、精準農業技術、畜牧與水產養殖的自動化管理。

6. **智慧教育**（Smart Education）：AI 驅動的學習分析、個人化教學系統與教育科技應用。
7. **無人載具**（Autonomous Vehicles）：包括無人機、無人駕駛汽車、智慧交通系統的技術開發與應用。
8. **跨域整合**（Cross-Domain Integration）：AI 在多領域應用的整合，例如能源管理、城市治理、創新應用、永續發展等。

TAIA 的核心業務

台灣人工智慧協會（TAIA）在 AI 技術與產業發展的過程中，扮演了**技術推廣者**、**產業橋樑**與**政策倡議者**的角色，積極促進 AI 技術落地，並透過以下六大核心業務，全面支持台灣 AI 產業發展：

1. AI 產業發展推動，前導技術發展、場域實證、測試與驗證等。
2. AI 產業人才培育，帶動產業提升的人才培育與媒合。
3. AI 產業發展相關之顧問諮詢、關鍵議題界定、策略規劃、政策研析等。
4. AI 產業升級所需之跨界合作、研發合作、技術引進、活動舉辦等。
5. 依相關法規，從事符合本會宗旨之業務。
6. 提供平台，整合 AI 技術與產業應用。

《台灣人工智慧實戰解方精選 50》── AI 產業的應用與展望

為呈現台灣 AI 產業的最新發展與創新應用，本會編纂了《台灣人工智慧實戰解方精選 50》（AI Solutions in Taiwan - Premium Selection 50），本書彙整了台灣 AI 在八大領域的產業實踐案例，涵蓋從技術創新、應用實證、到商業模式的落地發展，並特別探討 AI 在社會責任與法規上的挑戰。

透過本書，TAIA 期望能夠提供產業界、學術界與政策制定者更完整的 AI 產業發展視角，推動台灣 AI 產業的全球競爭力，並加速台灣 AI 技術的國際接軌。未來，TAIA 也將持續推動 AI 技術與產業應用的深化，攜手政府、企業、學界及研究機構，共同打造台灣成為全球 AI 產業的重要推動者與領導者。

協會的官方網站：https://www.aiatw.org/

吳春森 博士
台灣人工智慧協會 祕書長

台灣人工智慧協會第三屆理監事名單

職務	姓名						(依姓氏筆劃排序)
理事長	林建憲 博士							
常務理事	林筱玫 博士	高于立	張剛羚	黃國寶	蔡政勳	謝右文 博士
理事	吳定謙	吳若慧	吳振成	呂宏益	李奇翰	林凱馳
理事	施良樺	范智明	高季安 博士	莊承鑫 博士	許桓瑞 博士	連唯証 博士
理事	陳建志 博士	陳議添	彭志峰	曾繁斌	楊旭宸	應文逡 博士
理事	謝宗震 博士	謝禮宗 博士				
監事主席	蕭文昌					
常務監事	王怡璇			黃冠凱 博士		
監事	胡翔崴 博士	張凱鑫 博士	許博智	陳明源	葉公旭	蔡孟學

組織架構圖

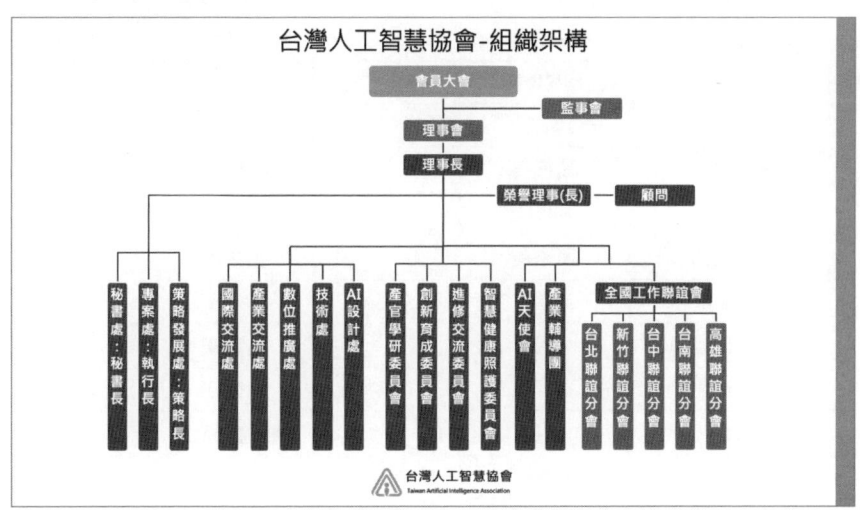

31

台灣人工智慧協會 第三屆 顧問團與幹部群

■ 顧問團

職務	姓名			（依姓氏筆劃排序）
資深顧問	呂正華 署長	王作京 董事長	段行建 董事長	何家榛 博士
顧問	上江洲辰德 所長	吳春森 博士	李家岩 教授	成群傑 董事長
	洪堯昆 董事長	范書愷 教授	陳添福 教授	溫怡玲 執行長
	葉勝發 董事長	蔡明順 校務長	蔡宗翰 教授	薛博仁 醫師
	顧鴻壽 教授	欒斌 教授		
法律顧問	張凱鑫 博士 / 律師	許博智 律師		
財務顧問	王怡璇 會計師			

■ 幹部群

職務		姓名		（依姓氏筆劃排序）
名譽理事	**榮譽理事長**	蔣珮瑋 博士		
秘書處	**秘書長**	吳春森 博士		
秘書處	副秘書長	鄭怡娟 博士	黃海虔	郭鑫華
秘書處	職員	蕭宇吟 (秘書)	陳韻如 (會計)	
專案處	**執行長**	林筱玫 博士		
專案處	專案經理	王淑芳	梁文琦	郭洺芩
策略發展處	**策略長**	張剛羚		
策略發展處	副處長	李湘頻	彭美敏	
國際交流處	**處長**	吳定謙		
國際交流處	副處長	王有慧 博士	范智明	鄭沅巧
技術處	**處長**	胡翔崴 博士		
技術處	副處長	謝宗震 博士		

職務		姓名		(依姓氏筆劃排序)
產業交流處	處長	楊旭宸		
產業交流處	副處長	侯俊成		
數位推廣處	處長	彭志峰		
數位推廣處	副處長	張可佳	張佑宇	蕭志偉
AI 設計處	處長	許桓瑞 博士		
AI 設計處	副處長	廖書漢 博士	謝雅蓉	
產官學研委員會	主委	楊人豪		
產官學研委員會	副主委	林凱馳	吳信輝 博士	謝文彬 博士
創新育成委員會	主委	陳明源		
創新育成委員會	副主委	鄭岡瑋	彭林霏	
進修交流委員會	主委	李詩欽		
進修交流委員會	副主委	李尚宸 (新竹)	曾繁斌 (台北)	鄭淳詩 (台中)
智慧健康照護委員會	主委	莊承鑫 博士		
智慧健康照護委員會	副主委	李淑貞 博士	黃博偉 博士	
全國工作聯誼會 (企業會員經營)	會長	謝禮宗 博士		
台北聯誼會	會長	呂宏益		
新竹聯誼會	會長	陳建志 博士		
台中聯誼會	會長	蔡孟學		
台南聯誼會	會長	高季安 博士		
高雄聯誼會	會長	黃博偉 博士		
產業輔導團	團長	李奇翰		
AI 天使會	會長	蕭文昌		
AI 天使會	副會長	應文遠 博士		
AI 天使會	執行秘書	高于立		
AI 天使會	副執行秘書	陳議添		

出版目的聲明書

本協會編纂《台灣人工智慧實戰解方精選 50》一書，旨在秉持公益精神，推廣台灣本土 AI 產業發展，並為大眾提供 AI 教育與素養之非營利目的。

本書所收錄之 50 則 AI 解決方案案例，其內容、文字、圖片及照片之引用，均係基於教育、研究、報導或評論等正當目的，依據著作權法之『合理使用』原則進行。我們已盡力確保所有引用內容均明確註明出處來源，並尊重原著作人之著作人格權，未為不當之增刪或惡意變更，亦未移除或變更原著作之電子權利管理資訊。本協會無意亦未曾透過本書內容取代任何原著作之市場價值。

書中為介紹特定 AI 解決方案或相關企業，可能提及企業名稱、產品名稱或其相關標識。此等提及均係作為對該解決方案或企業之『敘述性使用』或『指示性使用』，僅為說明其性質、用途或來源，並非作為本協會之商標使用。本協會與本書所提及之任何企業或品牌之間，並無因本書產生任何商業合作、贊助、認可或其他附屬或對價關係，亦無意使讀者因本書而產生混淆誤認。

此外，本書所有關於 AI 解決方案之資訊，均係基於公開可得之資料進行整理與分析，旨在提供普遍性的知識與案例參考。本協會已審慎確認，本書內容未包含任何具秘密性、經濟價值性且經合理保密措施保護之他人『營業秘密』。本協會絕無意圖亦未曾透過不正當方法取得或揭露任何機密資訊。

本出版物僅供學術研究、教育推廣及一般資訊參考之用，不構成任何商業建議或法律意見。若任何權利人認為本書內容有不當引用或侵權之虞，敬請透過官方管道與本協會聯繫，本協會將本於誠信原則，迅速查明並妥善處理。

法律顧問 **張凱鑫** 律師 / 法學博士

財務顧問 **王怡璇** 會計師

Part01 基礎篇

CHAPTER 1

臺灣 AI 產業的現況與未來趨勢

林筱玫 博士 ｜ 台灣人工智慧協會 (TAIA) 常務理事兼執行長
國立台灣科技大學 資訊管理系 助理教授
國立清華大學 兼任助理教授 (生成式 AI 與文創應用課程)

周芳妃 博士 ｜ 臺北市立第一女子高級中學 化學科教師
行政院國家化學物質管理會報 專家委員
高中化學教科書 編輯委員

在當今數位化迅速發展的時代，人工智慧（AI）已成為推動百工百業數位轉型的重要力量。隨著技術的進步，AI 不僅僅是一個科技語，而是成為了企業提升效率、優化流程和增強競爭力的關鍵工具。本書《台灣人工智慧實戰解方精選 50（AI Solutions in Taiwan - Premium Selection 50）》旨在深入探討 AI 在台灣的應用現狀，並通過具體案例分析，展示 AI 如何在不同產業中發揮其潛力。

在當前科技飛速發展的時代，我們正身處一場前所未有的人工智慧（AI）革命之中。根據麥肯錫（McKinsey,2018）的預測，**到 2030 年 AI 有望為全球經濟帶來高達 13 兆美元的額外增長，相當於每年全球 GDP 增長的 1.2%**[1]，其貢獻可與歷史上第一次工業革命中蒸汽機等具有變革性技術的影響相提並論。圖一的圖表顯示，只需在少數幾項功能中使用生成式人工智慧（Generative AI, GenAI），就能驅動該技術在潛在企業應用場景中的大部分影響力，為百工百業降本增效。在另一份報告，麥肯錫（McKinsey, 2023）指出每年為全球經濟增加的 2.6 兆到 4.4 兆美元[2]，顯著提升各個行業的生產力。生成式 AI 的應用範圍廣泛，涵蓋客戶運營、行銷、軟體工程和研發等領域，徹底革新企業應對挑戰和實現可衡量成果的方式。銀行、高科技和生命科學等產業將從中獲得巨大的收益，潛在的價值增長可達數千億美元。

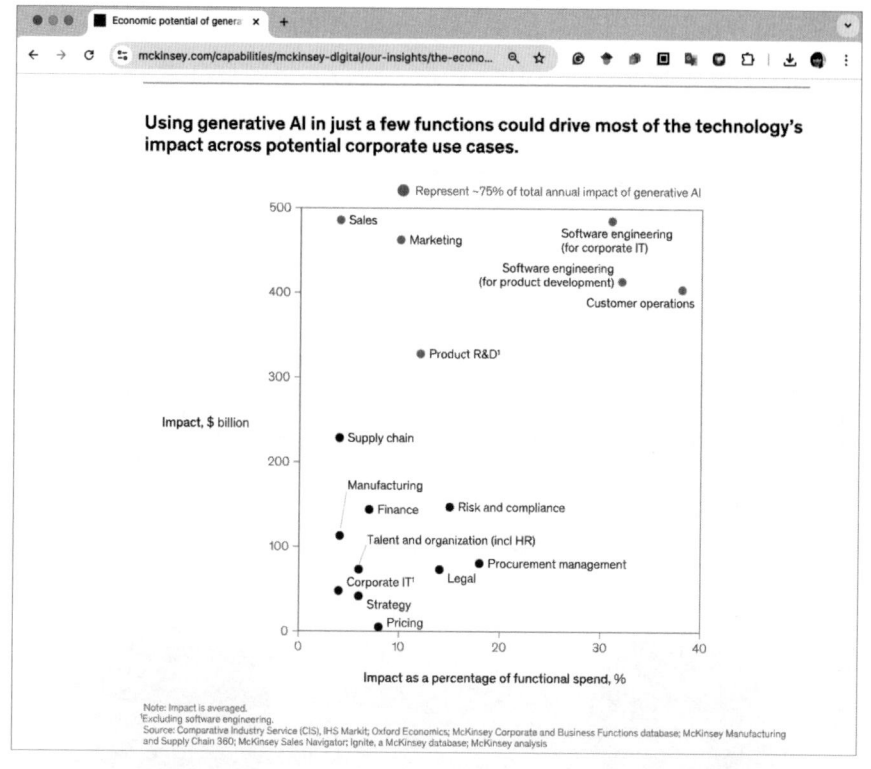

▲ 圖一：只需在少數幾項功能中使用生成式人工智慧 (Generative AI)，就能驅動該技術在潛在企業應用場景中的大部分影響力 (資料來源：麥肯錫 McKinsey & Company, 2023)

　　同時，根據 IDC 的《全球人工智慧和生成式人工智慧支出指南》(IDC, 2022) 報告預測，到 2028 年，全球人工智慧 (AI) 支出將達到 6,320 億美元 [3]，整體而言，AI 相關支出的年均複合成長率（CAGR）預計將達到 29% [4]，而生成式人工智慧（GenAI）則被視為推動此增長的主要驅動力之一。此外，另一份報告 (IDC, 2024) 則強調亞太

1-3

地區在 GenAI 採用率正急速攀升，到 2027 年，生成式人工智慧 (GenAI) 的支出將達到 260 億美元。同時，年均複合增長率將達到 95.4%，如圖二，這進一步凸顯了亞太地區在推動下一波 AI 創新和技術進步方面的關鍵角色。中國預計將成為該地區最大的市場，日本和印度則是增長最快的市場。

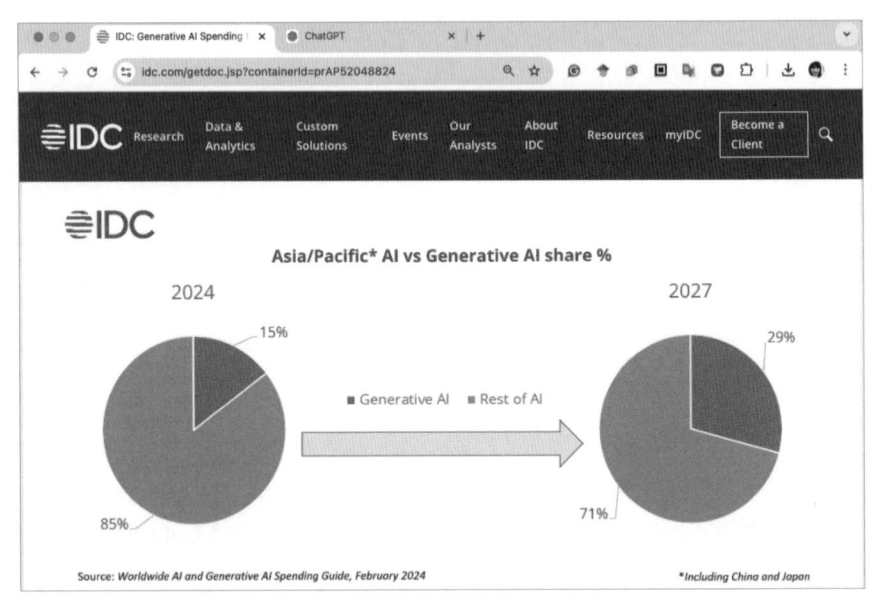

▲ 圖二：亞太地區的 GenAI 採用率正急速攀升，預計到 2027 年，該地區相關市場規模將達 260 億美元，年均複合增長率將達到 95.4%（資料來源：International Data Corporation (IDC), 2024）

此外，根據顧能（Gartner, 2024）的預測，2023 至 2027 年間，按垂直產業劃分的 AI 軟體市場規模將增長至 2,979 億美元[5]。政府支出預計將是最大的部分，到 2027 年將超過 7,000 萬美元；然

而，石油和天然氣相關產業的增速最快，年均複合增長率預計達到 25.2%。另一份報告中，顧能（Gartner, 2023）預測[6]，到 2026 年，超過 80% 的企業將使用生成式人工智慧（GenAI）應用程式介面（API）或部署 GenAI 啟用的應用程式，這一數字比 2023 年的不到 5% 顯著增加。生成式 AI 已成為高層管理的首要任務，並在醫療、生命科學、法律、金融服務和公共部門等多個行業中促進了創新。這意味著，企業若未能及時導入 AI 技術，將可能在未來的市場競爭中處於劣勢。

臺灣，作為全球科技產業的重要基地，在這場革命中扮演著關鍵的角色。根據國際半導體產業協會（SEMI, 2024）[7]的數據，**2030 年 AI 半導體市場年複合成長率將高達 24%**，台灣的技術創新、跨界整合及半導體外溢效應，AI 應用的增長將大幅推動對高性能半導體的需求，這對全球半導體產業帶來新的**機遇和挑戰**。然而，面對全球競爭的加劇和技術迭代的速度，**臺灣企業如何抓住這次機遇，實現自我突破和轉型，已成為我們共同關注的焦點**。

1-1 AI 實踐與思辨：
產業・教育・倫理全景解析

林筱玫 博士 | 台灣人工智慧協會(TAIA) 常務理事兼執行長
國立台灣科技大學 資訊管理系 助理教授
國立清華大學 兼任助理教授（生成式 AI 與文創應用課程）

為了幫助企業和讀者更深入地理解 AI 技術在實際應用中的價值與挑戰，我們精心編撰了本書。書中匯集了臺灣七大產業領域的 50 個實戰案例和專家觀點，深入探討 AI 技術如何在不同情境中解決實際問題。並在 1-2 節探討 AI 教育產業的現況，瞭解台灣如何從教育面扎根，培育 AI 人才。

隨著 AI 技術的快速發展，倫理和監管問題日益受到關注，因此我們特別重視 AI 技術在社會良心與倫理方面的影響。世界銀行的報告《人工智慧治理的全球趨勢：各國方法的演變》(World Bank, 2024)[8] 提供了全球 AI 治理的概述，強調 AI 技術可能加劇既有的社會不平等，特別是在數據偏見、隱私侵犯和透明度不足方面。報告指出，AI 系統如果未妥善治理，可能會擴大敏感領域 (如刑事司法和醫療) 的不公平結果。它呼籲建立負責任的創新框架，以確保 AI 的利益能公平分配，同時減少風險。簡之言之，AI 的發展若不考慮社會倫理和公平，可能會進一步加劇數位鴻溝。

因此，我們在每個案例中，都試圖探索技術應用背後的社會影響，並提供相應的思考與建議。在 AI 技術推動數位轉型之前，企業必須了解未來的風險與責任。我們在第二章專門探討了 AI 應用過程

中的倫理挑戰，涵蓋數據隱私、算法偏見、透明性等議題。

　　第三章節則揭開了 AI 技術的神秘面紗，詳細介紹了生成式 AI 和辨識式 AI 的基本概念及發展歷程，帶領讀者理解兩者的異同與整合應用的趨勢。從早期的機器學習 (Machine Learning) 到如今的深度學習 (Deep Learning) 及大型語言模型 (Large Language Model, LLM)，AI 技術的演變推動了商業模式的變革。隨著數據量激增和計算能力提升，AI 的應用範圍日益擴大，這一章將奠定讀者對 AI 技術的基本認識，輔以 LLM 的應用案例為後續的案例分析打下基礎。

　　第四章至第九章，涵蓋了臺灣七大產業領域的 50 個實戰案例和專家觀點，由專業領域的學者為每章開篇導讀，分析該產業現狀與挑戰。七大產業包括**智慧製造、智慧醫療、智慧金融、智慧零售、智慧農業、智慧教育**及**智慧創新**。這些案例不僅展示了 AI 技術的強大功能，更提供了具體的解決方案，為企業的數位轉型提供了寶貴的經驗與借鑒。

　　舉例來說，智慧製造領域中的案例展示了 AI 如何提升生產效率、降低成本並提高產品質量，從自動化生產線到預測性維護和智能供應鏈管理，這些成功實踐突顯了 AI 在製造業中的技術優勢及實用性。而在零售業，AI 的創新應用正在改變傳統的零售模式，透過市場分析、個性化推薦系統與智能庫存管理等技術，零售商能更好地理解消費者需求，提升銷售業績與顧客滿意度。

　　值得再次強調的是，我們對 AI 技術的社會良心與倫理問題給予了特別關注，並試圖在每個實戰案例中，探討技術應用所帶來的社會影響，提出深度思考與建議。

本書的目標讀者涵蓋有志於數位轉型的企業決策者與經理人，以及對 AI 技術感興趣的大專院校學生。我們希望通過這本書，為讀者提供一把深入 AI 世界的鑰匙，幫助您理解 AI 技術在實際應用中的潛力，並啟發您思考如何在自身領域中，善用 AI 創造新的價值。

讓我們共同踏上這段充滿挑戰與機遇的旅程，探索人工智慧在臺灣產業中的無限可能。

參考資料

1. (McKinsey, 2018) AI to spur economic growth
2. (McKinsey, 2023) The economic potential of generative AI – The next productivity frontier
3. (IDC, 2022) Worldwide AI and Generative AI Spending Guide
4. (IDC, 2024) IDC: Generative AI Spending to Reach $26 Billion by 2027
5. (Gartner, 2024) Forecast Analysis: AI Software Market by Vertical Industry, 2023-2027
6. (Gartner, 2023) Gartner Says More Than 80% of Enterprises Will Have Used Generative AI APIs or Deployed Generative AI-Enabled Applications by 2026
7. (SEMI, 2024) SEMICON Taiwan 2024, URL:https://www.semi.org/zh/semicontaiwan2024_pressconference
8. (World Bank, 2024) Global Trends in AI Governance: Evolving Country Approaches, URL: https://documents1.worldbank.org/curated/en/099120224205026271/pdf/P1786161ad76ca0ae1ba3b1558ca4ff88ba.pdf

1-2 AI 導入教育的挑戰與實踐

周芳妃 博士 ｜ 臺北市立第一女子高級中學 化學科教師
行政院國家化學物質管理會報 專家委員
高中化學教科書 編輯委員

「該把 AI 當成是學生？或是把 AI 當成是老師？」

　　現今是人工智慧逐漸盛行普及到給一般民眾使用的年代，面臨這全新挑戰的局面，在教育現場如何將「生成式 AI」(Generative artificial intelligence) 導入課程與教學，已不僅是教育工作者熱烈討論的議題，而已是很多師長持續測試及修正教材教法的日常。

　　在 112 年上半年 (2023 又俗稱為「生成式 AI 元年」)，ChatGPT 推出市場才過了一年的光景，以及現行學教師較為知情的 AI 聊天機器人工具 (ChatGPT、poe.com、Gemini、Copilot 等) 來看，AI 聊天機器人所提供以中文繁體字高中化學知識或計算內容仍頻繁出現錯誤，尤其在化學的專有符號、概念圖表、或計算演練模式等方面。化學老師可使用 AI 聊天機器人來輔助教學工作，學生也可使用 AI 聊天機器人找資料或修改作業，師生之間使用的差異關鍵在哪裡呢？就高中化學領域而言，師生之間使用現行 AI 聊天機器人的最大差異是所具備評估能力不同，包括評估 AI 提供資料的正確性，也包括評估這些搜尋而來的化學知識在人文社會環境的交互關係。

　　既然 AI 聊天機器人所提供以中文繁體字高中化學知識仍未完善正確，在高中教材教法的設計想導入 AI 輔助教學，以下兩種教學情境是看待 AI 聊天機器人的角色：

一. 在化學實驗課活動中，可以把 AI 聊天機器人當成**助教**，讓學生在課堂中向 AI 助教諮詢以完成實作設計，教師採用讓學生實作驗證的策略，幫助學生找出實作設計的適當性與實作技能的穩定性。
二. 在一般教室裡的高中化學教學活動中，可以把 AI 聊天機器人當成是**學生**，讓學生在課堂中有了 AI 同學，教師採用人機學生之間的「共學」策略，幫助學生找出科學概念的迷思與盲點，經由此種帶領學生「大家來找 AI 的碴」之共學模式，教師可幫助學生達到應用、分析、綜合、評鑑等能力，也可診斷出學生具體的學習表現。

教育部為了發展我國教學現場的**智慧診斷**平台，於 105 年度開始建置教師適性教學輔助平臺，簡稱為「**因材網** (https://adl.edu.tw/HomePage/home/)」，從國小課程先完成國語及數學等學科領域的製作與測試，106 年 3 月正式上線，不僅能提供個人化學習路徑，以平台設計的**智慧診斷**導入的縱貫式診斷功能，協助學生學習並回溯概念相關的前置基礎學習，也能協助教師能因材施教，更能有效改善學生學習與教師教學效能。在 111 年新冠疫情趨緩之後，當時在教育部啟動執行「生生用平板」政策之任內，也啟動「教育部普通暨技術型高中化學適性教學教材研發實驗計畫」，簡稱為「因材網高中化學領域」計畫[1]，此計畫 111 年 ~112 年第一階段計畫期間，製作研發團隊規劃將 108 課綱普通高中的化學課程概念切割成 500 個知識節點，技職高中的普化課程概念切割成 200 個知識節點，並完成每個節點都具有 5 到 8 分鐘的教學媒體影片以及超過 2000 題練習題與診斷題。

此進度使因材網高中化學在 113 年可正式在普通高中與技職高中進行各校的「入班推廣」模式,將「智慧診斷」工具帶入高中化學的班級教學現場。高中師生可採用校管人員編制帳號登入因材網的教師科任班級,或是直接使用身分證字號取得教育部雲端帳號,再登入因材網。113 到 114 年第二階段的計畫執行期間,「因材網高中化學領域」計畫進一步發展增加 380 個出跨概念、跨知識節點的影片教材及超過 4000 題練習題與診斷題,用以強化「智慧診斷」功能,並也積極協助教育部發展因材網 AI **學伴**,希望在平台上提供給學生做測驗時的 AI 聊天機器人家教。經由 113 年由計畫合作之中心學校協助結果,國內高中使用因材網高中化學之數位教材融入教學現場的高中學校數量已可達到在一個月內有超過 100 所(如下圖所示)。計畫合作研發各種教學策略及推廣的 6 所中心學校從北到南排序:北一女中、松山工農、沙鹿高中、彰化成功高中、高雄女中、花蓮高中。

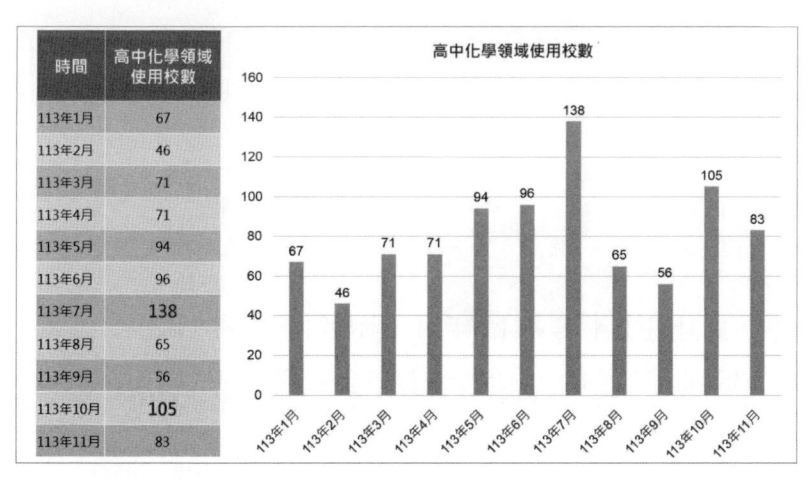

時間	高中化學領域使用校數
113年1月	67
113年2月	46
113年3月	71
113年4月	71
113年5月	94
113年6月	96
113年7月	138
113年8月	65
113年9月	56
113年10月	105
113年11月	83

▲ 113 年使用「因材網高中化學」之數位教材融入教學現場的高中學校數量統計結果

1-11

但如同本文一開始所提及,現今 AI 聊天機器人所提供高中化學領域的錯誤知識仍一直出現,因此讓 AI 聊天機器人透過學習此平台內節點影片教材的正確知識內容,成為平台內提供知識正確性的 **AI 學伴**。到了 113 年 9 月底,也就是 113 學年度第一學期開學第一個月,經由「教育部推動中小學數位學習精進方案專案」將生成式 AI 導入因材網,幫助所有國內高、國中小所有學生及家長擁有正式的 AI 學伴,正式名稱為「e 度」[2],又分為通用型與學科領域型的功能,學伴服務內容涵蓋高、國中小一直到大學一年的學科領域普通課程,具有更高的專業知識正確性,也提供給使用者的更精準的對話(如下圖所示)。

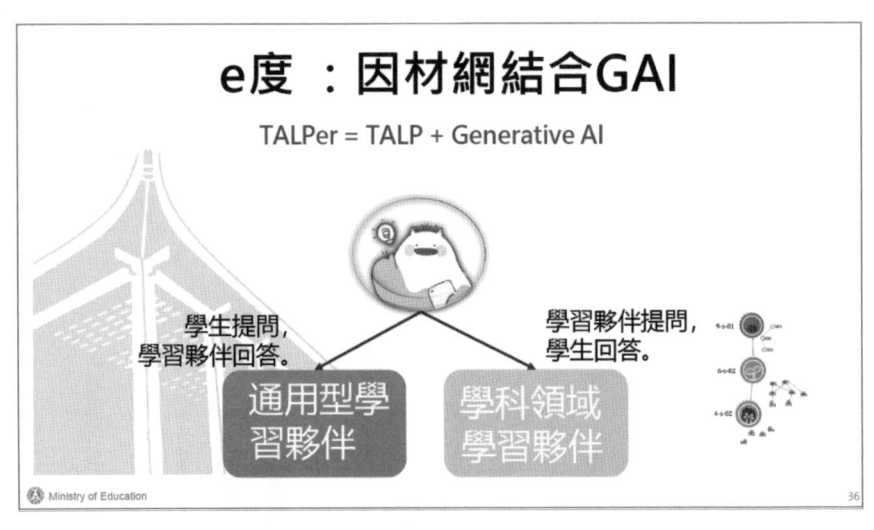

▲ 113 年 9 月導入因材網的 AI 學伴正式名稱為 **e 度**,又分為通用型與學科領域型的功能(圖片來源:參考資料 2)

因材網 AI 學伴的 e 度提供對話的方式採用蘇格拉底式質問（Socratic questioning）的教學法，使用者進入因材網數位教材時，e 度的識別符號會一直出現在螢幕畫面，可隨點隨用此 AI 學伴，關於 e 度的介紹也放在 youtube 上，透化教育部計畫的合作學校正陸續開發更多更新有使用 AI 學伴的教材教法。在因材網 AI 學伴的 e 度完整對話過程包含：學生問 e 度 → e 度回答學生 → e 度問學生 → 學生回答 e 度。依據 113 年 12 月 4 日自主學習節專題演講所公告的「教育部推動中小學數位學習精進方案專案」研究結果[3]，以超過 1000 位學生在國小數學領域課程的測驗結果，經歷和 e 度有完整對話過程的學生是自主學習模式中呈現高進步群的學生（如下圖所示）。隨著教育部持續投入更多資源導入學生自主學習的強大 AI 學伴，我國運用教育科技在教學現場的現象將更為蓬勃，學生的學習模式也將出現更多的新風貌。

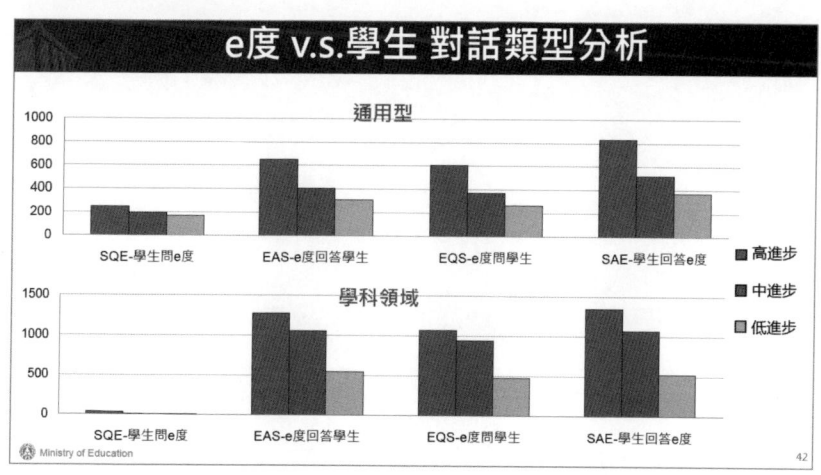

▲ 經歷和 e 度有完整對話過程的學生是自主學習模式中呈現高進步群的學生
（圖片來源：參考資料 2）

1-13

參考資料

1. 教育部普通暨技術型高中化學適性教學教材研發實驗計畫,簡稱為「因材網高中化學領域」計畫,113 年期末報告。
2. 教育部 2024 自主學習節暨數位學習行為與成效分析研討會,郭伯臣教授專題演講資料**因材網 AI 學習夥伴 e 度的教學應用與成果**。
3. **推動中小學數位學習精進方案**結合生成式 AI 之因材網 AI 學習夥伴 e 度,2024 年 12 月查詢:https://www.youtube.com/watch?v=EycFkmG4t6I
4. 生成式 AI 學伴教育應用 - 因材網,2024 年 12 月查詢:https://www.youtube.com/watch?v=elkm9B_73Ns

CHAPTER 2

AI 倫理：給產業的體系化 AI 倫理原則案例

張凱鑫 博士 ｜ 台灣人工智慧協會 (TAIA) 監事兼法律顧問
東海大學 法律學院人工智慧法制研究中心 助理教授兼主任

隨著人工智慧（AI）技術的迅速發展，是否應對其開發與應用進行適度規範，已成為廣泛討論的焦點。歐盟已於 2024 年 8 月通過《人工智慧法》，為了促進讀者對 AI 倫理原則的理解與應用，本文系統性地分析了相關新聞事件，並闡述了各種情境下所涉及的倫理原則與法律規範。希望讀者能夠迅速建立對這些議題的概念，並在業務情境中有效識別問題，推動技術的負責任與可持續發展。

2-1 AI 的人格問題

約莫 2022 年 4 月，矽谷巨頭 Google 將一名宣稱該公司的 LaMDA 系統似乎有知覺的工程師停職，Google 並正式駁斥其說法[1]。AI 系統有無知覺，涉及了一個長期以來的充滿想像力的倫理問題，即 AI 是否可以作為法律上的人？撇開假以時日一定會出現超級人工智慧的預測，現階段不論 AI 能夠展現或模仿人的智能活動到何種高度，都還未到達在法律或道德上適於將目前法律上所定義的人格及附隨於人格的固有權利和責任普遍賦予 AI 系統的程度。過早賦予 AI 法律上的人格，在 AI 系統對人類造成傷害的情況下，將限制或消除 AI 系統的設計者、開發者、利用者和管理者等相關人員對此類 AI 系統後續所作決定的責任，減少這些人確保他們所設計和使用的 AI 系統的安全性的動機。

2-2 AI 的幻覺問題

AI 生成內容中最讓人困擾的部分就是所謂的幻覺[2]，即 AI 以表面上令人信服的回應提供了與事實不符的資訊，就是人工智慧為了滿足使用者的需求而胡編亂造[3]。有的公司以開發 AI 的事實查核器來矯正這個缺陷[4]，微軟高層辛赫則堅稱，「真正聰明的人」正試圖尋找方法，讓聊天機器人承認「它不知道正確答案，並尋求幫助」[5]。但幻覺問題的背後，隱藏著破壞民主制度、危及使用者的生命安全、毀損他人名譽等風險。由於技術上無法避免幻覺的產生，形成當前科技或專業水準的界線，對照「透明性」、「可問責性」、「信賴性」以及「安全性」的原則，暨我國消費者保護法第 10 條第 2 項的規定，這些 AI 聊天機器人的開發者與服務提供者，都應該在明顯處將生成幻覺的可能性警告使用者，同時要求使用者務必提高警覺進行查核。

2-3 隱私與個人資料保護

隱私與個人資料保護，一直是 AI 倫理的重要項目。2023 年 3 月 31 日，義大利一度因隱私疑慮封鎖爭議性聊天機器人 ChatGPT[6]。

這個問題會與不同的倫理原則相互交纏，例如，不肖使用者利用修辭話術「施壓」，規避語言模型對回答內容所設下的倫理限制，甚至取得敏感資料[7]，與「網路安防（資安）」的問題重疊。也由於此種

高度洩漏機密的可能性，我國行政院通過公部門生成式 AI 參考指引，要求業務承辦人不得向生成式 AI 提供涉及公務應保密、個人及未經機關（構）同意公開的資訊，也不得向生成式 AI 詢問可能涉及機密業務或個人資料的問題 [8]。

新加坡於 2021 年 10 月間，以解決人力短缺為理由測試一種會警告路上「社會不良行為者」的「巡邏機器人」[9]。在中國，商店偷設人臉辨識系統，抓取不知情的消費者的人臉並自動產生編號，顧客下次再進入其任一門市，工作人員都會有所準備 [10]。這些系統都使用未經被攝錄者知情與同意的實時人臉辨識技術，在我國，被攝錄者未被告知巡邏機器人的存在及其數據收集目的，已與「透明性」、「人為控制可能性」、「隱私與個人資料保護」等倫理原則相違背，未經被攝錄者同意而蒐集、處理、利用其影像、聲音或行為等個人數據，或未妥善保護其個人數據，將違反個人資料保護法 [11]，並侵犯被攝錄者的隱私權。若這些機器人被用來進行大規模監控，或在某些社區中不成比例地部署，更可能違反「防止濫用」之倫理原則。數據偏見所導致的歧視性，臉部辨識系統在不同人群中的準確性不一致，都可能違反「避免偏見、歧視」之倫理原則。機器人系統的安全性不明，及其在故障或誤用時的問責機制欠缺，則違反「安全性」和「可問責性」之倫理原則 [12]。

此外，使用監測情緒 [13] 或注意力 [14] 的 AI 系統來監控民眾或學童，除違反「隱私保護」之外，也剝奪被監控者拒絕受 AI 操弄的決定權，違反「人為控制可能性」的倫理原則 [15]。

2-4 防止偏見、歧視

　　醫療保健服務仰賴大型歷史資料集,而這些資料通常是以不透明方式蒐集、分享、合併和分析,這些資料集本身可能不完善或具歧視性,進而造成誤判,影響急診、醫療給付等資源分配。WHO 健康老化(Healthy Ageing)部門的努涅斯(Vania de la Fuente Nunez)發現在 COVID-19(2019 冠狀病毒疾病)疫情期間,當加護病房人滿為患時,AI 系統會根據病患的年紀判定他們是否可以使用氧氣或病床的歧視性模式,反映出用於訓練 AI 演算法的資料集中對於高齡者的偏見與歧視[16]。清大資工系助理教授郭柏志與麻省理工學院、哈佛大學、史丹佛大學、多倫多大學等校跨國合作,分析超過 20 萬名病患的胸部、頸椎、手部 X 光及胸部電腦斷層掃描,發現白人的醫學影像有問題卻沒被檢查出來的誤判率是 17%,黑人的誤判率卻達 28%[17]。

　　法新社報導,「心理科學」(Psychological Science)期刊刊登的研究指出,AI 現在非常擅長繪製白人,已到了「幾可亂真」的程度[18],除了反應用以訓練演算法的資料可能有所偏差,越來越難辨識真假的 AI 生成影音,也有可能造成假訊息、有害訊息和網路詐騙氾濫,而與「濫用、誤用防止」的倫理原則相違背。

2-5 防止濫用、誤用，透明性原則與人為控制可能性的保留

生成式 AI 的深偽、虛假訊息或有害訊息，就是違反「防止濫用、誤用」的倫理原則的例子。除了侵害他人的名譽、信用[19]之外，更有可能製造怪力亂神、社會恐慌，危及民主制度[20]與國家安全。

例如，TikTok 用戶製造出大量稀奇古怪的末日陰謀論，從吸血鬼、食人魔到殺手小行星都有，這些影片通常伴隨令人毛骨悚然的背景音樂，其中許多影片觀看次數飆破百萬，特點是語音多由 AI 生成，有時甚至模仿名人[21]。由國家主導的各種利用以 AI 生成多有錯誤與垃圾內容的配音和照片，煽動特定政治立場與仇恨的影響力作戰或認知作戰[22]。微軟（Microsoft）、資安公司記錄未來（Recorded Future）、智庫蘭德公司（RAND Corporation）、假資訊查核軟體公司 NewsGuard 及馬里蘭大學（University of Maryland）等機構的研究人員揭露，中國將毛伊島野火怪罪一項「氣候武器」，並謊稱是英國情報機關軍情六處（MI6）揭露「這場野火背後驚人真相」是美國情治機關和軍方的刻意行為，散布有關夏威夷野火的陰謀論，附上似乎是由 AI 程式生成的照片加強可信度，可說是假新聞宣傳戰中首批利用這類新科技工具來強化真實性的案例[23]。

美國的網路服務公司 Cloudflare 發現台灣在 2024 年 1 月舉行大選前 3 個月，遭網路攻擊的頻率年增高達 3370%。一旦這些網攻行動得逞，在網路搜尋資訊的台灣民眾反而可能被社群媒體氾濫成災的錯假訊息淹沒[24]。台灣人工智慧實驗室（Taiwan AI Labs）曾在

2023 年 11 月 9 日推出 4 名 2024 總統選舉參選人跨黨派合作演唱的單曲「為台灣而唱」，提醒民眾在生成式 AI 時代，眼見已經不能為憑，尤其在總統大選期間，更要對各種可疑的影音與文字訊息保持警覺、做好查證[25]。

其解決之道，與落實「透明性原則」以及「人為控制可能性保留」等倫理原則有關。

為符合「透明性原則」以及「人為控制可能性保留」等倫理原則，IG、臉書[26]、YouTube[27] 相繼針對生成式 AI 創作要求創作者附加明顯標籤，揭露創作中使用 AI 變造或合成內容的背景資訊，緩解用戶和各國對「深偽」（deepfake）合成影像風險，提升透明度。Meta Platforms 在 2023 年 11 月 9 日更宣布，旗下臉書及 Instagram 將要求平台上政治廣告披露是否使用人工智慧（AI）生成，以防止虛假訊息可能會以前所未有的規模，誤導及迷惑選民[28]。

結語

綜合以上分析，期望讀者能夠敏銳地察覺 AI 技術中的倫理與法律問題，協助產業在開發初期便確立合乎倫理與法律的設計規範，避免開發完成後始因違反倫理或法律而使努力付諸東流。

參考資料

1. 中央社，Google 工程師稱機器人有知覺遭停職 AI 爭議浮檯面，中央通訊社，
   https://www.cna.com.tw/news/ait/202206150199.aspx
   （最後瀏覽日期：2024 年 9 月 6 日）。
2. AI 時代降臨 劍橋詞典 2023 年度代表字「產生幻覺」，中央通訊社，
   https://www.cna.com.tw/news/aopl/202311160009.aspx
   （最後瀏覽日期：2024 年 9 月 6 日）。
3. NHK，グーグル 生成 AI 活用した新たな検索サービスで誤情報が表示，
   NHK NEWS WEB，https://www3.nhk.or.jp/news/html/20240526/
   k10014460801000.html (last visited Sept. 6, 2024)。
4. cnBeta，停止讓 AI 再胡說八道，DeepMind 開發了「事實核查器」以糾正
   Claude、Gemini、GPT、PaLM-2 的幻覺，T 客邦，
   https://www.techbang.com/posts/114185-deepmind-has-developed-a-fact-checker-for-ai-chatbots-to-cure（最後瀏覽日期：2024 年 9 月 6 日）。
5. 微軟高層：AI 聊天機器人須學會求助 別編造答案，FTNN 新聞網，
   https://www.ftnn.com.tw/news/294825（最後瀏覽日期：2024 年 9 月 6 日）。
6. 義大利因隱私疑慮封鎖 ChatGPT 開西方國家第一槍，中央通訊社，
   https://www.cna.com.tw/news/ait/202303310375.aspx
   （最後瀏覽日期：2024 年 9 月 6 日）。
7. 資安專家揭可用修辭話術 逼 ChatGPT 洩漏敏感資料，中央通訊社，
   https://www.cna.com.tw/news/ait/202304010203.aspx
   （最後瀏覽日：2024 年 9 月 6 日）。
8. 政院通過公部門生成式 AI 參考指引 禁用於高機密文件，中央通訊社，
   https://www.cna.com.tw/news/aipl/202308310120.aspx
   （最後瀏覽日:2024 年 9 月 8 日）。
9. 新加坡推出「巡邏機器人」引侵犯隱私疑慮，中央通訊社，
   https://www.cna.com.tw/news/firstnews/202110060397.aspx
   （最後瀏覽日：2024 年 9 月 8 日）。
10. 中國多家知名商店安裝人臉辨識 違法存取個資，中央通訊社，
    https://www.cna.com.tw/news/acn/202103170292.aspx
    （最後瀏覽日：2024 年 9 月 8 日）。
11. 在歐盟，則會違反《一般數據保護規則》（GDPR）。
12. 在歐盟，根據《歐盟人工智慧法》，用於公共空間的實時遠程生物識別，
    例如人臉識別技術，用於識別或追蹤個人，是被禁止的遠程生物特徵識別系統。

13. BBC：新疆警局安裝 AI 系統 偵測維吾爾人情緒，中央通訊社，
    https://www.cna.com.tw/news/firstnews/202105260373.aspx
    （最後瀏覽日：2024 年 9 月 8 日）。
14. 浙江小學生戴 AI 監控頭環上課 官方下令暫停，中央通訊社，
    https://www.cna.com.tw/news/firstnews/201910310348.aspx
    （最後瀏覽日：2024 年 9 月 8 日）。
15. 同樣地，這種應用屬於操控人們行為或決策的 AI 系統，也是《歐盟人工智慧法》所禁止的 AI 應用情境。
16. WHO 警告：AI 恐加深年齡歧視 影響對老人健康照護，中央通訊社，
    https://www.cna.com.tw/news/ait/202202090365.aspx
    （最後瀏覽日：2024 年 9 月 8 日）。
17. AI 藏種族歧視因子 清大跨國團隊揭醫學倫理隱憂，中央通訊社
    (June 9, 2022, updated Mar. 16, 2024)，https://www.cna.com.tw/news/ait/202206090331.aspx（最後瀏覽日：2024 年 9 月 8 日）。
18. AI 生成人臉比照片還寫實？研究指白人臉孔特別容易被誤認，中央通訊社，
    https://www.cna.com.tw/news/ait/202311140300.aspx
    （最後瀏覽日：2024 年 9 月 8 日）。
19. 網紅「小玉」朱玉宸利用換臉技術，合成高雄市議員黃捷、前立委高嘉瑜與藝人雞排妹等名人的臉製作色情影片，上網兜售牟取暴利，最高法院 2023 年 5 月 9 日依違反個人資料保護法等 119 罪，判處朱應執行五年徒刑，確定須入監；另有一年八月得易科罰金之刑定讞。（最高法院 113 年度台上字第 1728 號刑事判決）
20. 2024 全球選舉季逼近 社群媒體撤限制恐難擋假消息，中央通訊社，
    https://www.cna.com.tw/news/aopl/202309260058.aspx
    （最後瀏覽日：2024 年 9 月 8 日）。AI 生成假資訊氾濫 恐影響 2024 美國總統大選結果，中央通訊社，https://www.cna.com.tw/news/aopl/202311030258.aspx
    （最後瀏覽日：2024 年 9 月 8 日）。
21. AI 生成怪力亂神氾濫 TikTok 獎勵機制使然，中央通訊社，
    https://www.cna.com.tw/news/aopl/202403180140.aspx
    （最後瀏覽日：2024 年 9 月 8 日）。
22. 法媒揭中國用 AI 生成 YouTube 假頻道認知作戰 散播親中反美論，
    中央通訊社，https://www.cna.com.tw/news/aopl/202401290013.aspx
    （最後瀏覽日：2024 年 9 月 8 日）。
23. 紐時：中國利用 AI 散布陰謀論 認知作戰進入新階段，中央通訊社，
    https://www.cna.com.tw/news/aopl/202309120378.aspx
    （最後瀏覽日：2024 年 9 月 8 日）。

24. AI 及深偽影音威脅激增 專家示警台灣強化應對工具，中央通訊社，
    https://www.cna.com.tw/news/aipl/202403270400.aspx
    （最後瀏覽日：2024 年 9 月 8 日）。
25. 媒體識讀 104／4 名總統參選人大合唱？生成式 AI 時代眼見不一定為憑，
    中央通訊社，https://www.cna.com.tw/news/ait/202311090296.aspx
    （最後瀏覽日：2024 年 9 月 8 日）。
26. IG 臉書 AI 生成標籤 5 月上路 不再移除內容避免侵害自由，中央通訊社，
    https://www.cna.com.tw/news/ait/202404060084.aspx
    （最後瀏覽日：2024 年 9 月 8 日）。
27. YouTube 揭露 AI 內容標籤上線 創作者屢違規恐遭移除影片，中央通訊社，
    https://www.cna.com.tw/news/ait/202403190061.aspx
    （最後瀏覽日：2024 年 9 月 8 日）。YouTube 將增 AI 合成或變造影片標籤
    創作者拒揭露恐遭移除內容，中央通訊社，
    https://www.cna.com.tw/news/ait/202311150384.aspx
    （最後瀏覽日：2024 年 9 月 8 日）。
28. 2024 年台美多國大選防操控 臉書 IG 將註明 AI 生成政治廣告，中央通訊社，
    https://www.cna.com.tw/news/aopl/202311090006.aspx
    （最後瀏覽日：2024 年 9 月 8 日）。

CHAPTER 3

生成式 AI 和分辨式 AI 之差異與整合活用趨勢

胡翔崴 博士 │ 台灣人工智慧協會 (TAIA) 技術處長

3-1 編輯的話：生成式 AI 和分辨式 AI 簡介

胡翔崴 博士 ｜ 台灣人工智慧協會 (TAIA) 技術處長

> 編註：本章假設讀者已具備基本的 AI 和深度學習模型訓練知識。如果您對此領域不太熟悉，建議先行閱讀相關書籍或參考網路上關於 AI 基礎概念的文章，這將有助於您更好地理解生成式 AI 和分辨式 AI 的技術差異及其應用。

AI 的應用範圍日益擴大，本章將帶領讀者對 AI 技術有基本的認識，詳細說明**生成式 AI** 和**分辨式 AI** 的基本概念及發展歷程，理解兩者的異同與整合應用的趨勢，為後續各章 AI 的案例分析打下基礎。

3-1-1 生成式 AI 和 分辨式 AI 的定義與技術差異

生成式 AI（Generative AI）與分辨式 AI（Discriminative AI）是人工智慧領域中兩種截然不同的技術路徑。**生成式 AI** 主要用於創建新數據或內容，並處理大量未標註資料進行生成處理，典型的例子是大型語言模型（LLMs），如 GPT-4 和 BERT，這些模型經由大量語料庫訓練，能生成符合語境的自然語言文本。除此之外，生成對抗網絡（GAN）與變分自編碼器（VAE）等技術，也被廣泛應用於圖像生成、語音合成與影片製作，像 PixelCNN、Stable diffusion 等

模型能生成高細節的圖像或影片[1]，這些技術對創意產業與自動化內容生成帶來了革命性的變革。

此外，**分辨式 AI** 則專注於分類或預測任務，這些模型透過學習輸入數據與標籤之間的關聯性來進行準確的分類與預測。支持向量機（SVM）、長短期記憶模型 (LSTM) 和卷積神經網絡（CNN）是分辨式 AI 中常見的模型，適用於影像識別、文本分析及語音辨識等場景，特別是在車牌辨識、醫療影像診斷與語音助手中具有重要應用。兩者技術各自發揮其優勢，並在許多產業中相輔相成，推動了 AI 技術的快速發展[2]。

AIGC（Artificial Intelligence Generated Content) / GAI（Generative AI）
- **文字產生**：ChatGPT 是一種使用 AI 來產生文字的技術。例如使用者可以給它一個主題
- **圖片產生**：一種用於產生圖片的 AI 技術。例如最為人所知的 midjourney。
- **音樂生成**：有些 AI 可以生成音樂。您可以給它一個主題或者風格，然後它可以創作出一首歌曲。
- **影片生成**：AI 也可以生成影片。例如，可以生成深度偽造，此技術可將人的臉替換成另個人的臉。

生成式 AI VS 分辨式 AI

◆ 生成式 AI 模型巧妙運用大量沒有標註標籤的資料，試圖自我產生資料與隱藏於資料中的訊息，而標註則以強化學習來達到快速正確生成資料。

◆ 分辨式AI模型依據有限的資料分佈與其對應的標籤找出一映射的函數 F(X)，用此函數值當成X 所對應的標籤 y，需要標準答案來進行訓練。

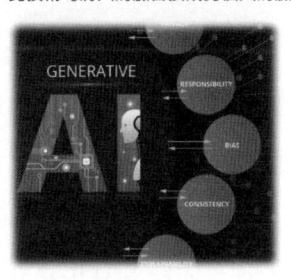

▲ 生成式 AI 舉例與分辨式 AI 的差異 [3,4]（工研院整理）

■ 表一. 生成式 AI 與分辨式 AI 常見模型比較 [5]

	生成式 AI 模型	分辨式 AI 模型
圖像相關	Stable Diffusion, GAN, cGAN, DCGAN, VAE, StyleGAN, PixelRNN, PixelCNN, SAM	CNN, ResNet, DenseNet, Inception Net, Support Vector Machine, XGBoost
文字相關	GPT, BERT, BioBERT, Llama, Mixtral-8x7B, Phi	LSTM, Bi-LSTM, RNN, Transformer, Gradient Boosting Machine
語音相關	WaveNet, Deep Voice, Vocoder, Voice Transformer Network	LSTM, Bi-LSTM, RNN, Transformer, Gradient Boosting Machine
影片相關	3D-GAN, ST-GAN, DCGAN, PixelCNN, SAM 2, Sora	3D-CNN, Two-Stream CNN, Temporal Convolutional Networks, Inflated 3D ConvNet

生成式 AI 與分辨式 AI 在功能、模型規模、資料需求和應用上有著明顯差異。生成式 AI 的主要功能是生成新數據或內容，例如 GPT-4、BERT 這類模型能夠創造新的文本、圖像或音樂。這些模型通常擁有數十億甚至數萬億個參數，像 GPT-3 就擁有約 1750 億個參數，生成式 AI 的訓練過程需要大量的資料，通常需使用數百 GB 到數 TB 的數據，並且耗費巨大的計算資源和時間，如 GPT-3 的訓練耗時數周且花費數百萬美元 [6]。

相對地，分辨式 AI 則專注於對現有數據進行分類或預測，常見的模型如支持向量機（SVM）和卷積神經網路（CNN）。這些模型的參數規模通常較小，例如經典的 ResNet-50 大約有 2500 萬個參數，且訓練時間也相對較短，通常只需數 GB 的數據及少量 GPU

資源即可完成訓練。生成式 AI 更適合於創造新內容，而分辨式 AI 則廣泛應用於影像分類、語音辨識等預測和辨識任務。兩者各有優勢，適用於不同的應用場景。

■ 表二. 生成式 AI 與分辨式 AI 功能、規模與資料之比較

項目	生成式 AI (Generative AI)	分辨式 AI (Discriminative AI)
主要功能	生成新數據或內容	對已有數據進行分類或預測
典型模型	GPT-4（1750 億參數）、BERT（3.4 億參數）、GAN、VAE	支持向量機（SVM）、卷積神經網路（CNN）
參數規模	數十億至數萬億個參數：GPT-3 約 1750 億個參數	通常數萬至數百萬個參數：ResNet-50 有約 2,500 萬個參數
資料需求	通常需要數百 GB 到數 TB 的訓練數據：GPT-3 使用 45TB 的文本數據	通常只需數 GB 的訓練數據：CIFAR-10 數據集僅 170MB
計算資源需求	訓練過程中需使用數百台 GPU：GPT-3 訓練花費數百萬美元	計算資源需求相對較少：ResNet 可在單台 GPU 上訓練
訓練時間	通常需要數周到數月：GPT-3 訓練耗時數周	通常需要數小時到數天：ResNet 訓練約需 1-2 天
模型規模	模型參數數量龐大：GPT-3 約有 1750 億個參數	模型相對較小：VGG16 約有 1.38 億個參數
應用領域	文本生成、圖像生成、音樂創作：ChatGPT、DALL·E	圖像分類、語音識別、物件偵測：Google Lens、Siri 語音識別
運作模式	基於學習資料分佈，生成新數據	基於學習資料邊界，進行分類和預測，二元分類與數值預測
資料標籤需求	無需標籤（非監督學習）	需要標籤（監督學習）
適用情境	創造新文本、圖像或音頻	資料分類、預測、辨識：如影像分類、語音辨識

生成式 AI 與分辨式 AI 在目標、學習方式及應用上有明顯的差異。**生成式 AI** 透過非監督學習來學習大量文本數據的分佈,並生成符合上下文的新內容,例如連貫的文本生成、問題回答及文本總結等。其訓練過程成本高昂,通常需要數百萬美元,並依賴生成損失函數來優化生成內容的連貫性與準確性,因此生成式 AI 訓練技巧常採用分層微調與混合精度訓練等技術以提升效率。然而,生成式 AI 的生成過程可控性相對較弱,需透過引導技術或額外變量進行控制[7]。

相較之下,**分辨式 AI** 主要透過監督學習或半監督學習,學習數據與標籤之間的關聯,以進行準確的分類或預測。這類模型通常使用分類損失函數(如交叉熵損失)來優化預測的精確性,並且訓練成本相對較低。常見優化技術包括**數據擴增**(增加訓練資料)和**早期停止**(在模型達到最佳效果是停止訓練),適用於圖像分類、文本分析及命名實體識別等任務。由於分辨式 AI 模型較小,更新頻率高,適合快速迭代和優化,且其分類過程的可控性較強,輸出結果明確。

■ 表三. 生成式 AI 與分辨式 AI 訓練模式之比較 [7]

項目	生成式 AI(ChatGPT)	分辨式 AI(如 CNN、SVM 等)
目標	學習文本數據分佈,生成符合上下文的新內容	學習數據與標籤之間的關聯,進行準確的分類或預測
輸出	生成連貫的文本、回答問題、進行文本總結等	對文本、圖像或其他輸入進行分類和標籤
學習方式	非監督學習,無需標籤數據,主要通過大規模文本預訓練	監督學習或半監督學習,需要標籤數據進行分類和預測

項目	生成式 AI(ChatGPT)	分辨式 AI(如 CNN、SVM 等)
訓練損失函數	生成損失函數，優化生成內容的連貫性和準確性	分類損失函數，如交叉熵損失（Cross-Entropy Loss）
優化技術	分層微調 (Layer-wise Fine-tuning)：在預訓練模型的不同層級上進行細緻的調整。 混合精度訓練 (Mixed Precision Training)：利用半精度浮點運算來提升訓練效率，減少內存需求。	數據擴增 (Data Augmentation)：通過增強標籤數據（如旋轉、裁剪等方式）來提高模型的泛化能力。 早期停止 (Early Stopping)：在模型訓練過程中監控驗證損失，防止模型出現過度擬合 (Overfitting) 現象。（在訓練資料上表現非常好，但無法泛化到新的資料）
應用領域	文本生成、回答問題、創造性寫作、自動寫作	圖像分類、文本分類、自然語言處理中的命名實體識別和情感分析等
調優難度	Prompt 調整：需要大量手動調整生成式模型的 Prompt 以生成高質量輸出。 微調困難：大規模參數需要精細控制，訓練難度大。	超參數優化：通過網格搜索或隨機搜索進行優化。 參數微調：更新部分參數，可有效降低計算資源需求和難度。
模型更新頻率	GPT- 系列更新頻率低，通常每隔幾年才進行大規模更新	小型分辨式 AI 模型更新頻率較高，適合快速迭代和微調更新
生成過程可控制性	生成過程可控性相對較弱，需使用引導技術或額外控制變量來改善	分類和預測過程可控性較強，輸出結果明確且可調整

3-1-2　生成式 AI 與分辨式 AI 的應用與整合策略

在不同的應用場景下，生成式 AI 和分辨式 AI 可以互相補充，發揮更強的作用。例如，在自然語言處理領域，生成式 AI 可用來創建豐富的語料數據，這些數據隨後可用於訓練分辨式 AI 模型以增強其分類能力。在醫療診斷中，生成式 AI 可以模擬病患的各種可能症狀，生成合成病例，而分辨式 AI 則可以分析這些病例，提供更精準的診斷建議。這種結合不僅提升了模型的準確性，還拓展了它們的應用範圍，以下從兩方面「**大量數據合成來強化分辨式 AI**」以及「**生成式 AI 做為分辨式 AI 的解釋依據**」來做說明。

大量合成數據強化分辨式 AI

例：自然語言處理（NLP）中的資料擴增

- **應用場景**：生成式 AI 可用來生成大量合成文本數據，這些數據可以用於訓練分辨式 AI 模型，增強其分類和語義理解能力。
- **結合方式**：例如，GPT 模型生成大量標籤文本數據，用於訓練 SVM 或 CNN 模型來進行文本分類、情感分析或語音辨識。

例：醫療診斷中的合成數據生成與分類

- **應用場景**：生成式 AI 可根據現有的病歷生成合成病例，這些合成數據可用來增加分辨式 AI 在醫療數據分類中的樣本多樣性。

- **結合方式**：例如，生成式 AI 模擬各種病患症狀，生成合成影像，供分辨式 AI（如 CNN 模型）預測特定疾病的可能性。

（例：自動駕駛中的場景模擬與物體偵測）

- **應用場景**：生成式 AI 可用來模擬各種自動駕駛場景（如不同天氣、路況），以創造多樣化的訓練資料，進而提升分辨式 AI 在物體偵測和車輛導航上的表現。
- **結合方式**：生成式 AI 模擬出各種交通場景，分辨式 AI（如 YOLO 模型）則進行物體辨識，如偵測行人或車輛，提升自動駕駛的安全性[8]。

（例：合成影像生成與品質控制）

- **應用場景**：生成式 AI 用來生成合成影像，用於訓練分辨式 AI 進行品質檢測，特別適用於影像處理中的瑕疵檢測或缺陷預測。
- **結合方式**：生成式 AI（如 GAN）生成合成影像，分辨式 AI（如 CNN）分析這些影像，進行物體分類或瑕疵檢測，如檢查產品是否有缺陷。

（例：虛擬客戶服務與情緒分析）

- **應用場景**：生成式 AI 用來模擬客戶對話，生成大量對話數據，以提升分辨式 AI 在情緒分析或客戶反饋分類中的精確度。
- **結合方式**：生成式 AI 生成虛擬對話內容，分辨式 AI 的情感服務系統更精確地回應客戶問題或需求。

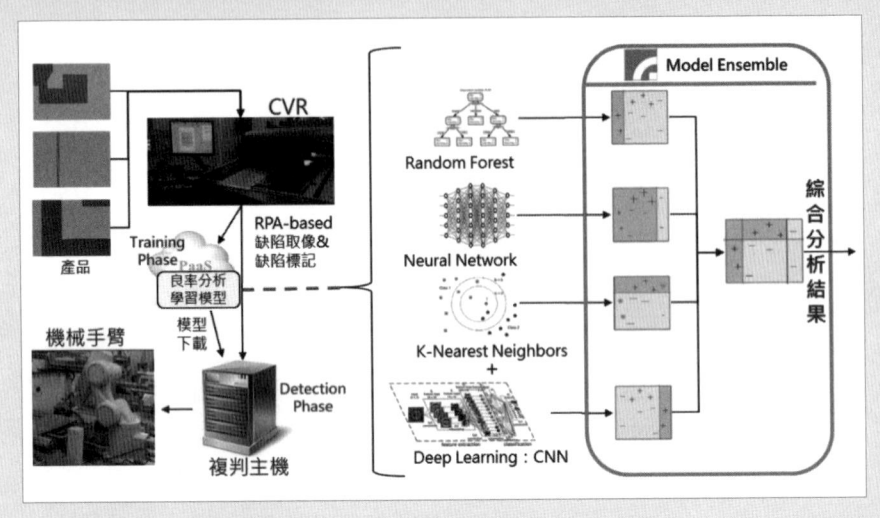

▲ 生成瑕疵圖像強化檢測分析模型（資料來源：工研院資通所）[8]

生成式 AI 提供分辨式 AI 模型建議與提高可信度

生成式 AI 也可以用於解釋分辨式 AI 模型的預測結果。當分辨式 AI（如 CNN 或 SVM）完成預測後，生成式 AI 能根據預測結果與輸入特徵生成詳細說明，幫助使用者理解模型如何得出該預測，主要有兩項好處：

1. **提供解決方案建議：** 這種協作方式讓分辨式 AI 不僅能做出預測，可提供客製化的建議方向，強化其在實際應用中的價值。
2. **提升分辨式 AI 的透明度與可信度：** 能以生成的方式更直觀地闡明結果背後的邏輯。

以翔安生醫科技公司，所開發的透析中低血壓預警系統中，分辨式 AI 被用來進行未來低血壓事件的預測，利用現有的患者數據來準確識別可能發生低血壓的風險。在 2024 年所發表的 IEEE ECBIOS 研討會論文，生成式 AI 的加入能夠進一步增強系統的可解釋性，特別是針對預測時的重要判定特徵因子的原因進行詳細說明[9]。生成式 AI 能夠模擬不同的臨床情境，根據這些情境下的數據變化，生成多種特徵因子對預測結果的影響分析，從而解釋哪些變量是預測低血壓的重要決定因素。

　　例如，生成式 AI 可以根據不同的患者條件模擬透析過程中的變化，並針對特定變量如患者年齡、透析時間、血壓變化、血液流速等進行分析，解釋這些變量如何影響低血壓的風險。基於這些模擬結果，系統可以生成一份可解釋性 AI 報告，詳細說明模型為何判定某些變量對低血壓預測至關重要。例如，報告可能指出「患者年齡大於 65 歲且透析時間超過 4 小時，低血壓風險增加」，並進一步解釋這一結論背後的數據依據。

▲ 以分辨式 AI 打造低血壓預警系統 (資料來源 : 翔安生醫) [10]

同時，生成式 AI 也可以針對特徵因子的分析結果，推薦協助護理人員進行預防低血壓的模式。例如，根據不同的風險因子，系統可以建議護理人員縮短透析時間或調整血液流速，並提供具體的行動建議，來幫助護理人員及時採取預防措施，減少低血壓發生的風險。透過這種方式，生成式 AI 與分辨式 AI 的結合，能提供深入的解釋，幫助護理人員做出更為科學的臨床決策。

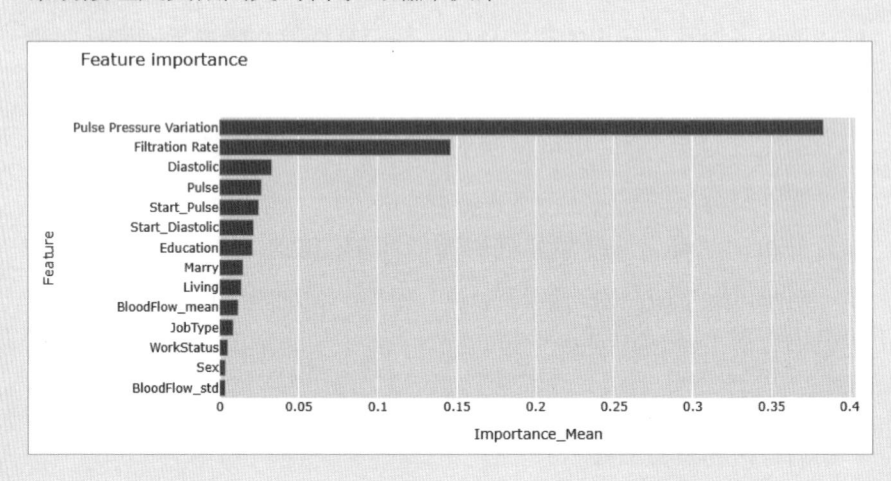

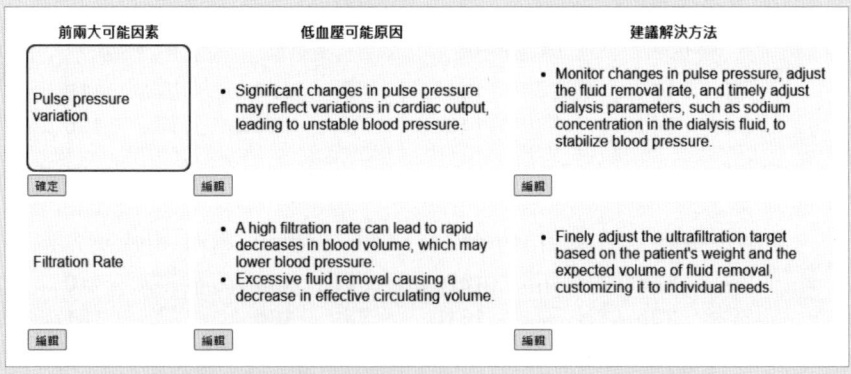

▲ 生成式 AI 進行低血壓預測解釋與推薦解決方案 (資料來源 : 翔安生醫) [11]

3-1-3 生成式 AI 與分辨式 AI 的融合應用：從資料補全到跨領域效益的提升

生成式 AI 還可以幫助解決資料不夠或缺失的問題，並且利用圖文知識作為預訓練，讓模型更準確，它還能整合多種分辨式 AI 的功能，提高效率和經濟效益。這種搭配能在各種情境下提供更適合的解決方案，讓 AI 的應用更具彈性。

1. 針對多種資料稀缺的來源，進行更全面分析，**解決部分資料特徵缺失值過多的問題**。
2. 可運用**大量相關知識資料背景作為預訓練**，來解決應用案例的訓練與運用，提高準確度與靈活度。
3. 對於十多種分辨式 AI 的功能可整合在一個生成式 AI 模型，達到更高的運用經濟效益。
4. 可針對**特殊個案進行可彈性擴充訓練**，逐步提高準確度。

紐約大學醫學院的研究團隊訓練的 NYUTron 大型語言模型（LLM）展示了生成式 AI 作為分辨式 AI 的應用成功案例，並在 2023 年成功發表於 Nature 期刊[12]。該模型可以直接分析電子健康記錄（EHR）的**非結構化數據**，包括醫生的書寫記錄，來預測五項關鍵指標：未來 30 天再住院率、院內死亡率、共病症指數、住院時長及理賠拒絕率。結果顯示，NYUTron 在預測 80% 再入院人數、85% 院內死亡率以及 79% 的住院時長上，分別比傳統非 LLM 模型高出 5%、7% 和 12%，此案例顯示生成式 AI 可有效提升分辨式 AI 的預測準確度和靈活性，特別是在非結構化數據[12]。

在多模態演算法的關鍵趨勢中，生醫創新實作研究社群 H.I.T.for Asia 運用微軟提出的 LLaVA（Large Language and Vision Assistant）技術[13]。在圖文生成的預訓練過程中，首先採用分辨式 AI 進行標註訓練，然後再結合 ChatGPT-4 進行描述性資料的擴增，進行後續的模型微調。通過這種方式，能夠將原有的公開資料集進行整合與擴充，進一步生成多種圖像（如 MRI 和超音波）的圖文報告生成。目前，這一技術已經可以應用到多模態模型中，實現對十多種疾病特徵的自動判斷與報告生成，此方法提高了圖文生成報告的精準度和效率，大幅減少了手動標註和編寫報告的時間，提升了醫療診斷的自動化能力[14]。

3-1-4 導入生成式 AI 與分辨式 AI 的模型驗證及監控比較

對於單位機構來說，導入生成式 AI 和分辨式 AI 需要系統化的步驟。首先，進行需求分析，確定生成式 AI 和分辨式 AI 在不同應用場景中的潛在價值。接著，選擇並準備高質量的數據集，進行模型的初步訓練。在這個過程中，生成式 AI 的導入通常需要先行建立高性能的計算基礎設施，因為這些模型的訓練和運行需要大量的計算資源。隨著模型的成熟，分辨式 AI 可以用來進行更精細的分類和預測，最終實現兩者的結合。

■ 表五. 分辨式 AI 和生成式 AI 於模型驗證與監控 [15]

階段	分辨式 AI(以 CNN 為例)	生成式 AI(以 Llama 3 為例)
模型測試與驗證	**模型測試**：使用測試集進行模型最終性能評估，測試準確率、F1 分數等指標。	**模型測試**：檢查生成文本的流暢性、連貫性，並進行人類評估。
	壓力測試：測試模型在高並發請求下的穩定性與響應時間。	**強化學習效果檢測**：確保生成的文本與獎勵信號一致，優於預訓練模型。
	模型解釋性：使用 Grad-CAM 等技術進行可視化，解釋模型的決策過程。	**生成質量評估**：使用自動化評估指標（如 BLEU、ROUGE、G-Eval）與人類評估結合。
模型部署與監控	**模型部署**：將經過優化的 CNN 模型部署到雲端、邊緣設備或本地伺服器。	**模型部署**：將 Llama 3 模型部署到雲端或本地環境，進行生成式文本應用。
	API 或微服務化：將模型封裝為 API 或微服務，便於實時調用。	**API 或微服務化**：將生成式 AI 模型作為 API 提供，供應用調用生成內容。
	實時監控：監控模型在生產環境中的表現，記錄準確率、響應時間等指標，並進行模型更新。	**持續監控與更新**：通過實時監控生成質量與用戶反饋，進行定期微調和更新。

3-1-5 總結

生成式 AI 和分辨式 AI 在人工智慧的應用中各有其獨特的技術特點和優勢。**生成式 AI** 通過學習大規模數據生成新內容，尤其是 LLMs 的應用，為創新提供了廣泛的可能性。然而，這些模型的運行需要龐大的計算資源和數據支持。**分辨式 AI** 則更專注於現有數據的分類和預測，並在應用場景中提供高度精準的結果。這兩者的結合

3-15

靈活使用，能夠大幅提升模型的應用範圍和效果，為機構帶來更高的運營效率和技術創新。

參考資料

1. Generative AI in Vision: A Survey on Models, Metrics and Applications https://arxiv.org/abs/2402.16369v1
2. Alzubaidi, L., Zhang, J., Humaidi, A.J. et al. Review of deep learning: concepts, CNN architectures, challenges, applications, future directions. J Big Data 8, 53 (2021). https://doi.org/10.1186/s40537-021-00444-8
3. 「生成式 AI」和「分辨式 AI」有哪裡不一樣？ https://scitechvista.nat.gov.tw/Article/C000003/detail?ID=c746ecd6-5e7d-4fc1-afe3-d91f2c06b992
4. 生成式 AI 與其他眾多 AI 面臨相同挑戰 https://www.eettaiwan.com/20230316nt21-generative-ai-market-landscape-2023/
5. Feuerriegel, S., Hartmann, J., Janiesch, C. et al. Generative AI. Bus Inf Syst Eng 66, 111–126 (2024). https://doi.org/10.1007/s12599-023-00834-7
6. Sengar, S.S., Hasan, A.B., Kumar, S. et al. Generative artificial intelligence: a systematic review and applications. Multimed Tools Appl (2024). https://doi.org/10.1007/s11042-024-20016-1
7. Priyanka Gupta, Bosheng Ding, Chong Guan, Ding Ding, Generative AI: A systematic review using topic modelling techniques, Data and Information Management, Volume 8, Issue 2, 2024, 100066, ISSN 2543-9251. https://doi.org/10.1016/j.dim.2024.100066
8. https://www.facebook.com/photo/?fbid=1384012381772107&set=a.302021583304531
9. Y. -c. Lin, J. -A. Wang, M. -h. Lee and H. -W. Hu, "Interpretability of Deep Learning Analysis Result of Intradialytic Hypotension Prediction Model with Recommendation Reports Utilizing Large Language Model," 2024 IEEE 6th Eurasia Conference on Biomedical Engineering, Healthcare and Sustainability (ECBIOS), Tainan, Taiwan, 2024, pp. 91-95, doi: 10.1109/ECBIOS61468.2024.10885460.
10. https://www.acusense.com.tw/index.php?inter=product&pId=20

11. https://www.acusense.com.tw/index.php?inter=news&nId=20
12. Jiang, L.Y., Liu, X.C., Nejatian, N.P. et al. Health system-scale language models are all-purpose prediction engines. Nature 619, 357－362 (2023). https://doi.org/10.1038/s41586-023-06160-y
13. Visual Instruction Tuning
    https://arxiv.org/abs/2304.08485
14. https://www.digitimes.com.tw/tech/dt/n/shwnws.asp?id=0000696420_J4O5XQ1J1TSYZA1CKG51X
15. Feuerriegel, S., Hartmann, J., Janiesch, C. et al. Generative AI. Bus Inf Syst Eng 66, 111－126 (2024). https://doi.org/10.1007/s12599-023-00834-7

3-2 生成式 AI 與顯示技術的深度融合，開創數位藝術新時代

INNOLUX 群創光電

個人化數位藝術的瓶頸：創作無限，展示有限

現代生活中，我們希望居家、辦公空間或數位內容能展現個人特色，但現成的裝飾或設計往往過於制式化，例如想要提升家中的藝術氛圍，然而傳統藝術品價格高昂，也不容易找到符合個人品味的作品。

隨著**生成式 AI (Generative AI)** 的發展，數位藝術已經走向個性化體驗，例如我們可以利用 ChatGPT + Midjourney 生成式 AI 工具，打造獨一無二的數位藝術，但是 AI 生成的藝術作品往往仍停留在電腦螢幕內，即便我們能夠透過 AI 生成符合個人風格的圖像，但將這些作品轉化為實體裝飾仍然充滿挑戰⋯。

軟硬整合：AI 生成藝術與互動式顯示技術的結合

由於生成式 AI 技術盛行，群創光電智能及自動化解決方案中心（IAS）透過人工智慧生成內容（AI Generated Content, AIGC）技術，將 **AI 生成藝術畫作**與群創光電獨有**仿真畫作顯示技術**完美結合，藉由軟體加值硬體，創造了一個容易上手又能滿足個人獨特品味的解決方案：AI+ Inno-Gallery。

◀ AI+ Inno-Gallery 是一款搭載「AI 生成圖像技術」的數位藝術顯示器 (圖片來源：群創光電)

　　過去，呈現於數位藝術顯示器的圖像內容需經人工放大、特殊處理，且難以取得，導致僅能輪播特定圖樣。AI+ Inno-Gallery 開發團隊發揮 AI 軟體整合能力，將 ChatGPT 演算法與生成藝術 Midjourney AI 算圖軟體互相串接，結合情境設計，解決使用者在下 Prompt (提示語) 的難題，用簡單的自然語言就可在顯示裝置上，隨個人喜好的主題、色調、畫風輕鬆生成藝術創作！

　　此 AI 顯示裝置除了內建藝術生成功能外，還結合群創光電獨有的仿真畫作顯示技術，具備柔和、適當亮度的視覺舒適感及紙張般的質感，可呈現質地、顏色堆疊感，讓每一幅畫作栩栩如生地呈現在你眼前。

```
ChatGPT  +  Midjourney  +  Inno-Gallery
```

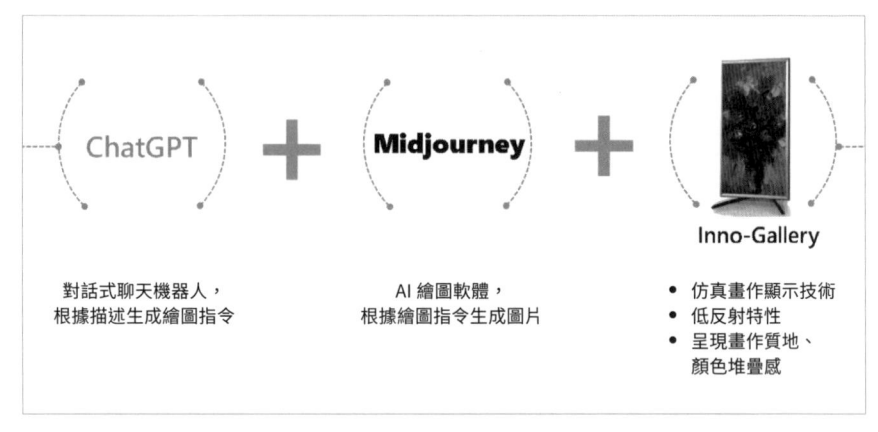

| 對話式聊天機器人，根據描述生成繪圖指令 | AI 繪圖軟體，根據繪圖指令生成圖片 | • 仿真畫作顯示技術
• 低反射特性
• 呈現畫作質地、顏色堆疊感 |

▲ 革命性的 AI 數位藝術生成架構（圖片來源：群創光電）

這種結合高階面板優勢與 AIGC 前沿技術的軟硬體整合創新方式，將藝術產品展示器應用於藝廊、娛樂市場、零售空間和博物館中心，不僅具有展示功能，還是一個創作平台，能滿足現代人對藝術生活的需求，也為藝術的推廣和銷售開闢了新的途徑，讓 AI 價值真正走進人們的日常生活中。

> AI+ Inno-Gallery 接連獲得了 2024 年台灣精品獎的銀質獎與 GPA（Global Panel Award）大獎的殊榮，因高仿真細緻感和個性化的使用體驗，也受邀於南港展覽館做長期展示。

3-3 智慧空間設計

Limo Design Co., Ltd. 里摩室內裝修設計有限公司

隨著人工智慧技術的突飛猛進,先進的 AI 模型已經開始在室內設計領域中扮演著重要的角色。AI 在室內設計中的導入不僅提高了工作效率,還提升了設計的創新性和客製化水準,本節就介紹如何針對室內設計導入 AI 多項應用。

設計需求生成

室內設計師與客戶在初步的設計會議中,客戶的需求往往通過口頭溝通來表達,利用 AI 的語音識別功能,可以將會議中的對話音訊轉換成文字記錄,不僅節省了記錄時間,還準確無遺漏地捕捉客戶的需求,轉換後的文字記錄進一步由 AI 分析,提煉出客戶核心需求,快速彙整成重點,生成一份精煉的設計需求摘要,協助設計師進行前置草圖規劃與提案構思,此過程極大地提高了後續工作的準確性和效率。

聲音轉文字 (Voice to Text) 的 AI 應用有如下的優勢:

- **準確性**:AI 模型可以識別不同口音和語速的語音,保證語音資訊的準確記錄。
- **效率**:實時轉寫節省了手動記錄時間,讓設計師可以即時回應客戶問題。

- **便於分享**：文本記錄可以快速分享給專案團隊成員，便於協作和後續參考。
- **便於搜尋**：文本形式的記錄方便後期檢索特定資訊，提高了資料的可用性。

這些口述資訊被 AI 忠實地轉化成文字記錄，並自動生成摘要，設計師隨後即可根據這份摘要進行初步設計方案的繪製。

輔助提案與設計整合

室內設計師根據客戶的需求摘要，利用 AI 強大的語義理解能力，可以對**客戶的描述進行深入分析**，從而準確把握客戶的設計偏好和需求。

◀ 生成式 AI 於 20 秒內，經由照片判讀物件的程序，生成指定的風格圖片，迅速可以與客戶溝通討論效果的呈現（圖片來源：左上 - 里摩室內裝修設計；右上、左下、右下 - AI 生成）

例如，客戶可能會提供一些關於風格、色彩、材質的描述，AI 可以通過分析這些描述，來確定客戶偏好的現代簡約風、北歐風或是復古風格等。因此，AI 可以快速生成多個不同風格和布局的室內設計提案。AI 可結合當前室內設計趨勢、材料使用以及空間規劃的最佳實踐，創造出具有創新性和實用性的設計方案。AI 還可以結合室內設計專業知識庫，生成初步的設計草圖。這些草圖將結合空間布局、家具選擇以及裝飾元素，形成一個初步的設計方案。這一過程不僅大幅度提高了設計初期的工作效率，還能夠在最短時間內給客戶提供一個直觀的設計概念。

這些提案可用 3D 視覺化圖像展示給客戶，結合提案平面與生成的 3D 渲染，以便客戶更直覺地理解和選擇符合自己的喜好與期待。AI 也可以透過對空間利用率的分析來提供最優化的布局建議。例如現行 CAD 軟體配合其擴充插件可以**透過 AI 學習過去的案例**，幫助設計師快速繪製出符合人體工學和空間美學的室內布局。

另外，利用 AI 在生成平面圖方面的能力，室內設計師可以快速獲得精確的設計平面圖產出。AI 不僅可以自動生成平面圖，還能協助設計師除錯，確保設計符合建築規範和安全標準，而且設計出更節能的室內環境，模擬不同的照明與通風方案，此功能大地提升了工作效率和設計品質。

溝通過程中的即時收斂

傳統的室內設計溝通過程往往是漫長且充滿挑戰的。客戶可能難以表達自己的想法，而設計師則需要花費大量時間來解讀並轉化這些想法為可行的設計方案。然而，AI 技術的引入，這一過程正在變得更加高效和精確。因此，設計師在與客戶的溝通過程中，即可根據客戶的反饋進行即時調整，即導入參考圖片至概念圖片，產生細部設計。或者，AI 能夠根據客戶提供的幾張參考圖片生成概念圖片，並根據溝通過程中的即時反饋進行調整。通過對客戶反饋資訊的理解和分析，AI 更可提出進一步具體的改進建議，比如調整色彩搭配、改變家具布局或是增加特定的裝飾元素。在此細部設計階段，AI 可細化設計方案，包括確定具體的尺寸、材料、家具配置以及裝飾細節。AI 可以根據客戶的預算和實際空間限制，提供最合適的產品和材料建議，再者，AI 還能夠模擬不同時間段內室內光線變化對空間氛圍的影響，並對照明設計提出建議，透過高度模擬和視覺化技術，客戶可以在實際施工前就預覽極為接近完工的最終效果圖，最終形成完整的細部設計方案。

而且，結合 AI 技術的 VR 和 AR 工具可以讓室內設計師和客戶在實際施工之前，就能夠沉浸式地體驗設計方案。這種技術可以幫助客戶更直覺地理解設計師的想法，並對設計方案進行即時反饋。這種藉由 AI 模型來即時收斂的能力，拉近了設計師與業主的關係，大幅提升了設計方案的滿意度和確定性。

工地巡檢影像檢視

首先,在施工階段,工地巡檢是室內設計實施過程中不可或缺的一環。在傳統情況下,設計師或工程監理需要定期前往工地進行實地檢查,以確保施工進度和品質符合設計要求。然而,這一過程往往耗時且效率不高,且人眼可能會忽略掉一些細節問題。

隨著 5G 等無線通訊技術的普及和發展,**AI 系統在工地巡檢中的應用將更加靈活和高效**,現場影像的自動分析和糾錯成為可能,通過移動裝置即時接收和分析工地影像數據,及時發現可能存在的問題或偏差,AI 的影像識別能力可以對施工質量進行實時監控,及時糾正錯誤,保證施工品質,設計師和工務人員可以隨時隨地掌握施工進度和質量情況,實現更加精細化和智慧化的管理。

AI 模型也可透過對工地實時拍攝的影像進行深度學習分析,快速識別出施工過程中的問題,比如材料使用不當、施工偏差、安全隱憂等。這種智慧化的影像檢視系統不僅可以提高巡檢效率,還能在第一時間發現問題,及時提供修正建議。

另外,設計師在室內設計方案中可能指定了特定品牌和型號的建材,AI 模型可以通過識別影像中的建材標籤與資料庫進行對比,確認施工工班是否按照設計要求使用正確的材料,如果發現不符合要求的情況,系統會立即標記並通知相關負責人員,從而避免因材料錯誤而導致的後續更大規模的修改或者拆除重做造成巨大的損失。此外,AI 系統還能夠識別施工品質問題,如在室內裝修過程中,牆面平整度、瓷磚鋪貼、木作細節等都是影響最終效果的關鍵因素,通過設

定特定的質量標準和參數，AI 能夠對影像中的各種細節進行精確分析，一旦發現偏差超出允許範圍，就會及時提醒監理人員進行檢查和指導。

安全性是施工過程中的另一項重要考量，AI 系統可以辨識影像中是否存在安全裝備未正確使用以及施工現場是否有潛在危險等情況，利用這種即時監控與警示系統，能夠大幅降低工地意外事故的發生率。值得一提的是，利用 AI 技術在提升工地巡檢效率的同時，還有助於節省人力成本，自動化影像分析系統減少了對人力的依賴，讓設計師和監理人員能夠將更多精力投入到設計創新和施工管理等其他方面。

在工程進行中，AI 還能夠根據每日的工地情況**自動生成工地日誌**，這些日誌包括施工進度、材料使用情況、勞動力分配等重要資訊，自動化的日誌生成不僅提高了記錄的準確性，而且為工程管理提供了便利與更高效率的成果追蹤。

在後期服務和維護方面，AI 同樣可以發揮重要作用，通過智慧傳感器和 IOT 物聯網技術的結合，AI 系統可以監測室內環境品質和家具設備的使用狀況，及時提醒需要維護或更換，確保室內空間長期保持最佳狀態。

在案子完成後，藉由導入實際現場拍攝照片，AI 能夠協助生成發表文案，這些文案既能精準描述設計理念與實施細節，又能吸引目標受眾的注意，有效地推廣設計作品。

▲ 可下描述語給 ChatGPT 生成：開放式設計、中島與操作台、圓形餐桌、自然光源
(圖片來源：里摩室內裝修設計)

小結

　　總結來說，AI 技術在室內設計領域中展現了巨大潛力。從需求分析到設計提案的生成，由初步設計到施工監控管理與成果推廣，甚至到後期維護，AI 技術都在提高效率、降低錯誤率並增強客戶互動體驗上扮演著重要角色，更提高設計品質和客戶滿意度。未來，隨著技術的進一步發展，我們有理由相信 AI 將在室內設計行業中發揮更加關鍵的作用。

3-4 以 AI 重塑房地產與家居設計的未來

HOMEE AI 睿締國際科技

購房需求多樣化，傳統模式無法滿足民眾期待

過往迄今房地產業面臨大量房源上架流程繁瑣、購屋民眾多元需求與諮詢、照片無法展示屋源細節、繁複看房過程等，往往需投入大量人力成本，無法即時滿足民眾多元的購房需求。同時，實地看房成本高昂，民眾需多次親臨現場，受限於時間與空間，極大地影響了購房效率和體驗。

此外，在家居與室內設計領域，用戶常常因缺乏專業知識而難以清楚表達需求，與設計師之間的溝通障礙進一步影響設計成果的滿意度。家具選購過程中，由於無法準確判斷家具與空間的匹配性，導致高退換貨率，增加隱藏成本。

AI 重塑物理與虛擬互動

HOMEE AI (https://www.homee.ai/) 提出的 AI 解決方案以**空間智慧** (Spatial Intelligence) 為核心，連結真實與虛擬世界，這個 AI 的獨特性在於對物理空間的精確感知與理解，賦予機器更接近人的空間認知。空間智慧整合了空間運算 (Spatial Computing)、AI 雙重核心技術，透過精準建模、重建與理解，打破物理空間與數位界限，構建智能空間互動模式，同時發布 4R 理論詮釋空間智慧歷程：

Reconstruct（重建）、Recognize（辨識）、Recommend（推薦）、React（回應）。

也包含了 3D 數位孿生 (Digital Twin)、高斯潑濺法 (Gaussian Splatting)、擴散模型 (Stable Diffusion) 等技術，提供用戶透過智慧型手機掃描空間，即可精確捕捉空間結構，進行場景重建及分割修補，建立基於真實環境的數位孿生場景，於短時間完成空間重建 (Reconstruct) 與物件、紋理、材質等辨識 (Recognize)，空間內所有物件均帶有真實環境尺寸，藉由深度機器學習 (Machine Learning)，搭配產業專屬大型語言模型 (Domain Spefic LLMs)，分析空間數據與用戶偏好，生成高度個性化推薦 (Recommend)，提供用戶透過中文、英文等多語系，輸入文字或語音與 AI 對談，即可獲得符合個人需求的空間設計與精準物件推薦，透過 API 於網站、行動裝置、機器人等設備與人類互動回應 (React)。

▲ HOMEE AI 空間智慧解決方案使 AI 與機器理解空間、物件、尺寸、材質等空間數據（圖片來源：HOMEE AI 睿締國際科技）

在房地產領域，HOMEE AI 推出的 Xplorer 針對產業痛點進行創新應用，透過空間運算技術，用手機掃描房源，數秒即可生成 2D 格局圖、3D 格局模型，並建立帶真實尺寸的 3D 數位孿生空間，大幅優化房地產物件上架流程，省去傳統丈量人力，而購屋民眾更能夠於任意時段、任意視角瀏覽房屋內部細節，賞屋不再受時空限制，同時賞屋零死角。

另外還有針對房地產大型產業語言模型，該 AI 支援中文、英文，甚至台語三種語音，以及中英雙語文字互動，民眾透過與 AI 對話，可以精準推薦房源與進行客製化空間設計，亦可提供購屋法規、房市、貸款等資訊互動，既使民眾模糊描述個人需求與喜好，AI 也可精準提供合適理想房源推薦。

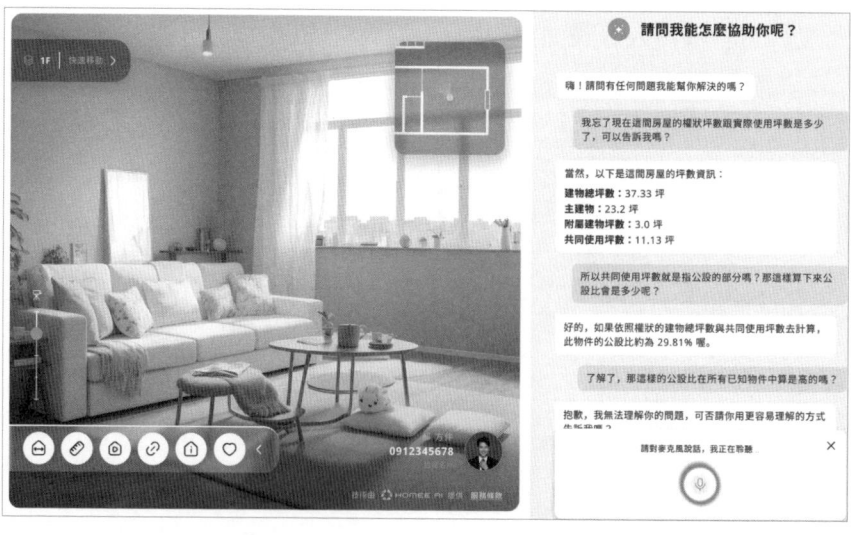

▲ 民眾透過數位孿生自由穿梭於屋源賞屋，並透過文字或語音與 AI 對話獲全方位諮詢
（圖片來源：HOMEE AI 睿締國際科技）

在家居與室內設計方面，HOMEE CASA 為室內設計產業之 AI 解決方案，透過手機掃描自有空間，即時生成帶環境真實尺寸之數位孿生空間，透過多語系與 AI 描述空間設計需求與喜好，即時獲得個性化空間設計，且用戶更可進一步敘述理想家具陳設並指定細節，如：家具類型、色系、預算、材質等，AI 將即時推薦對應家具並以 3D 型態陳設，家具涵蓋真實尺寸，故可確實判斷擺入自有空間呈現狀態，並於數位孿生空間內任意挪移家具，確認整體裝潢合乎喜好，落實精準銷售、降低既有退換貨率。

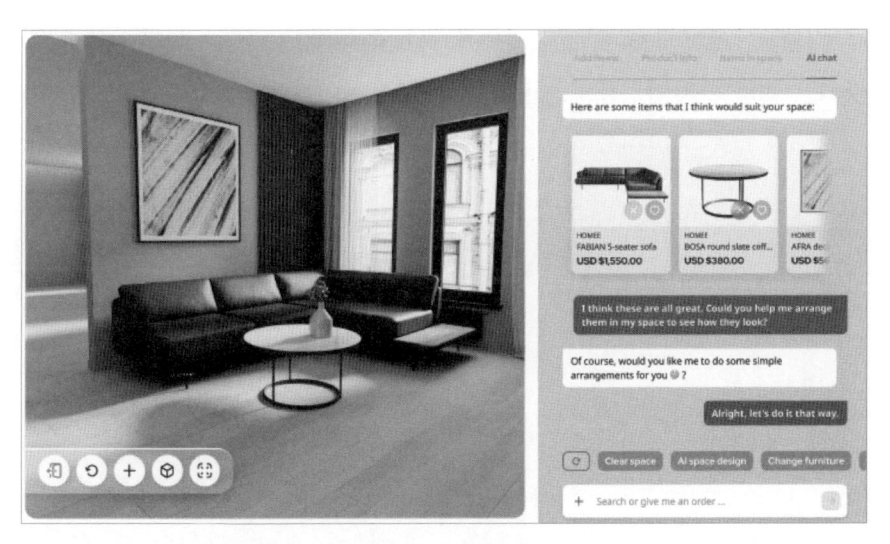

▲ HOMEE CASA 提供民眾與 AI 對話互動，設計專屬空間、陳設家具進而下單宅配到府（圖片來源：HOMEE AI 睿締國際科技）

3-31

AI 重定義空間與用戶體驗

HOMEE AI 透過其創新的 3D AI 空間智慧解決方案，成功架起了真實與虛擬世界的橋樑，為房地產、家居與室內設計等空間產業帶來革命性的變革。從高效的數位孿生技術到多語言支持的智慧交互，不僅大幅提升了產業的數位化效率，還為用戶提供了個性化、即時化的體驗。這些創新帶來的實際效益包括：個性化精準推薦、縮短流程、降低營運成本、提升交易效率與用戶滿意度，未來透過數位孿生與空間數據 (Spatial Data) 加以訓練機器人將提升人機協作效率。同時，數位化與智能化的推動，為企業創造了更具競爭力的服務模式，為產業與用戶帶來了雙贏的價值。

3-5 TAIDE 計畫：打造具智慧價值的大型語言模型

中央研究院 資訊科學研究所

筆者是一位長期從事自然語言處理（NLP）領域的研究人員，過去多年來專注於語言模型的發展與應用。從 2024 年開始，加入了 TAIDE (Trustworthy AI Dialog Engine，可信任 AI 對話引擎) 計畫的核心模型訓練團隊，投入具備智慧價值的大型語言模型（Large Language Model，LLM）的開發。這一年來與眾多師長與夥伴熱血工作，讓筆者深刻感受到台灣大型語言模型開發的重要意義。

當 ChatGPT 在 2022 年「橫空出世」之際，國際上好用的大型語言模型仍不多見，而且對台灣的用語與知識掌握不足，因此許多台灣民眾期待能有熟練台灣用語的大型語言模型問世。然而，隨著技術快速發展，短短兩年間，OpenAI、Meta、Google、Microsoft 等國際模型在適當的指引下，已能純熟地理解與生成台灣中文。當繁體中文處理不再是核心議題時，TAIDE 的發展目標也逐步轉向更深入的層面，從原先的台灣用語，到更深入的台灣知識，進一步聚焦於體現台灣的智慧價值，這也成為 TAIDE 計畫最重要的使命。

三個體現台灣社會的價值與態度架構

在訓練 TAIDE 模型時，我們設定了明確的價值與態度架構，共包含三**個層次**，期望能充分體現台灣智慧。

1. 首先,**核心為「包容多元文化」與「尊重個體自主」**,這兩個抽象且精神性的原則作為模型的根基,反映出台灣社會最普遍的智慧與共識。
2. 其次,**大型語言模型與人類對話時應展現的外顯態度**,我們希望 TAIDE 的模型如同多數人對台灣人的印象一般:「溫和有禮但不卑微」,同時展現「積極友善熱情」的特質,主動協助使用者並積極回應需求。
3. 最後則具體到語言使用,**TAIDE 模型應熟悉並優先採用台灣語境的用語與解釋**,例如「土豆」在台灣通常指「花生」而非「馬鈴薯」,但在某些外省菜館,土豆又可能指馬鈴薯。模型必須理解不同語境下的多元解釋,並在語境資訊不充足時,優先選擇台灣慣用的詮釋。

社會期待與資源挑戰下的 TAIDE 調校策略

在**需求痛點**方面,社會各界對於符合台灣知識、用語及價值觀的大型語言模型抱有高度期待,台灣民間也有開源的大型語言模型相繼釋出。由於 TAIDE 模型由政府推動,我們特別注重模型輸出的品質、安全性與社會接受度。但在運算資源不足、技術人力有限,以及本地語料相對稀缺的困境下,我們必須持續精準地調教模型。此外,國際間新模型不斷問世,讓我們在競爭壓力下,需善用有限資源保持競爭力。

從政府的角度發展大型語言模型有其獨特挑戰。由於模型的開發受到高度民意監督,每次發布新模型時我們都戰戰兢兢,深怕 TAIDE 模型在接受公眾測試時出現不當回應,引發政治爭議。眾所

周知，大型語言模型的「幻覺現象」相當普遍，為儘量避免模型出錯，我們投入大量時間進行測試與微調。當模型被調校地過度謹言慎行，也有其副作用，可能在一般任務上的效能降低。此外，政府必須遵守最高倫理標準，所有訓練資料，包括文字、圖片與影音等，未獲完整授權均無法使用，這直接造成 TAIDE 模型訓練資料不足，效能受到侷限。但正因如此，克服重重困難打造實用的台灣專屬語言模型，更讓我們作為技術人員感到熱血沸騰。

> 筆者剛加入 TAIDE 團隊時，時常回想起十年前博士畢業後加入新創公司工作的情境。當時同樣在小型研發團隊中建構人工智慧技術，與國際企業展開競爭。雖然後來我轉向學術研究，但十年前的實務經驗在今天仍派上許多用場。環境的挑戰，往往也是技術突破的起源。這一年與 TAIDE 團隊共同開發模型、參與國際模型競爭時，當年的熱情與興奮再度湧現。

從接續預訓練到 Chat Vector 調校

大型語言模型的訓練，通常會經歷**預訓練**（pre-training）、**指令微調**（instruction tuning）、**人類偏好對齊**（alignment）等三個階段：

- **預訓練**（pre-training）：需要最多的資料和算力，讓模型「讀書」，建立語感學習知識，有如人類中、小學的階段。
- **指令微調**（instruction tuning）：是讓模型開始學習運用語言與知識，完成翻譯、摘要、問答等各式各樣的任務，就好像人類在大專職校的訓練。

- **人類偏好對齊（alignment）**：則是教模型「社會化」，應對友善得體，樂於助人，並且拒絕不適當的提問。

TAIDE 模型是以已經訓練完成的開源模型，例如 Meta 的 Llama 或 Microsoft 的 Phi 作為基礎，再加以「**後訓練**」。為了強化這些國際模型的台灣語感、台灣知識，熟悉台灣的任務，我們讓模型重新經歷預訓練、指令微調、人類偏好對齊等三階段過程。經過三階段訓練的模型，再次回到預訓練（這時叫做**接續預訓練，continual pre-training**）與指令微調，彷彿社會人士回到校園重讀，人類偏好對齊的能力反而有所減損。而再次進行人類偏好對齊，並非易事，除了可能會損失效能，亦可能留下許多安全性的漏洞。在筆者加入 TAIDE 前，TAIDE 發展了 **Chat Vector** [1] 的技術，透過參數權重的相減，取出代表模型社會化能力（即聊天能力）的權重位移（即所謂的 Chat Vector，具有聊天能力的向量）。失去社會化能力的 TAIDE 模型，只要加回這段 Chat Vector，即重新習得了社會化的能力，回復安全性。

從 RAG 到 CAG：快取擴增生成技術的應用突破

由於 TAIDE 要服務公部門的自動問答與公文撰寫，Retrieval Augmented Generation（**檢索擴增生成，RAG**）是必要的技術。RAG 過程中，檢索是不可或缺的環節，對效能與效率都有很大的影響。近期流行的密集向量檢索（Dense Retrieval），克服傳統關鍵字檢索的缺點，可以找出字面不同但語意相似的資訊，卻需要較高的

計算資源和檢索時間。機關部門有許多客服、常見問答的須求，其所需的參考知識其實數量不多。相對的，近期大型語言模型的輸入長度逐漸增長，動輒十萬個字符，已可容納整個中小型的參考知識庫。我們團隊利用這個特點，發展 Cache Augmented Generation [2]（CAG, 快取擴增生成）技術，捨棄檢索的過程，把整個參考知識庫直接快取到大型語言模型中，讓模型根據整個知識庫的內容回答問題。如此一來，省下檢索的時間，也免除了檢索系統整合的複雜性。

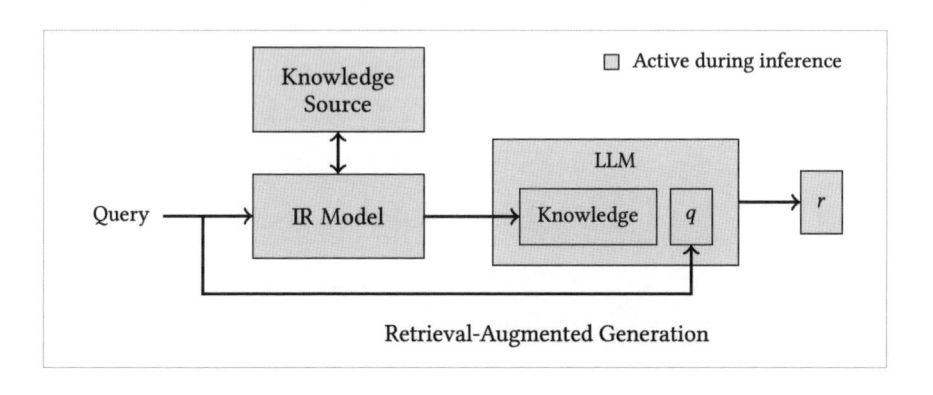

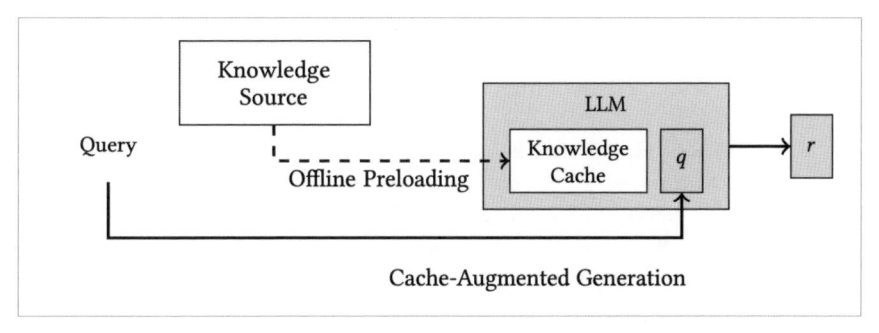

▲ RAG 技術（上圖）是在推論時進行即時檢索，CAG 技術（下圖）則預先快取知識，推論時直接生成回應，可提升效率並降低系統複雜度（圖片來源：中研院資科所 黃瀚萱博士提供）

3-37

小結

經過 TAIDE 團隊不斷努力，目前已在 huggingface (https://huggingface.co/taide) 上公開釋出了數個版本。自 2024 年開始，具有推理能力的大型語言模型逐漸成為主流，我們也將部署輕量化訓練流程，在有限算力下持續移植國際先進開源模型，以確保台灣智慧的大型語言模型能跟隨國際前沿技術趨勢。此外，為協助公部門文書作業，在提供公部門專用大型語言模型的 G-TAIDE 計畫中，我們持續深入了解政府與民間在公務流程中的需求，設計專門訓練任務特化模型能力，進一步提升實務效能。在台灣人工智慧發展中，TAIDE 逐漸承擔起繁瑣的人工庶務，節省寶貴的人力資源，同時保存與推廣文化與智慧傳承，這些重要意義，是筆者剛加入團隊時所始料未及的。

參考資料

1. Shih-Cheng Huang, Pin-Zu Li, Yu-chi Hsu, Kuang-Ming Chen, Yu Tung Lin, Shih-Kai Hsiao, Richard Tsai, and Hung-yi Lee. 2024. Chat Vector: A Simple Approach to Equip LLMs with Instruction Following and Model Alignment in New Languages. In Proceedings of the 62nd Annual Meeting of the Association for Computational Linguistics (Volume 1: Long Papers), pages 10943–10959, Bangkok, Thailand. Association for Computational Linguistics.
2. Brian J Chan, Chao-Ting Chen, Jui-Hung Cheng, and Hen-Hsen Huang. 2025. Don't Do RAG: When Cache-Augmented Generation is All You Need for Knowledge Tasks. In Proceedings of the ACM Web Conference 2025 (Short Paper), Sydney, NSW, Australia. ACM.

3-6 糖尿病管理再升級，AI 與專家聯手打造專業問答平台

康健雜誌 × 艾新銳創業顧問

糖友最頭痛的事：海量網路資訊如何找到正確答案？

台灣每小時平均有 1.2 人因糖尿病喪生 [1]，且這數字還在持續攀升，顯示糖尿病已成為不可忽視的健康危機。不僅威脅生命，糖尿病還容易引發全身性的併發症，嚴重影響患者的生活品質和健康。然而，對於糖尿病患者和照顧者來說，真正的挑戰在於如何有效應對生活中繁複的飲食限制、健康管理，以及如何從大量的資訊中找到可靠的指引。目前的主要問題包括：

1. **資訊繁雜且正確性不足**：網路上關於糖尿病的資訊雜亂，專業與非專業內容混雜，錯誤資訊可能對患者造成誤導，加重病情，讓患者和家屬不敢輕信網路資訊。
2. **搜尋與整理成本高**：即便是專業健康平台或醫療網站，患者依然需要耗費大量時間篩選並整理出與自身情況相關的資訊。資訊量過多且缺乏結構性，往往讓人無所適從。
3. **缺乏個性化建議**：患者需要的是準確且與自身需求相關的資訊，而非單一且過於廣泛的健康建議。然而現有大多數平台無法滿足這一需求，導致患者在面對疾病時更加焦慮。

這些問題不僅讓糖尿病患者的日常生活變得困難，也影響了他們的疾病管理效果。在糖尿病逐漸年輕化的趨勢下，迫切需要一個專業、可靠且易於使用的解決方案，來協助患者快速獲取經專家審核的資訊，並提供實用的生活指導，幫助患者和家屬在正確的方向上，與糖尿病和平共處。

RAG 與 LLM 技術結合，AI 幫助您掌握正確資訊

糖尿病患者和照護者在日常生活中面臨著資訊過量、正確性不足及個人化解答匱乏的挑戰，康健雜誌 (https://www.commonhealth.com.tw/) 針對這些需求，建構了華人世界最多專家的 AI 健康資訊資料庫，26 年來累積超過 1,800 篇糖尿病相關報導與專家受訪資料，以及超過 2,000 位專家知識，彙整而成的線上提問服務，利用人工智慧，結合大型語言模型（或稱大模型，Large Language Mode，LLM）與檢索增強生成技術（Retrieval-Augmented Generation, RAG）技術，生成符合用戶需求的答案技術。透過這個架構，搜尋相關糖尿病知識與資料，運用語言模型生成答案，為用戶提供解答。

▲ 糖尿病給你問服務[2]，支援語音輸入，讓不擅長使用手機打字的使用者也能方便的提問題（圖片來源：艾新銳創業顧問提供）

同時，康健團隊發現，使用者在提問時通常停留於簡單的直覺性問題，缺乏全面性理解，無法掌握問題間的關聯性。例如，糖尿病的飲食、時間與運動密切相關，但多數人只關注其中一部分。為此特別設計了**相關文章**與**相關問題**功能，幫助使用者深入探索，全面了解糖尿病管理的全貌，解決資訊不足或不連貫的困擾。

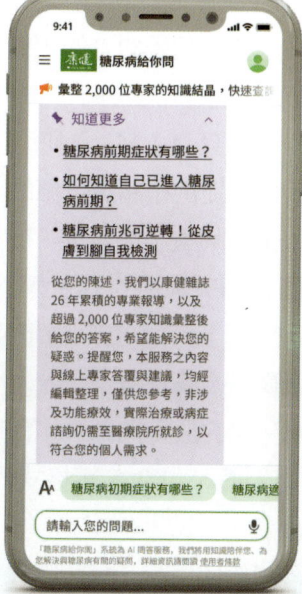

◀ 發問後使用者可點擊知道更多看相關文章，或是出處於哪一篇康健的官網文章，有憑有據亦可獲取更完整的資訊（圖片來源：艾新銳創業顧問提供））

結合**康健專業資料庫**與**大語言模型**提供**專業問答**及**相關專文索引**的服務機制建立，整體分成幾個階段進行：

1. **數據分塊與向量化**：首先將康健長期累積有關糖尿病專業的線上文章數百篇為數據源為訊息。然後這些訊息隨後被轉換成向量形

3-41

式,並存儲在一個向量庫(Vector Store)中。整個過程為向量化,它是利用訊息以數學上可比較和檢索的形式存在,主要目的是強化專業訊息回答的可靠性,此外也將相關資料來源形成可索引提供回答時順便提供客戶參考避免客戶使用錯誤。

2. **與 LLM 的集成**：當用戶向基於 LangChain 的聊天機器人輸入提示（prompt）時，系統會在向量庫中查詢與提示相關的訊息源。這個查詢過程類似於在搜索引擎中搜索關鍵詞，不同於一般查詢的地方是它是基於向量的相似度來進行的。

3. **生成答案**：找到相關訊息源時，會將這些訊息與原始提示一起提供給 LLM。並且 LLM 會利用這些訊息來生成針對用戶輸入的問題回答，並提供相關訊息源的索引讓使用者能點閱參考，輔助及更深入全面的去了解答案。

4. **微調**：系統剛建構完成時，為了解答案是否具有可信性，找了幾位醫生專家，針對回答部分給予建議回饋系統進行微調，亦包含索引建議閱讀文章部分。

5. **天使用戶測試**：結合康健內部員工對相關的知識或客戶狀態較為熟悉進行使用反饋，包含答案格式表達方式、答案內容的可讀性進行回饋微調。

6. **開放使用**：再開放使用時，分兩階段第一階段：先邀請百位忠誠客戶使用，了解答案滿意度、有用度，觀察使用頻率等等客戶行為，反饋給開發人員進行修改。第二階段全面對外開放使用。此外期中與後續有相關組織更熱情提供相關文章及專家提供協助增進系統的豐富性。

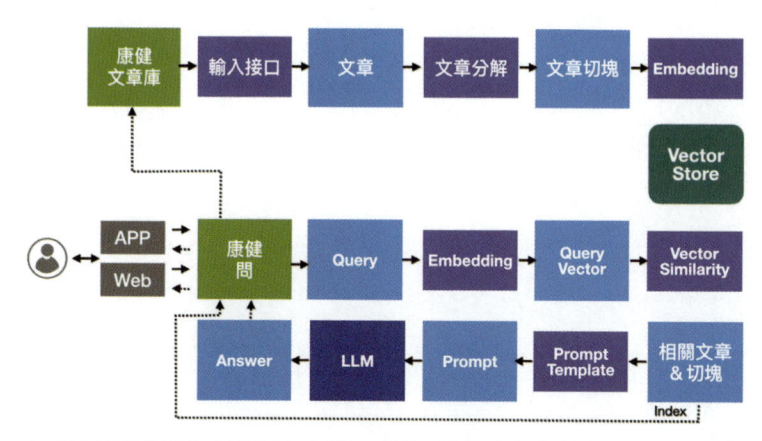

▲ 糖尿病給你問的系統流程，透過 AI 技術從康健文章庫中提取資料，分析匹配使用者問題，並生成專業解答，同時推薦相關文章，幫助糖尿病患者快速獲得準確、個人化的健康資訊（圖片來源：康健雜誌人員口述，作者整理繪製）

專家聯手共創糖尿病 AI 問答服務

糖尿病給你問的服務已在 2024 年四月中旬上線，上線一個月，已吸引超過 4 萬多名用戶進站使用，每一個提問者平均發問 2 題，康健內容提供的答案覆蓋率為 95%，且答案正確率為 88%（業界 AI 標準 80%）。此外，該服務獲得中華民國糖尿病學會，社團法人中華民國糖尿病衛教學會協助，為康健雜誌提供知識，審視與共創內容。亦獲得糖尿病專科權威陳宏麟醫師、周君怡醫師支持共創內容與素材，解惑糖友迷思，協助康健雜誌推廣這項服務。

參考資料

1. 根據衛生福利部統計，109 年糖尿病相關資料（衛生福利部網站：https://www.mohw.gov.tw/mp-1.html）。
2. 糖尿病給你問為康健雜誌提供給客戶之服務！ https://www.commonhealth.com.tw/ask/diabetes

memo

Part02 AI 企業實戰實例

CHAPTER 4

AI 製造

許嘉裕 博士 │ 國立清華大學 工業工程與工程管理學系 教授

4-1 編輯的話：
AI 於智慧製造的應用

許嘉裕 博士 ｜ 國立清華大學 工業工程與工程管理學系 教授

▋領域範疇：數位轉型與製造智能化

製造業邁向數位轉型與製造智能化的過程中，除了進行硬體設備升級和生產技術的改進外，應用人工智慧與資料科學技術以解決實際工業應用問題，是製造業面臨數位轉型的重要挑戰。

當智慧製造改變產業型態，使規模經濟逐漸不再是主要的生產方式時，大量客製化生產應運而生。單靠傳統專家經驗的改善方法逐漸無法滿足不同應用需求，例如，設備異常偵測的方法已從以物理特性為基礎的方法已逐漸擴展至以資料驅動（Data-driven）為主的方法，但在少量多樣生產環境中，不同製程配方的物理或化學反應各不相同，當製程配方改變時，關鍵特徵也可能隨之改變。此時，資料驅動的方法提供了另一種建立異常偵測模型的方式，能夠更靈活地應對生產變化。

智慧製造的資料驅動方法

隨著感測技術的進步與普及，生產環境中的越來越多的數據得以被記錄，資料的格式也包含從數值、文字、訊號序列、聲音、圖像、以及影像等豐富的多元數據，這些數據背後隱藏著更多的信息。相較

於僅依賴領域專家經驗，**機器學習**（Machine Learning）技術能從大量數據中找到特殊的規則，並提取關鍵特徵以構建預測未來的模型。隨著生產製造過程中累積的大量數據，機器學習在智慧製造中的應用也在快速發展，如異常偵測、事故診斷、瑕疵檢測、品質預測、設備健康維護、參數最佳化、生產排程等。**深度學習**（Deep Learning）作為機器學習的一種方法，以視覺檢測為例，不同於需要先明確定義特徵的傳統機器學習，深度學習能夠自動從輸入的資料中找尋和分析受檢測組件的各項特徵，建立並學習合格組件外觀的識別模型。因此，隨著工廠內可分析數據的增加，深度學習更適合處理難以定義特徵的應用，雖然這也需要更多、多元的數據和更強的運算資源。

全球智慧製造市場的現況與前景

智慧製造在全球範圍內蓬勃發展，逐步成為製造業升級和轉型的重要驅動力。根據市場研究機構 MarketsandMarkets 的報告，全球智慧製造市場在 2024 年的規模已達 2333.3 億美元，預計到 2029 年將增長至 4791.7 億美元以上 (www.marketsandmarkets.com)。受惠於物聯網實現資料的即時蒐集，以及自動化技術帶來生產效率的提升，生產製造的應用數據蒐集已逐漸從自動蒐集朝向智能化分析發展，除了設備的感測器持續不斷地提供設備最新狀態的資料外，也需要整合從原料到生產流程間的資訊，使製造業者得以取得從產品設計到生產、物流的完整資料。因此，應用大數據分析與人工智慧方法來建立各種檢測性（Detection）、診斷性（Diagnosis）、預測

性（Predictive）或處方性（Prognostic）模型，以確保產品品質與設備運作的正常。

> 物聯網與智慧工廠：數據蒐集到智能分析

　　智慧製造的核心在於利用**物聯網**（Internet of Things）、**大數據分析**、**AI**、**自動化**和**機器人技術**，達到製造過程的全面智能化，使得製造企業能夠快速反應市場需求變化，提供高品質產品。

　　例如，應用物聯網技術將各種製造設備、感測器和系統連接起來，達成數據的即時收集和傳遞，使得生產過程中的每一個環節都能被精確監控和管理；應用大數據分析與人工智慧分析技術提高設備智能化能力，例如，在生產過程中，利用自動光學檢測（Automatic Optical Inspection, AOI）與人工智慧技術可以快速對產品外觀進行檢測，再結合生產設備的參數、產品設計相關參數、量測品質相關數據，建立產品瑕疵偵測與診斷模型；當發生異常時，不僅能及時偵測，並且可以根據相關性排序提供可能影響因子的診斷參考。隨著數據的不斷累積與模型訓練調整優化，這些模型能夠預測產品發生異常的風險，進而提供生產參數最佳化的組合策略。

> AI 驅動的檢測與診斷模型應用

　　安裝於設備的感測器可以隨時記錄各種訊號，包括溫度、震動、壓力、流量等，這些訊號代表設備當下的狀態。通過及時分析感測器所蒐集的資料，可以建構設備健康指標（Equipment Health Index），在發生異常前發出警告，以避免非預期當機帶來的產能損失與產品報

廢。建立設備預測性維護（Predictive Maintenance）分析，預測設備零件的剩餘使用壽命（Remaining Useful Life, RUL），適時做出產線調整，降低當機以及重工產生報廢的發生率。

> 供應鏈管理與生產排程的智能優化

此外，收集供應鏈上原料與生產歷程資料，可以監控個別產品、原物料與在製品的需求，追蹤供應鏈上的產品流向，協助供應商庫存的管理。考慮生產的在製品與存貨即時數據，利用先進規劃與排程（Advanced Planning and Scheduling）技術，能夠縮短生產週期並避免非預期的停機。

專家觀點：人工智慧應用的四大面向

人工智慧應用的關鍵須考慮四個面向：**應用領域**（Domain）、**資料**（Data）來源、**分析模型**（Model）、以及**應用導入**（Implementation）**與平台**（Platform）。

- 在智慧製造**應用**的範疇下，包括了異常偵測、瑕疵檢測、設備預測性保養、虛擬量測、製程參數最佳化、製程監控等。
- **資料來源**可分為表格型資料（Tabular Data）、序列型資料（Series Data）、影像資料（Image Data），以及有無標籤（Label）等。
- **分析模型**則包含統計方法（Statistical Method）、機器學習（Machine Learning）以及深度學習（Deep Learning）等。

- **在應用導入**上,則需要考慮模型是否需要更新、如何更新等問題。因此,人工智慧於智慧製造的應用是一個從資料前處理、預測模型建立、模型調整的一系列分析循環,Auto ML 平台因此成為不可或缺的工具。

簡言之,製造業面臨智慧製造帶來的機會,不僅要整合長期累積的現場領域知識,還需要利用 AI 技術萃取各種生產關鍵資訊;而**整合工程師**的領域知識與經驗,發展數位決策系統也至關重要,以確保製造過程的高效、精確與智能化;最後,**處方性解決方案**的整合需求會越來越多,經由**數位虛擬技術**生成生產線上各種可能發生的情況,分析各種可能的潛在議題與改善方向,幫助決策者迅速解決問題、合理配置資源。

小結:台灣智慧製造的機遇與挑戰

台灣擁有完善的製造業生態系統,涵蓋半導體、電子、機械、化工等多個領域,這些行業對智慧製造技術有著強烈的需求,在智慧製造領域的發展充滿機會,但也面臨諸多挑戰,其中技術的整合與人才培養是持續提升智慧製造能力企業所需的關鍵能力。本章後續將透過幾個 AI 技術在實際製造環境中的應用案例,展示智慧製造技術的實戰效果與潛力。

4-2 從傳統到智慧製造：
運用 APHM 打造智能未來

合濟工業 × 皓博科技

合濟工業：突破智慧製造的挑戰

隨著人力短缺、工資上升以及市場需求的不斷變化，機械業正在經歷重大的轉型挑戰，尤其是在全球競爭愈發激烈的情況下，智慧化製造已被視為未來發展的關鍵。對於中大型金屬帶鋸床製造廠**合濟工業股份有限公司**（https://www.everising.com）來說，如何在保持成本控制的同時，利用人工智慧技術提升產品的競爭力與附加價值，是他們當前的首要挑戰。

由於鋸帶斷齒問題嚴重影響鋸切面的品質，這使得**鋸帶斷齒偵測**成為業界追求的關鍵功能之一。然而，由於鋸帶的轉速快，鋸切過程中鋸帶的振動與機台所有組件的相互影響狀況複雜，加上切削過程中的冷卻需求，使得這項偵測工作面臨重重困難。合濟工業正在積極探索解決這些技術挑戰的方法，以實現其鋸床產品的智慧化升級。

以 AI 技術實現鋸床智慧化升級

在應對這一難題的過程中，合濟工業找到了理想的技術合作夥伴——**皓博科技**（https://www.harbortech.ai）。皓博科技的研發團

隊長期專注於振動偵測與診斷技術，開發出全球領先的「**主動式故障預測與健康管理技術（A-PHM, Active Prognostics and Health Management）**」，並基於此技術推出「Vibration Guard 智慧設備健康度監測系統」。這項技術能夠通過振動感測和 AI 分析，提前偵測設備潛在的問題，使維護團隊可以在問題發生之前進行修復，從而降低設備非計劃停機的風險，並顯著延長設備壽命。

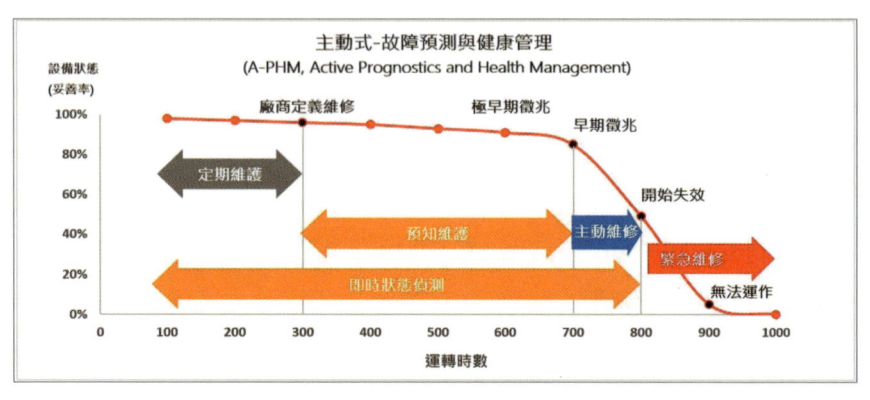

▲ 主動式 - 故障預測與健康管理系統的運作概念（圖片來源：皓博科技）

基於機械設備的市場需求趨勢，並使「主動式 - 故障預測與健康管理」達到最佳化，皓博科技自行研發出 **AI 振動感測器**，結合多年來累積的複合式 AI 模型推論經驗，經過多次的實驗和驗證，成功從各種交互影響的振動波型中，分離出真正由斷齒產生的振動波型特徵，並開發出具有極高辨識成功率的 AI 鋸帶斷齒辨識模型。

此外，皓博科技的另一項技術亮點是「**即時高速資料傳輸**」技術 Muses-stream。傳統業界所使用的振動感測器無法即時完整傳送每一軸的振動數據，大多以降低頻寬數據和間歇性（間隔數分鐘或數小時才傳送一次）的方式傳送，無法即時偵測到設備初期異常和老化狀態，如下圖的振動波型所示，這些狀態往往隱藏在極微小的振動資料中：

▲ 利用振動感測器查覺極微小的鋸帶三軸振動特徵（圖片來源：皓博科技）

即時高解析度的振動資訊，配合具有在複雜的資訊中辨識極微小特徵能力的 AI 演算法，才能即時精準呈現出機器設備是否異常或是老化狀態。該技術具有高速即時資料傳輸的優勢，可以大幅提升 AI 演算法的即時性和精準度，使 AI 的運算更精準。這種創新的技術方案，將為業界帶來深遠的影響。

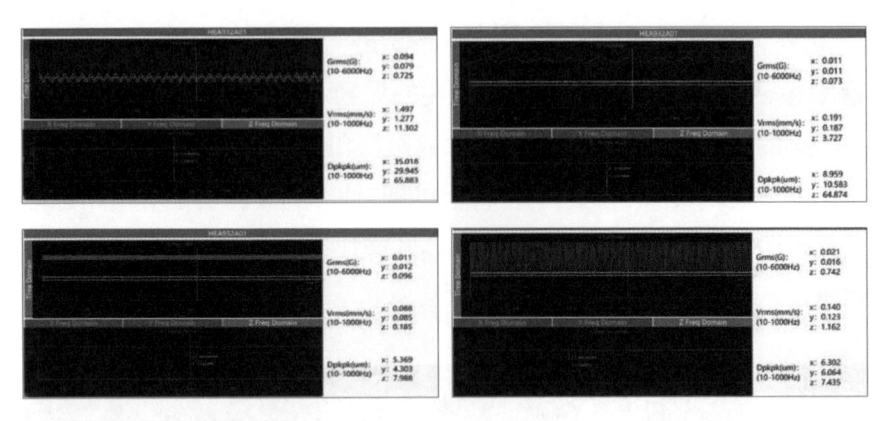

▲ 運作中的 AI 鋸帶斷齒辨識模型（圖片來源：皓博科技）

成果與效益：鋸帶斷齒偵測技術領域的重大突破，加速產業升級

合濟工業和皓博科技透過跨領域的合作，成功地將人工智慧技術與自行開發的 AI 振動感測器結合，應用於最先進的鋸床機台上。這項創新的技術突破了鋸床業界長期以來一直難以克服的挑戰：鋸帶斷齒的偵測。這不僅為鋸床行業樹立了智慧化升級的標竿，也為機械設備的數位轉型提供了值得借鑒的經驗。

4-3 精密檢測革命：AI 助力零組件瑕疵檢測，品質效能雙突破

偲倢科技

隨著連接器應用於電子產品的廣泛使用，綠能與電動車需求的快速增長，以及消費電子產品更新速度日益加快，市場對精密零組件的品質要求越來越高。2023 年，歐盟進一步強化規範，要求消費電子產品統一採用 Type-C 接口[1]，這一政策驅使下游供應鏈需要大幅度擴大產能，並加速產品生產流程。

在此背景下，消費電子產品的生產週期大幅縮短，加上綠能需求推動了製造能量的增長，客戶對產品檢測標準也日益嚴格。傳統以人工為主的瑕疵檢測方式，已無法應對大規模生產需求，且成本高昂。為解決此痛點，AI 驅動的智慧檢測技術應運而生，成為業界的關鍵解方。

瑕疵多元且標準不一
一產品同平面具備多種瑕疵可能性，且每類瑕疵卡控值不同，檢測標準繁複。

Data Imbalance
各式瑕疵發生頻率不同，一段時間內不同瑕疵所蒐集的數量產生落差

產線受終端高度重視
零部件供應商必須具備在 12 小時內排除問題的解決能力，以確保高品質產能。

▲ 檢測技術的三大挑戰（圖片來源：偲倢科技）

AI 外觀檢測革命：精密電子零組件的突破之路

瑕疵多元、標準繁複和高要求的供應鏈是傳統檢測方式所面臨的挑戰。**偲倢科技**（https://www.spingence.com）提供了完整的 AI 瑕疵檢測解決方案，包括從半成品的檢測延伸至成品的外觀檢測。透過觀察發現，將 AI 應用在前段製程能夠及早發現半成品的缺陷，有效降低後段或出貨前不良品率，從而提升產能並降低成本。

> 為了滿足生產效率與品質控制雙重要求，偲倢科技推出的 **AINavi 2.0 平台**，實現了端到端的智慧檢測解決方案，從瑕疵影像的收集、數據標註、模型訓練到即時檢測，平台能夠自動化處理大量生產數據，並不斷優化檢測模型，確保生產線的高精度與高可靠性。

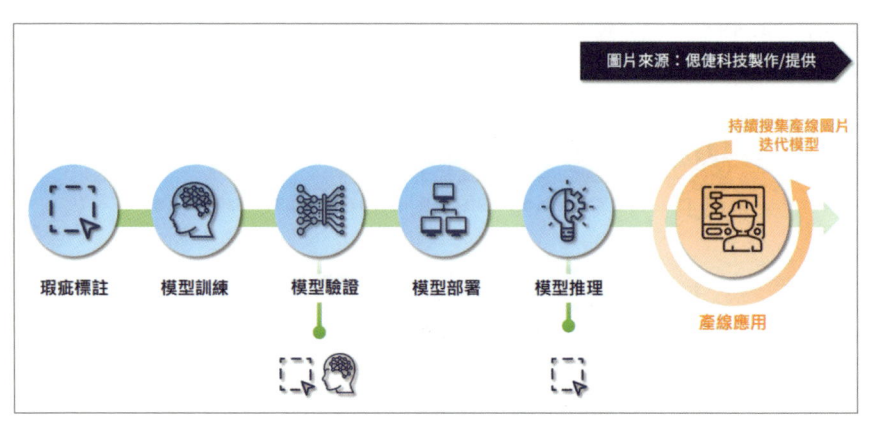

▲ AINavi 2.0 的推出，加速了瑕疵檢測的流程（圖片來源：偲倢科技）

▲ 提早檢測，降低成本，提升效益，圖示展示了完整的檢測流程（圖片來源：偲偑科技）

　　導入 AI 檢測方案後，在生產效率、品質控制與成本管理上獲得了顯著的改善。以下為主要效益概要：

- 100% 取代人工檢測，節省 20 萬 / 月 以上的檢測員人事開支。
- 完善紀錄檢測數據，確保產品品質穩定。
- 縮短檢測時間，顯著提升產線效率。
- 協同客戶共同開發，突破傳統檢測的技術瓶頸。

參考資料

1. https://eur-lex.europa.eu/eli/dir/2022/2380/oj

4-4 AI 驅動的超早期局部放電預警，為高壓設備安全保駕護航

Harbor 皓博科技

隨著全球科技與工業的高速發展，高壓供電的需求與日俱增，然而高壓設備可能因絕緣老化、外物碰觸或環境影響等因素，使得設備在運轉的過程中發生事故，造成電氣爆炸及火災，因此安全、可靠、穩定的高壓供電對於企業的發展至關重要。傳統的高壓設備異常檢測方式為值班人員主動發現設備異常之後，通知廠商以手持檢測儀器進行檢測，但是往往無法及時或是事先發現**局部放電**（Partial Discharge）並有效解決而釀成災害。

> **局部放電**是指電氣設備絕緣體在一定外施電壓下，因設備絕緣體的劣化而發生的「局部和重複放電現象，是絕緣劣化的重要指標。局部放電可能伴隨光、熱、噪音或電磁波，每次放電都會損傷絕緣材料，進一步加速劣化，最終可能導致絕緣崩潰，引發設備故障。不過，傳統檢測方法容易受到雜訊干擾，難以及時發現，影響設備壽命和安全性。

本案例是某知名書店及購物商場在經營多年之後，於重新整修之際對老舊高壓設備進行完整檢修及汰換，並導入皓博科技的「**Power Guard 極早期局部放電警報系統**」。透過 AI 技術提早偵測高壓電設備的局部放電異常，有效降低停電事故與相關災害的風險，顯著提升整體供電的安全性與可靠性。更多完整案例內容，可至皓博科技官網查看：https://www.harbortech.ai。

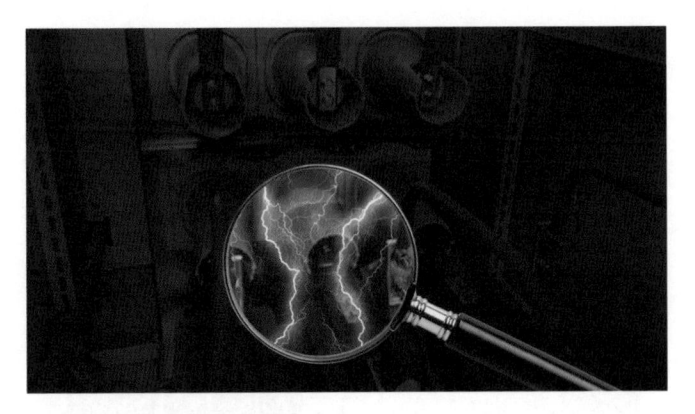

▲ 用 AI 精準鎖定局部放電，保障設備安全（圖片來源：皓博科技）

以 AI 訊號處理技術為基礎的 Power Guard 診斷系統

Power Guard 系統是以 AI 訊號處理技術為核心，採用主動式全頻段天線，搭配 **AI 動態雜訊降噪**與**即時 PRPD（Phase Resolved Partial Discharge）特徵辨識技術**，突破雜訊干擾問題，能及早偵測高壓設備內的局部放電，並精準判斷放電的類型和嚴重程度。

AI 動態雜訊降噪技術透過先進的全頻段天線設計，接收 300MHz 至 3GHz 的電磁波訊號，並自動分頻處理不同頻段的動態雜訊。結合深度學習演算法，能有效過濾來自周邊電力設備、手機、無線裝置等雜訊，提升檢測精度。

即時 PRPD 特徵辨識技術在降噪處理後，進行信號標準化和頻譜分析，提取特徵並建立放電圖譜，利用 AI 模型自動分析不同類型的放電模式（如內部放電、表面放電、尖端放電等），並進行交叉驗證與優化，確保準確性和泛化能力。

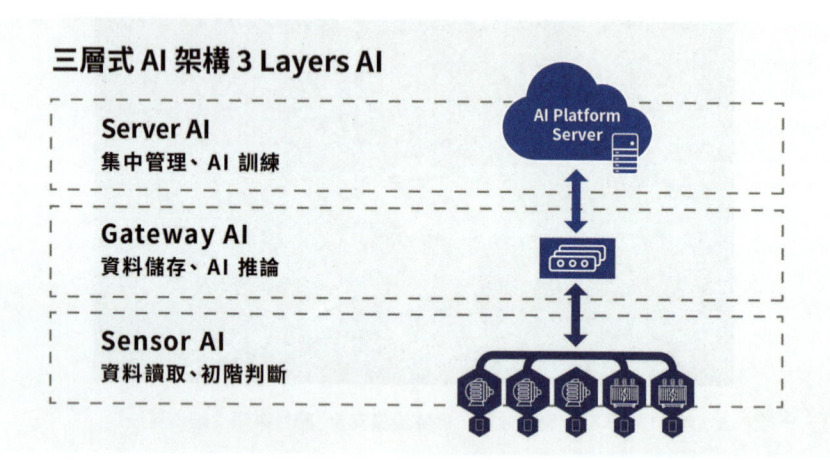

三層式 AI 架構 3 Layers AI

Server AI
集中管理、AI 訓練

Gateway AI
資料儲存、AI 推論

Sensor AI
資料讀取、初階判斷

▲ Power Guard 結合 AI 雜訊降噪與 PRPD 特徵辨識技術，以三層式 AI 架構提供高效能診斷，提升高壓設備運行安全與可靠性（圖片來源：皓博科技）

電力是現代化生活的基石，AI 技術的應用為高壓設備檢測帶來突破性的效益，可以有效提升電力系統的穩定性與安全性，為產業用電提供堅實的保障。

4-5 AI 智慧監控：精準修補與異常偵測，破解製程數據挑戰

GoEdge.ai 優智能

在製造生產流程中，製程機台設備所收集的生產時序性資料，與參考其他來源資料（例如生產處方、排程、機台量測值..等）結合，可摘要出製程關鍵指標。生產管理人員使用**統計製程控制（SPC）**或**進階製程控制（APC）**系統監控這些生產關鍵指標，以維持良好的良率和產能；當管制系統的規則被觸發，代表生產過程出現異常，此時就需要即時介入調查處理。

然而，現有異常偵測機制及後續異常處理存在以下問題：

	問題	問題取得管道
1	設備資料收集過程中有缺漏，且此問題難以從硬體層面改善。資料缺失會對其後的應用產生嚴重負面影響（如 SPC 及可能的 AI 應用）	客戶之場域經驗 專案前期之數據分析
2	SPC 系統的誤報太多，不容易鎖定真正的異常	客戶之場域經驗 專案前期之數據分析
3	部分異常可能無法由 SPC 的統計規則抓出	客戶之場域經驗
4	異常處理時間（尤其是需要停機的狀況）偏長	客戶之場域經驗

（資料來源：優智能股份有限公司繪製）

其中的問題 1, 2, 3 和**資料完整性**及**異常偵測機制**相關，是整個異常相關流程的基礎，**優智能**（https://www.goedge.ai）便從數據出發來發想 AI 解決方案，如下表所示：

	構想技術	工作項目	針對問題
1	以 AI 模型進行資料修補，確保資料的完整性	• 實驗驗證 • 應用工具開發及試用測試	1, 2
2	在資料完整的前提下，以 AI 的方式進行快速的異常篩檢	• 應用工具開發及試用測試	3

(資料來源：優智能股份有限公司繪製)

AI 雙重防線：資料修補與異常偵測，破解製程數據難題

針對**生產資料缺漏**和**系統誤判**的挑戰，開發團隊採用 AI 工具進行資料修補，並透過另一 AI 模型進行資料篩檢，達到修補資料的準確性與可靠性。此系統將資料修補、異常偵測和基本的資料視覺化工具整合在一個模組化架構中，便於未來功能的擴充和調整。

系統核心採用「生成 - 對抗架構的 AI 模型」進行資料修補與異常偵測。此一工具串接 MES 製造執行系統中產品生產處方的定義，按不同的生產步驟建立不同的模型來實現生產資料修補的功能，概念如下圖：

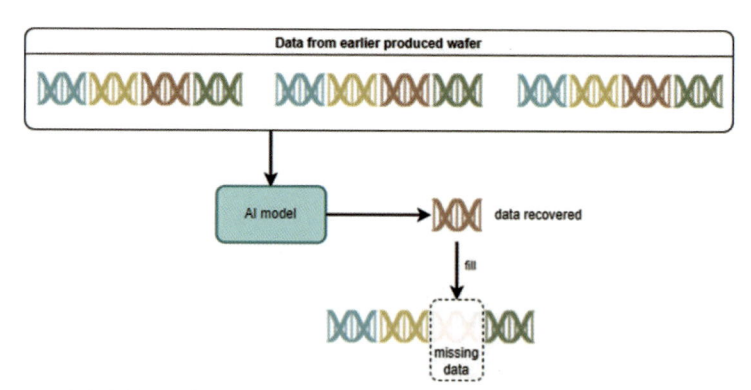

▲ 生產資料修補（圖片來源：優智能股份有限公司繪製）

如下圖（左）所示，在**處理資料缺失**方面，假定某一 item 的資料有缺失，就挑選於同一 equipment 較早生產且具備完整生產資料的 item(s) 做為推論基礎，建立 AI 模型來修補此一 item 缺失的資料部位。

如下圖（右）所示，在**異常偵測**方面，則利用 AI 模型為一定數量的連續生產 items 建立推論關係，例如：利用前兩個 items 的生產資料推論第三個 item 的生產資料。當推論的結果和實際狀況差異過大時，即判斷第三個 item 的生產過程中有異常。

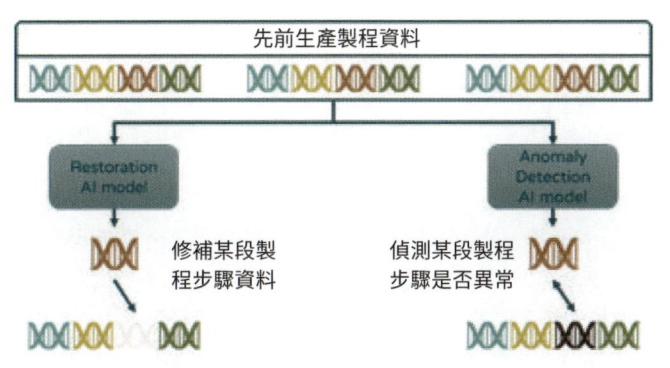

▲ 資料修補及異常偵測（圖片來源：優智能股份有限公司繪製）

AI 加持下的效益升級：從誤判減少到數位轉型基石

藉由 AI 技術的引進，顯著降低因資料缺失而造成的 SPC（統計製程管制）誤判問題。在測試階段中，90% 以上的 SPC 異常警報經由資料補值後被有效消除，大幅減少了對生產流程的干擾，提升了系統的穩定性，並為客戶的數位轉型奠定了堅實基礎。

基於此成果，開發團隊正與客戶進行後續系統優化，計畫將平台與 MES 系統連接，實現自動資料校正與修補，並推出 48 小時滾動式異常預測與 AI 失效分析功能。這將使製程工程師能及早發現潛在異常，並迅速找到原因進行排除，進一步提升生產效率與穩定性。

4-6 AI 助攻！突破面板修補瓶頸，提升良率新方案

東捷科技

隨著科技進步，面板產業競爭愈發激烈，**產品良率**成為決定市場競爭力的關鍵因素。然而，傳統的雷射修補技術高度依賴人力，不僅耗費大量時間與資源，更可能因人為誤判導致不必要的修補或錯失關鍵缺陷，進而影響產品良率與生產成本。如何克服這些挑戰，提升面板生產效率與品質，成為產業亟需解決的難題。

在傳統面板生產流程中，**雷射修補**扮演著至關重要的角色，用於修正面板上的微小瑕疵，確保產品品質。然而，這項技術存在諸多痛點，成為產業發展的瓶頸。首先，雷射修補需由經驗豐富的專業人員操作，不僅培訓不易，人力成本也居高不下。其次，人員目測判別容易因疲勞或疏忽導致誤判，影響修補效率與準確度。此外，即使經驗豐富的工程師，也可能因主觀判斷而造成誤修或漏修，進一步影響產品良率。更重要的是，傳統方法難以有效率地歸納分析缺陷成因，無法追溯製程問題根源，導致品質改善困難重重。

讓面板修補效率大躍進的四大 AI 模型

為了解決上述痛點，**東捷科技**（https://www.contrel.com.tw）利用 AI 技術建立了 ADR（**自動缺陷修補**）**系統**，除了進行缺陷視覺定位以外，並整合先進的人工智慧技術開發出四大 AI 核心模型，達成

假缺攔截、缺陷分類判等以及可修補判別之辨識目的，為面板雷射修補帶來極大的效益。

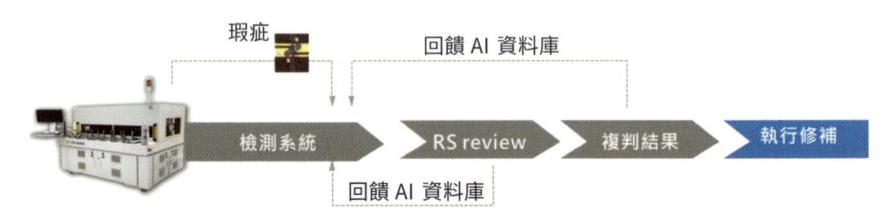

▲ ADR 系統流程示意圖（圖片來源：東捷科技股份有限公司）

(濾過檢 AI 模型)

傳統 AOI（Automated Optical Inspection, 自動光學檢查）設備常誤判假性缺陷，導致不必要的修補作業，浪費時間與資源。「**濾過檢 AI 模型**」透過深度學習，能精準辨識真偽缺陷，自動過濾掉無需修補的假性缺陷。此模型能大幅降低無謂的修補作業，提升生產效率，同時減少雷射修補設備的耗損，延長設備壽命。

(缺陷分類模型)

不同類型的面板缺陷需要不同的修補參數，傳統仰賴人工判斷容易產生誤差。「**缺陷分類模型**」能自動辨識並分類缺陷類型（如微粒（particle）或是斷線（short circuit）等類型），接著根據該種類提供最佳的雷射修補參數建議。此模型有效減少人為判斷誤差，確保修補品質，同時縮短修補時間，提升產線效率。

可修補判別

並非所有面板缺陷都適合或需要進行雷射修補，部分缺陷可能因位置、大小或特性等因素，不適合進行修補。「**可修補判別**」模型能評估缺陷是否適合修補，避免不必要的修補作業，降低誤修風險，同時也能減少雷射修補設備的耗損。

缺陷判等模型

了解缺陷嚴重程度有助於分析製程問題，進而改善產品良率。「**缺陷判等模型**」能自動分析缺陷的嚴重程度，並將其分級，提供工程師更全面的資訊，以利追溯製程問題根源。透過此模型，工程師能更有效地找出問題癥結，並採取相應措施，持續優化生產流程，提升整體產品品質。

AI 帶來的效益與改變：超越傳統的智慧修補方案

以前述的 AI 模型為基，開發團隊所研究出的 AI 方案如下圖 1。

首先，**AI 自動化作業**大幅降低人力需求，有效節省成本。其次，**AI 快速準確的判斷能力**可大幅提升修補效率，縮短生產週期。此外，**AI 也減少了誤判與漏修**，確保修補品質，進而提升產品良率，降低不良品損失。

更重要的是，**AI 分析缺陷**更有助於工程師找出製程問題，持續優化生產流程，提升整體產品品質。透過 AI 技術，為面板產業帶來更高效、更精準、更可靠的雷射修補解決方案，助力產業邁向智能製造的新時代 (圖 2)。

4-23

第 4 章　AI 製造

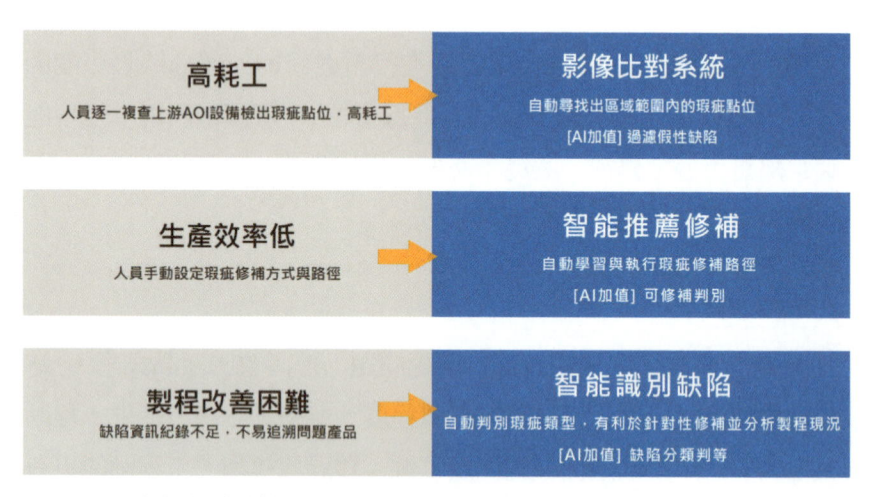

高耗工 人員逐一複查上游AOI設備檢出瑕疵點位，高耗工	➜	影像比對系統 自動尋找出區域範圍內的瑕疵點位 [AI加值] 過濾假性缺陷
生產效率低 人員手動設定瑕疵修補方式與路徑	➜	智能推薦修補 自動學習與執行瑕疵修補路徑 [AI加值] 可修補判別
製程改善困難 缺陷資訊紀錄不足，不易追溯問題產品	➜	智能識別缺陷 自動判別瑕疵類型，有利於針對性修補並分析製程現況 [AI加值] 缺陷分類判等

▲ 圖 1　需求痛點及應對的 AI 方案 (圖片來源：東捷科技股份有限公司)

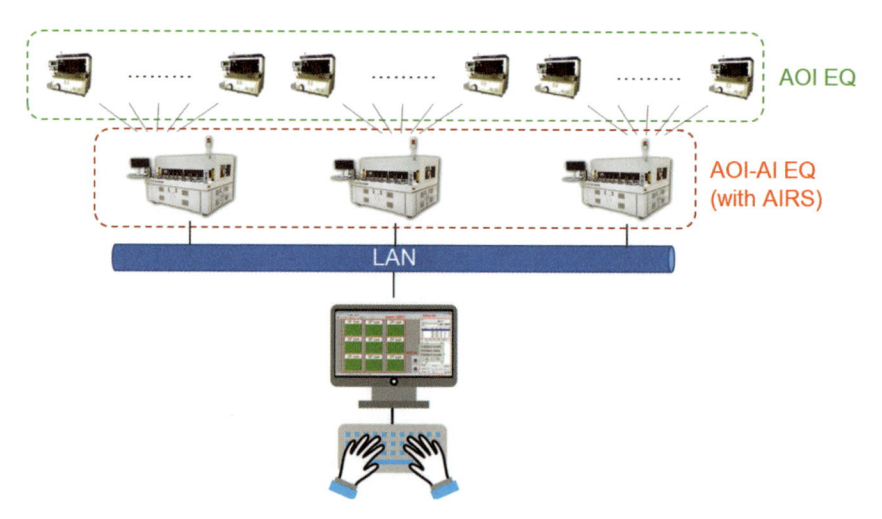

▲ 圖 2　ADR 系統達成一人對多機遠端作業的示意圖 (圖片來源：東捷科技股份有限公司)

4-7 結合大數據分析與 AIoT 技術打造智慧製造燈塔工廠

INNOLUX 群創光電

隨著製造業自動化提升,傳統 SPC 管制方式已難以即時偵測異常,導致不良品快速累積,造成巨大損失。為了解決此問題,先進製程管制技術(FDC)應運而生,透過高頻數據監控,即時偵測製程異常,減少報廢風險。

雖然將製程監控從檢量測站提前至製程站,但因為製程監控的需求以及設備資料的特性,卻也衍生了以下問題,導致製程監控變得困難:

1. 數據分佈大多不為鐘形對稱的常態分配,致使這類數據的監控不適用傳統建立在常態假設的統計製程管制(SPC)。
2. 龐大的參數變量產生了大量的管制圖,導致過高的 Alarm Rate,也讓管制圖的管理變得困難。
3. 巨量的資料與參數間複雜的關係,導致異常原因分析時的資料整理費時費力,問題原因的判斷也極度依賴專案知識與工程經驗。
4. 偏離製程參數的調整僅憑工程師的經驗、手動調整,存在著設定錯誤的風險。

即時反應製程異常,減少不良品損失

針對製程參數的資料分佈大多不為鐘形對稱之常態分配的問題,**群創光電(https://www.innolux.com/tw)**的 FDC 系統即結合統計與 AI 技術,依據不同資料型態,設計各別管制界限計算方法。

至於數據收集頻率提高、參數變量龐大,所導致巨量管制圖的管理問題以及 Alarm Rate 過高的問題,則是透過**多變量統計結合機器學習**的技術,透過一連串特徵萃取以及降低資料維度的演算,將巨量整合為單一健康指標,提升製程監控的管理效率與管制品質。

而製程偏移後的製程參數調整,則透過先進製程控制的 Run to Run 方法,建立製程參數值與產品特性量測值之間的關聯模型。一旦發現製程偏離,即自動且即時回饋機台、調整製程參數,將製程矯正回正常狀態。

另外,根據數據科學與資料分析的四階段,「描述」、「診斷」、「預測」、「處方」,FDC 的 Fault Detection 雖已做到「診斷分析」的階段,但以往相關系統在屬於「處方分析」Fault Classification 的功能卻相對薄弱。

> 所謂「Fault Classification」即是要將偵測到的異常事件分類歸屬到異常原因的類別,而 AI 技術的聚類分析方法,即可精準地為缺陷進行分類,快速且準確找到異常真因,提升異常處置的效率。

異常事件病歷庫：AI 聚類分析助力精準矯正製程異常

群創光電的解決方案即是利用**聚類分析**（Clustering Analysis）的演算法，從「異常事件病歷庫」中快速比對類似病徵，找到相同病因的歷史病例，調出其醫療紀錄，提供工程師執行有效矯正措施的參考資料，如右圖中，ABC 三種數據點分別代表不同類別的異常原因，各個類別的中心點強調了相似的異常事件，利於快速識別和處理問題。

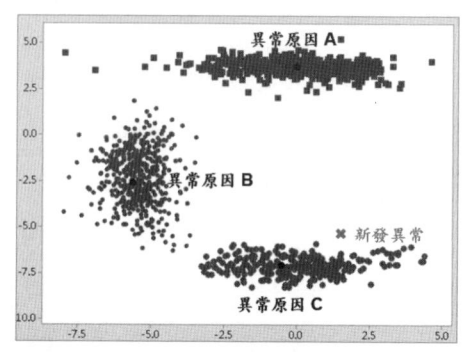

▲ 聚類分析用於異常事件比對
（圖片來源：群創光電）

> **聚類分析**亦稱為集群分析，是多變量統計學的一門分析技術，在許多領域受到廣泛應用。聚類演算法是把相似的對象通過靜態**分類**的方法分成不同的組別或者更多的**子集**，讓在同一個子集中的成員對象都有相似的一些屬性，屬於**非監督式學習**演算法。

如果將製程管制類比為人體健康監控，製程參數的數據相當於人體的生理數據，FDC 的 Fault Detection 即是在監控製程的健康狀態。當製程異常發生，經工程師診斷出異常真因並施予有效的治療措施後，工程師即將異常真因與矯正措施紀錄於 FDC 系統，系統並合併相關製程參數的異常訊號（病癥），形成一份「病歷」，儲存於「異常事件病歷庫」。當新的製程異常發生，透過聚類分析模型比對異常

4-27

訊號，調出其診斷與治療的「處方」，讓工程師可以高效率且品質一致地執行異常處置流程。

縮短異常處理時間，AI 助攻提升產能與品質

以群創光電某廠某蝕刻製程設備為例，當 FDC 系統發出製程異常警報，經由「異常事件病歷庫」的缺陷聚類模型進行製程參數資料比對，立即將此異常原因歸類於「自動壓力控制異常」，該異常會造成 Pump 抽真空能力變差，導致 chamber 內的 particle 數量增加。而自「異常事件病歷庫」所調出的歷史病歷同時也記載著過去類似異常事件的處置方式，包括立即停機維修自動壓力控制模組並進行 chamber clear 作業，工程師透過此功能於該異常原因造成的第一個異常產品的警報，立即停機並於當天完成後續的異常處置及復機措施，僅造成一片大板玻璃報廢，降低至少 97.5% 的產品報廢與產能損失。

如果沒有 FDC 系統以及「異常事件病歷庫」的聚類模型演算法，產品從該製程站傳送到 Inline Defect 檢測站的時間約 3 天，當工程師接收到產品的 defect density 異常警報而開始進行至少超過一天的異常處置作業，在此段期間估計已可產出 40 片大板玻璃（可切割成 10000 個產品），而造成公司蒙受大量產品報廢的重大損失。

透過 AI 驅動的 FDC 系統與「異常事件病歷庫」的應用，成功地將製程異常處理從「事後反應」轉變為「即時預防」，展現了 AI 技術在智慧製造中的核心價值。

4-8 雷射測距與伺服馬達驅動整合開發

六俊電機儀具 × 元智大學

精準負載匹配：轉動貫量測量對馬達性能的影響

六俊電機儀具股份有限公司 (https://zh-tw.racing.com.tw/) 的主要營業項目為馬達的生產 (如下圖所示) 與控制應用。近幾年在缺工大環境下，有許多企業主已經使用自動化設備取代人力，在這些自動化設備中 (如：機械手臂和無人機自動化)，馬達應用與控制就扮演了舉足輕重的角色。在馬達的控制應用中，馬達之轉動貫量是一個非常重要的參數，許多馬達控制器的參數設計都是基於馬達之轉動貫量。然而，基於不同的負載，轉動貫量亦會隨之改變。因此，如何精準地得到具負載馬達之轉動貫量，已經成了六俊電機儀具急欲解決的問題。

▲ 六俊電機儀具所生產之馬達 (圖片來源：元智大學)

WFNN 模型架構解析：提升馬達控制精準度的關鍵

在此我們利用參考文獻 [1] 所提出之小波模糊類神經網路 (Wavelet Fuzzy Neural Network, WFNN) 之 AI 模型，用於估測具負載馬達之轉動貫量。下頁圖為應用 WFNN 估測轉動貫量之系統架構圖。在此系統架構途中，WFNN 模型利用馬達轉速預估模型及實際馬達輸出之轉速誤差，學習並估測轉動貫量 $\hat{J}$，並將此估測轉動貫量 $\hat{J}$，應用於馬達轉速預估模型及積分比例 (Integral-Proportional) 馬達轉速控制器的參數調變中，用以達到更佳的馬達控制效果。

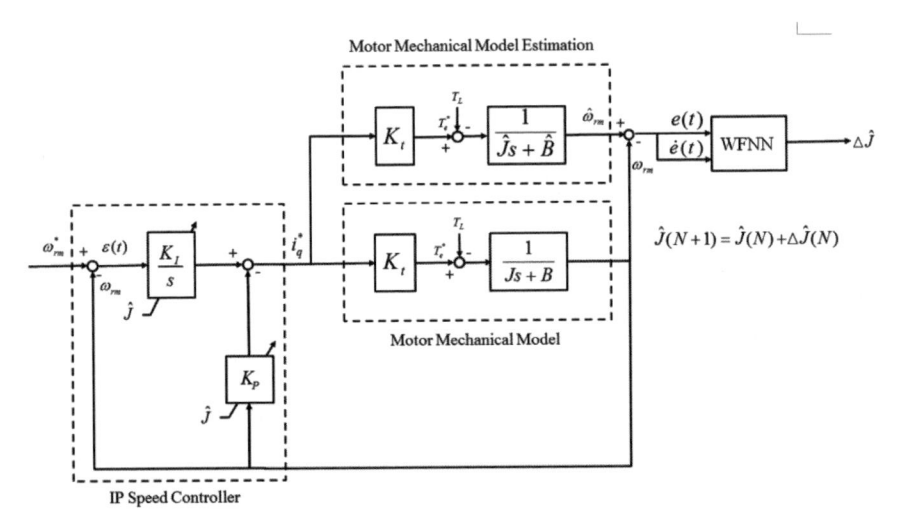

▲ IP 控制器之小波模糊類神經網路 [1]

下圖為文獻 [1] 所提出之 WFNN 模型架構圖，此模型為以誤差 e 和誤差微分 $\dot{e}$ 為輸入、估測轉動貫量 $\hat{j}$ 為輸出之雙輸入、單輸出架構。此 WFNN 模型架構共有四層，分別為輸入層、歸屬函數層、規則層、輸出層，以 e 和 $\dot{e}$ 輸入到輸入層；接著，根據歸屬函數層各神經元之平移值和脹縮值進行運算後，再通過飽和函數計算；規則層將歸屬函數層之權重輸出連結相乘，最後把規則層輸出的結果相加得到估測轉動貫量 $\hat{j}$。

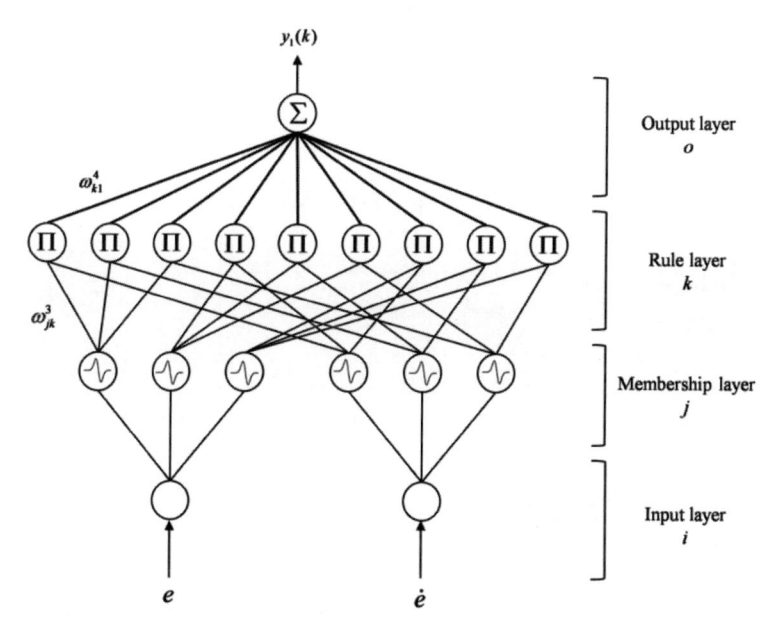

▲ WFNN 模型架構圖 [1]

WFNN 模型的模擬應用：精準馬達控制的關鍵技術

在此我們使用 Matlab 中的方塊圖示模擬工具 Simulink，進行以 WFNN 模型估測馬達轉動貫量之模擬。下圖為 Simulink 模擬架構圖，最左邊為輸入之馬達轉速控制訊號；接著是轉速 IP 控制器，中間下方 1/(J・s+b) 之轉移函數方塊，為真實馬達之模擬函數；在馬達模擬函數上方之架構為馬達轉速預估模型，右方則為 WFNN 轉動貫量估測模型。

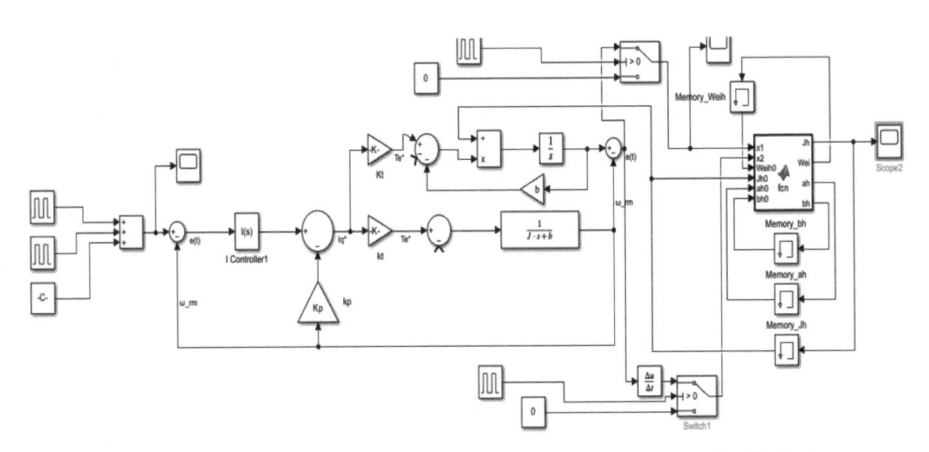

▲ WFNN 模型估測馬達轉動貫量之 Simulink 模擬架構圖 (圖片來源：六俊電機儀具)

在此我們給定上下的方波 (上圖左方)，當作馬達轉數控制命令，經過馬達 IP 控制器後計算出馬達控制電流；接著再將此控制電流輸入到實際馬達模擬函數及馬達轉速預估模型，若轉速預估模型中所使用的轉動貫量與實際馬達模擬函數中的轉動貫量不同，則它們的輸出

轉速就會不同，進而產生轉速誤差；接著，我們對誤差及誤差微分做離散時間取樣，並輸入到右方 WFNN 模型進行學習訓練模型中的權重 (Wei)、平移值 (ah)、脹縮值 (bh)，並輸出估測轉動貫量 (Jh)。WFNN 模型估測轉動貫量亦被用於即時更新馬達轉速預估模型中的轉動貫量，當估測轉動貫量漸漸接近真實馬達模型模擬函數之轉動貫量時，馬達轉速預估模型與真實馬達模型模擬函數之轉速輸出，對於上下方波輸入之轉速誤差就會漸漸減小。

在此我們設定真實馬達模擬模型之轉動貫量為 2×10^{-3} kg・m^2，下面兩張圖分別為設定馬達模擬函數之轉動貫量為 3×10^{-3} kg・m^2 及 1×10^{-3} kg・m^2 之模擬結果。從圖中，我們可以看到 WFNN 估測模型所估測之轉動貫量都漸漸接近真實馬達模擬模型之轉動貫量 2×10^{-3} kg・m^2，並且馬達轉速預估模型與真實馬達模型模擬函數之轉速輸出，對於上下方波輸入之轉速誤差亦漸漸減小。

設定馬達模擬函數之轉動貫量為 3×10^{-3} kg・m^2 之模擬結果：

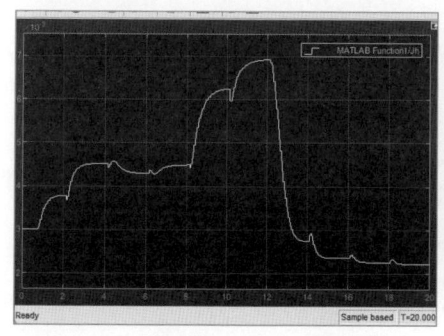

▲ WFNN 估測模型所估測之轉動貫量
（圖片來源：元智大學）

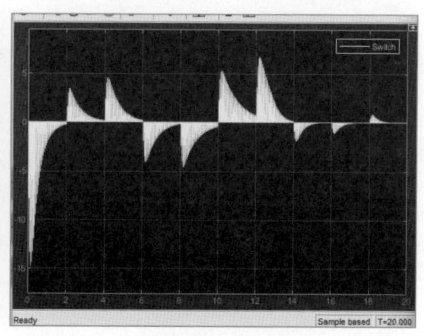

▲ 對於上下方波輸入之轉速誤差
（圖片來源：元智大學）

第 4 章　AI 製造

設定馬達模擬函數之轉動貫量為 $3 \times 10^{-3} \text{kg} \cdot \text{m}^2$ 之模擬結果：

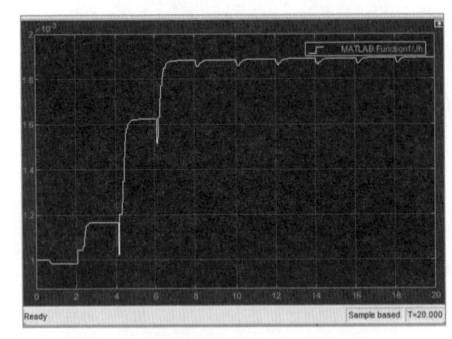

▲ WFNN 估測模型所估測之轉動貫量
（圖片來源：元智大學）

▲ 對於上下方波輸入之轉速誤差
（圖片來源：元智大學）

目前為止我們僅用模擬驗證此 WFNN 模型的效用，未來將會實際應用在實際之馬達控制系統上，用以實時估測具負載馬達之轉動貫量，並根據估測之轉動貫量即時調整控制器參數，以達成更佳的控制效能。

參考資料

1. 俞韋安，「應用於內藏式永磁同步馬達之智慧型最佳伺服頻寬調整及慣量估測」，國立中央大學電機工程學系，碩士論文，2018。< https://hdl.handle.net/11296/mu2p59 >。

4-9 使用 Tukey 實踐石化業非計畫性停機事前預警

Chimes AI 詠鋐智能

突破傳統維護困境，AI 重新定義石化設備管理

　　石化業是全球經濟的重要支柱，其生產過程涉及高度複雜且昂貴的設備，長期以來一直面臨著生產效率和安全的雙重挑戰。這些設備在運營過程中需承受高溫、高壓和腐蝕性物質的侵蝕。傳統的維護方法，包括定期預防性維護和事後維修，往往無法滿足現代石化業的需求。根據統計，全球石化業每年因火災或爆炸造成的直接損失超過 30 億美元，且逐年增長。2023 年，美國的化學品事故高達 323 件，相當於每天一件事故，其中多數事故原因在於設備失效 (Source: Prevent Chemical Disasters)。為了解決這些問題，Chimes AI 詠鋐智能自主研發了 **Tukey－設備異常監診軟體**，提供了一套全面的預測性維護解決方案。經過與全球前十大石化集團的實證，Tukey 的異常預警準確率超過 90%，大幅降低非計畫性停機的風險。自產品發布以來，已應用於海內外 50 間工廠，有效提升了石化企業的運營效率、降低維護成本，並保障了工作與環境安全。

傳統維護模式在面對石化業挑戰中的局限性

石化業的運營涉及大量複雜設備，如反應器、泵、壓縮機和管道系統，這些設備在高溫、高壓和腐蝕性環境下長期運行，容易發生非計畫性停機事件。這通常帶來環安、工安及經濟的負擔。例如，臺灣某石化公司的一次裂解爐意外停機爆炸，造成液化石油氣洩漏，4名員工燙傷，並導致新台幣十億元的直接損失和數週的生產延遲。該事故後，不僅大幅降低產品的外銷量，也減少了對下游工廠的供應。這一事件凸顯了幾個行業普遍面臨的關鍵挑戰：

- **保養人員的工作負擔大**：一間工廠的維護團隊必須同時監控成千上百種不同類型的設備，這不僅造成了巨大的壓力，也增加了疏忽的風險。在一次例行檢查中，一個小小的壓力閥故障被忽略，結果可能導致了一次大規模的化學泄漏。
- **早期故障預測的困難**：傳統維護方式主要依賴經驗和定期檢查，現有監測系統缺乏對設備健康狀態的全面了解，只能在設備出現明顯故障徵兆時才能偵測到問題，屆時往往已經太晚，無法有效預防停機和潛在的安全事故。
- **技術和人力資源的缺乏**：現有的 AI 解決方案往往需要專業的知識和技術支援。在面對高度專業化的設備和複雜的數據管理體系時，缺乏適當的工具和專業人才，使得故障預測和故障應對效率低下。

- **事後檢討不理想**：保養人員日常工作繁忙，導致事後檢討和改進措施難以充分進行。這需要有智慧化的輔助方案來協助，確保問題能夠得到及時有效的分析和解決。

從數據中挖掘異常模式，石化設備管理門檻降低

石化業長期面臨著高溫、高壓和腐蝕環境對設備營運的挑戰，維護效率與安全風險的平衡始終是業界關注的焦點。然而，現有監測技術往往局限於事後維修，難以滿足早期異常預警的需求。**Tukey－設備異常監診軟體**，結合以下創新技術點，為石化業提供了一套革命性的解決方案：

1. **AI/ML 的非監督式異常偵測與預警技術**：利用先進的人工智慧和機器學習技術，針對沒有標記設備是否故障的 IoT 感測器數據，Tukey 軟體能夠進行精準的非監督式異常偵測與預警。這不僅解決了傳統設備異常偵測需要依靠人為定義監控 SPC 指標，或者是依靠大量人工標注設備異常類型的問題。透過自動學習並適應設備運行中正常變化和異常情況，識別數據中的異常模式，即時發出預警，幫助企業提前採取行動，防止故障發生。
2. **友善介面讓設備工程師有 AI 建模能力**：直觀的圖形化介面使得原本需要專業 AI/ML 科學家才能執行的資料分析變得容易操作，使設備保修人員也能高效率地自行進行資料分析，降低

了技術應用的門檻。此外，介面還提供了視覺化的數據展示和分析結果，讓保修人員能夠快速理解設備狀態和潛在問題，從而迅速採取相應行動，提升了整體維護效率。

3. **智慧決策支持系統**：結合物聯網（IoT）、預測型 AI（Predictive AI）以及生成式 AI（Generative AI）技術，Tukey 軟體不僅能夠從設備上的各種感測器實時運行數據，包括溫度、壓力、振動、電流等，轉換成設備異常指標，隨時捕捉異常變化。當異常分數飆高時，還能夠解析異常徵兆、潛在問題點以及處置對策，真正增進保修人員巡檢效率。

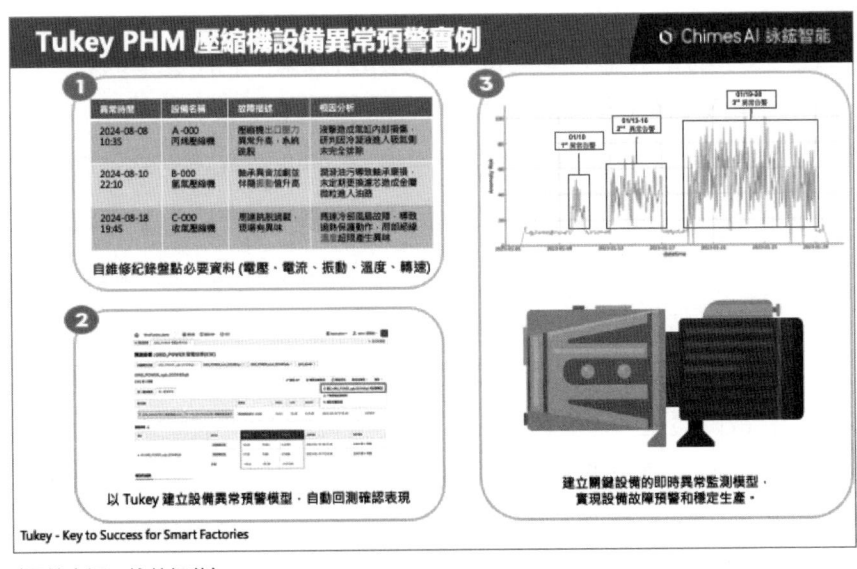

(圖片來源：詠鋐智能)

AI 驅動的預測性維護，提高產品質量與穩定性

導入之前，石化業普遍依賴傳統的維護方法，包括定期預防性維護和事後維修。在日常巡檢的過程中，保修人員常依靠對機器運作聲音的敏銳洞察來判斷異常。然而，這種方法往往反應遲緩，且異常聲音被察覺時，機器可能即將停機。事實上，保修人員需要同時監控大量不同類型的設備，工作負擔重，容易出現疏忽，難以及時發現和處理問題，缺乏科學的數據支持，難以做出最優維護決策。

導入之後，石化企業在設備維護和管理方面取得了顯著的改進。首先是基於大幅減少非計畫性停機的發生率，在實地驗證中，異常偵測與預警效果可靠度達 90%，也就是說此 AI 方案能夠提早發現 9 成的故障事件。其次，透過全面性的實時數據監測和智能分析，提供了全廠關鍵設備健康狀況，幫助管理層做出科學的維護決策，優化資源配置，提高整體維護效率。最後，所有的 AI 預警模型，都是由廠內保修工程師自行操作 Tukey 軟體建置而成，這樣的預測性維護方案，取得保修人員的全面信任。讓保修人員 AI 賦能，在最佳時機進行針對性的維護，避免了不必要的定期維護和過度維修，不僅顯著降低了維護成本，更為工廠帶來了全新的智慧化動力。

石化企業在導入前後的差異：

- **經濟效益**：維護成本降低 20% 和非計畫性停機減少 90%，直接帶來了顯著的經濟效益。企業不僅節省了維護和停機的費用，還提高了生產效率和產品質量。

- **安全效益**：提前預警和及時處理潛在故障，有效預防了安全事故的發生，保障了員工和環境的安全。
- **運營效益**：整體維護效率的提升，使企業能夠更靈活地應對市場需求變化，保持穩定的生產運營。
- **技術效益**：使用先進的 AI 和機器學習技術，提升了企業的技術水平和競爭力，推動了 AI 跨域人才培育的進程。

智慧解決方案打造行業新標準

Chimes AI 的 Tukey - 設備異常監診軟體在石化業的應用中取得了顯著的成效。通過其先進的 AI/ML 技術和友善的操作介面，這一解決方案有效地解決了傳統維護方法的不足，顯著降低了非計畫性停機的風險，提升了維護效率，並保障了安全運營。實際應用結果顯示，Tukey 軟體 - 異常預警準確率超過 90%，在全球前十大石化集團的實證中取得了卓越的成績。

這一成功經驗使得 Tukey 軟體迅速得到了石化業的全面性採用，並且其優異的表現不僅限於石化領域。目前，這一解決方案已經擴散至其他高風險和高價值的行業，包括鋼鐵廠和半導體廠。這些行業同樣面臨著設備運行的高度複雜性和維護管理的挑戰，Tukey 軟體為它們提供了高效、可靠的預測性維護支持，提升了整體運營效率和安全性。

4-10　AI 賦能永續轉型：實現 ESG 與 SDGs 的創新之道

Profet AI 杰倫智能

在當前的商業環境中，企業面臨著越來越多的壓力，必須同時考慮**環境、社會和治理**（ESG）以及**可持續發展目標**（SDGs）。這些框架旨在推動可持續發展，但高階管理層亦對其未來可能受到地緣政治影響感到擔憂，因為 ESG 與 SDGs 逐漸成為國際競爭中的工具或武器。根據 Profet AI 的調查，許多企業領袖都在思考如何在這樣的挑戰下保持競爭力和合規性。特別是在地緣政治和市場快速變化的背景下，如何有效運用 AI 技術支持企業實現可持續發展，並賦能內部關鍵員工，已成為實現長期競爭力的關鍵。

ESG 與 SDGs 推動下的企業挑戰與轉型壓力

ESG 專注於企業在環境、社會和治理方面的表現，而 SDGs 則是聯合國於 2015 年提出的 17 項全球目標，旨在解決貧困、不平等和氣候變化等問題。這兩者的結合有助於推動可持續發展，但對企業而言，目前更多是「新成本 New Cost」而非「新收入 New Money」。如何在不大幅投入資源與預算的前提下，快速實現可見成效，並擁有中長期的執行計畫，已成為企業的關鍵痛點。

1. **AI 導入於 ESG 時程太長，無法即時應對快速變化**：在應對動態環境和政策調整時，AI 解決方案需要過長的部署和運行時間，導致企業難以及時採取行動。
2. **ESG 與 SDGs 相關人才短缺，難以快速融入企業文化**：專業人才不足，加上 ESG 與 SDGs 的跨領域特性，使得相關專業人士的融入與培訓成為一大挑戰。
3. **現有員工是 Domain 專家，若不能完全參與則削弱競爭力**：在現有專業領域具備深厚經驗的員工，若未被有效整合到新技術與框架中，企業在競爭中可能失去關鍵優勢。
4. **專案型或現成方案的普及性可能削弱長期競爭力**：倚賴現成方案或外包專案，雖可快速實現短期成效，但長期可能導致差異化優勢喪失，因為市場中競爭者也能輕鬆採用類似解決方案。此外，企業核心的 Domain Know-how 可能在合作過程中被學習或模仿，進一步增加競爭風險，削弱企業的獨特性與領先地位。
5. **企業缺乏量化 ESG 與 SDGs 效益的透明工具**：無法清晰衡量投入與產出的實際影響，導致企業難以說服內部與外部的利害關係人支持其持續努力。

以 AI 技術驅動 ESG 落地

杰倫智能（Profet AI）的 **AutoML 虛擬資料科學家平台**是一項能有效加速 AI 技術應用的工具，其核心為自主研發的機器學習演算法技術，提供無代碼（no-code）建模方式，即便非資料科學背景的用戶亦能快速掌握並完成 AI 應用的開發。與傳統的人工開發模式相比，此平台顯著縮短了 AI 落地時程，幫助企業以更高效的方式應對 ESG 相關挑戰，如提升能源效率、減少碳排放等。

▲ 專為製造企業打造的 AI 軟體『AutoML 虛擬資料科學家平台』（圖片來源：杰倫智能）

為促進 AI 技術在企業中的實踐應用，此機器學習思維工作坊（ML Thinking Workshop）提供了一套結構化的框架，其特點包括：

1. **高效的 AI 技術應用培訓**：在短時間內幫助參與者理解 AI 技術的應用框架，並結合企業實際需求進行設計與實施。整個過程僅需 30 小時，便能完成從理論到實踐的轉化。
2. **賦能企業內部關鍵員工**：幫助企業內的專業人員將領域知識與 AI 技術深度融合，形成結構化的數位資產，並進一步應用於解決 ESG 相關挑戰，提升員工在技術轉型中的主導性。
3. **創新解決 ESG 與 SDGs 挑戰**：助力企業實現碳排放優化、能源效率提升、供應鏈風險管理等目標，滿足高階主管對合規性、社會責任與業務效率的全面需求。
4. **量化的投資回報與業務價值**：通過數據驅動的決策與運營優化，提供清晰的 ROI 路徑，幫助高階主管量化 AI 應用對 ESG 績效與業務成長的實際貢獻，增強決策信心。
5. **知識傳承與內部能力構建**：重視知識內化與傳承，協助企業在內部建立長期的 AI 應用能力，確保技術進步與業務發展的可持續性。

AI 協助企業 ESG 目標快速落地

通過導入此 AI 平台，企業在多個層面實現了實際效益。

> 能源管理、降低碳排

透過 Domain 專家與 ML Thinking 工作坊的協作,僅用 30 小時完成模型建置並成功落地。

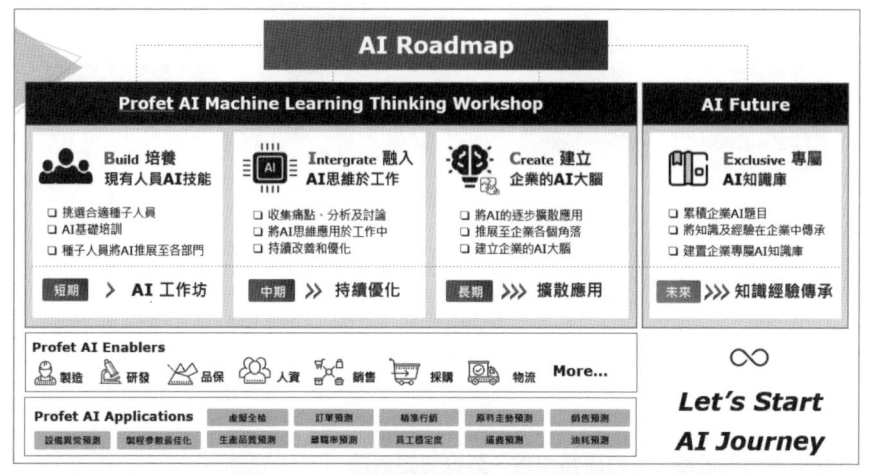

▲ 30 小時的 Machine Learning Thinking Workshop(圖片來源:杰倫智能)

- 案例一:某系統組裝廠廠務利用 AI 平台進行空壓機需量預測,透過自動調整啟停策略,夜間用電量成功降低,實現節省 8.5% 用電的成果。
- 案例二:一家高溫製程產業透過 AI 平台進行能耗管理,結合「未來用量預測」與「參數優化推薦」,分析製程能耗與潛在因子,最終優化能源使用效率,並降低 9.6% 的用電成本。

第 4 章　AI 製造

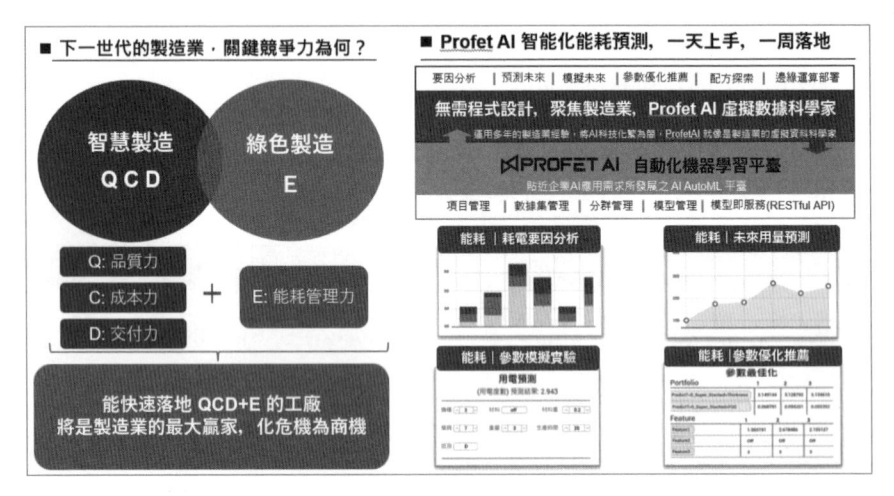

▲ 利用 AI 平台做能耗預測（圖片來源：杰倫智能）

> 材料研發與節能：縮短研發次數、降低資源浪費

　　明基材料透過導入 AutoML 平台，成功優化製程並提升生產效率。以往依靠人工分析龐大的異常數據無法快速、精準執行，導致生產材料浪費。透過 AutoML 平台，能在製程中提前調整濃度與溫度，不僅解決人工操作不精準的問題，材料浪費減少達 15%，有效降低了生產成本。

```
┌─ 挑 戰 ─────────────────────────────────────┐
│  ☞ 明基材過去使用原始資料繪製趨勢圖進行判斷，但手上資料龐大，    │
│    人工難以快速、精確執行。                          │
│  ☞ 生產線上需要短時間內需要進行生產切換，需調整參數，前後產品的重 │
│    複規格上下限很窄，以往只能內線進行切換，易造成生產材料等浪費。 │
├─ 成 效 ─────────────────────────────────────┤
│  短期內落地專案逾 20 多件 改善製程與突破生產瓶頸 節省達 8 位數費用 │
│  ☑ 廠房隨後更換為 Profet AI 與 Oracle 系統，成功案件超過 20 件， │
│    不僅改善製程，還突破了生產瓶頸。                    │
│  ☑ 導入 Profet AI 的 AutoML 系統後，產線不再切換方式，提前調整濃度和 │
│    溫度，解決了人工操作不準確的痛點，進而減少了材料報廢，同時提高。 │
│  ☑ 「配方探索」也是讓明基材透過 AI 獲得不少助益的項目。         │
│    Profet AI 的工具能夠抓取比較類似的某種類型資料，符合R&D需要的新規格。 │
│  ☑ 廠長余濬浴表示，Profet AI 產品 CP 值更高、功能更強，支援多語言操作，│
│    可與需求溝通，並具有調整彈性。                      │
└──────────────────────────────────────────┘
```

全球前五大偏光板供應商

費用節省達 8 位數

7 個月內落地專案逾 20+

提升生產效率

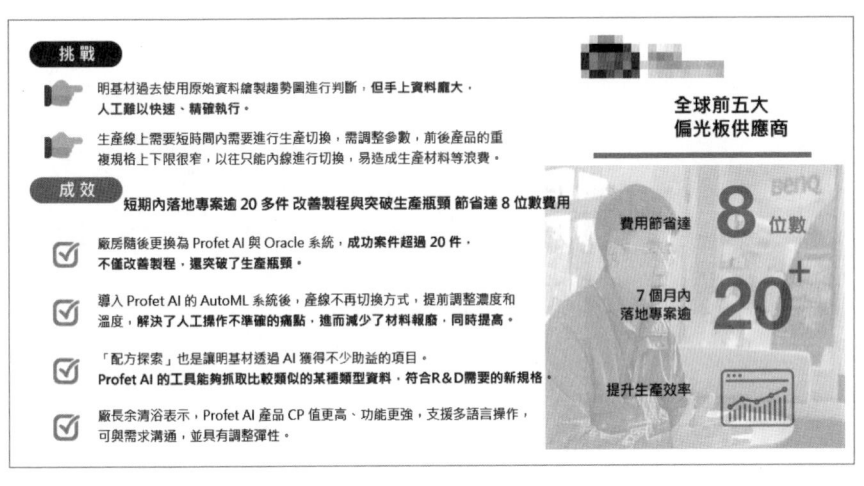

▲ Profet AI & 明基材料成功案例（圖片來源：杰倫智能）

企業永續經營：創造友善的工作環境及永續的經濟成長

- **案例**：連展集團通過此 AI 平台，在不到一年內完成 470 件 AI 應用專案，涵蓋生產、人資、行銷、研發與財務等多領域，並將 AI 技術融入核心業務流程培養 240 多位敏捷數位小組成員，幫助企業快速實現數位轉型。

第 4 章 AI 製造

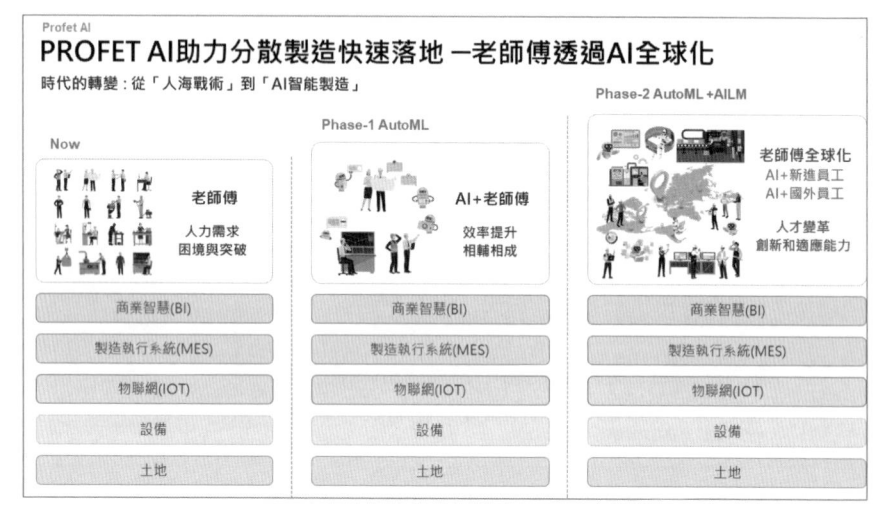

▲ 時代的轉變：從「人海戰術」到「AI 智能製造」（圖片來源：杰倫智能）

以上這些成功案例展現了 AI 在 ESG 應用中的實質價值，推動企業邁向更高效、可持續的發展模式。

4-11 AI 驅動零缺陷製造，面板產業的智慧轉型

FS-TECH 先知科技

AI 技術無疑是製造業轉型的核心驅動力，通過 AI 驅動的數據分析和模型生成，可為企業提供前所未有的效能提升。底下就以製造業中的面板產業為例，揭開**先知科技**（https://www.fs-technology.com）如何運用**數據通**/AIUPS（以下簡稱為 "數據通"）平台在實務中發揮效益。

AI 落地挑戰：品質控制的瓶頸與痛點剖析

在製造業中，品質控制和流程優化一直是困擾企業的難題，如前面小節提到的，許多公司已經開始嘗試使用不同的 AI 工具來解決這些問題，像是使用 Python 或 AutoML 來進行離線的品質預測模型建置。然而，這些方法在實際應用中遇到了一系列共同的挑戰：

- **建模耗時且需專業 AI 人才**：專業使用者建模至少需要 4 小時，而且這還不包括調整參數的時間。
- **風險管理不足**：上線的模型往往有 5% 到 10% 的失敗率，這導致企業在操作過程中面臨較高風險。
- **數據隱私問題**：由於商業機密與資料隱私保護，許多公司難以將機密資料給 AI 專業公司進行解決方案開發。
- **模型透明度低**：AI 模型被視為黑盒子，難以解釋其決策邏輯，使用者對 AI 模型的信任度較低。

第 4 章 AI 製造

AI 製造解方：破解四大難題

先知科技針對這些挑戰開發了名為**數據通**的一站式 AI 建模與 Online 預測系統，它涵蓋了四大功能模組（如下圖），提供了從資料處理到模型上線與優化的全方位解決方案：

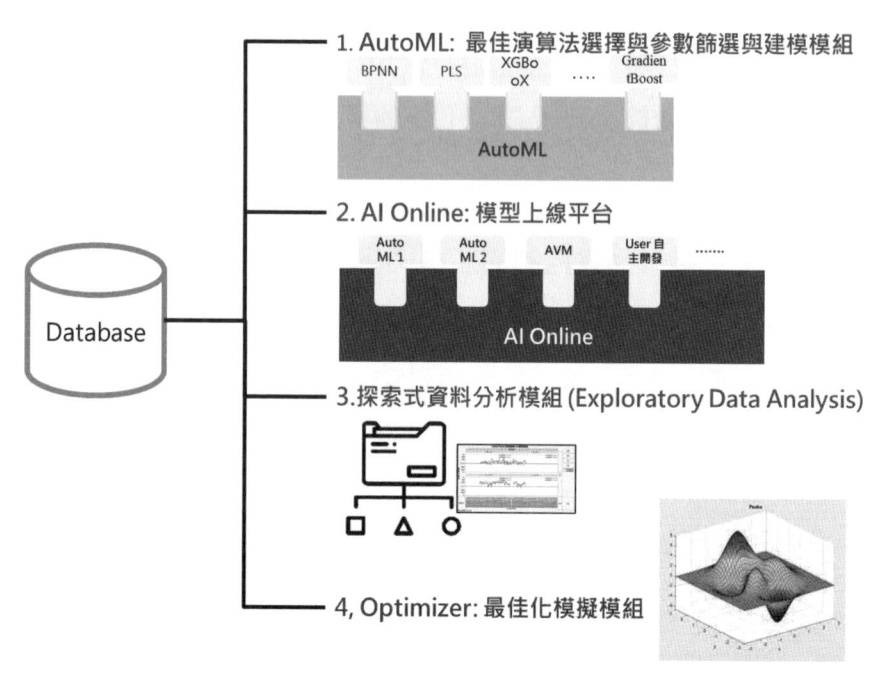

1. AutoML: 最佳演算法選擇與參數篩選與建模模組
2. AI Online: 模型上線平台
3. 探索式資料分析模組 (Exploratory Data Analysis)
4, Optimizer: 最佳化模擬模組

▲ 數據通 AI 平台概念 [1]（圖片來源：先知科技）

- **AutoML 模組**：這是數據通的核心，能夠自動選擇最佳演算法並進行參數篩選。使用者可以藉由自己已開發的演算法或平

4-50

台內置的演算法,快速完成自動的資料匯入、資料清理、特徵選擇以及最佳化建模。這大幅縮短了建模時間,讓複雜的 AI 建模變得無需撰寫程式代碼的簡單的幾步操作,大幅降低對專業 AI 人員的需求,且輕鬆保存老師傅的經驗。

- **AI Online 模組**:這個模組解決了許多企業在模型上線過程中面臨的風險問題。AIOnline 模組確保 AI 模型能夠快速且安全地上線,並支持模型線上的持續學習,確保模型的準確性和穩定性。
- **EDA 模組**:此模組特別針對解釋 AI 黑盒子問題設計。透過資料分析模組,使用者可以深入了解模型的內部邏輯,提升使用者對模型結果的了解與信任度。
- **Optimizer 模組**:在製造業中,生產參數的調整速度至關重要。Optimizer 模組能夠迅速提供最佳化建議,提供給客戶最佳化條件的建議,並可整合控制器進行立即性的目標控制。

AI 助力讓製造業效能飛躍

此 AI 方案的強大功能使它在許多製造業場景展現出顯著成效。例如,某面板廠在導入數據通後,除了產線相關效益外(如下頁圖),建模時間從傳統的 4 小時縮短到 15 分鐘,速度提升了 16 倍。同時,平台的風險管控系統將 AI 模型失敗風險從原本的 5%~10% 降到 0%,此外,系統還幫助使用者理解模型中各參數的影響,提升了對 AI 工具的信任度。

第 4 章 AI 製造

AIUPS 實現零缺陷製造

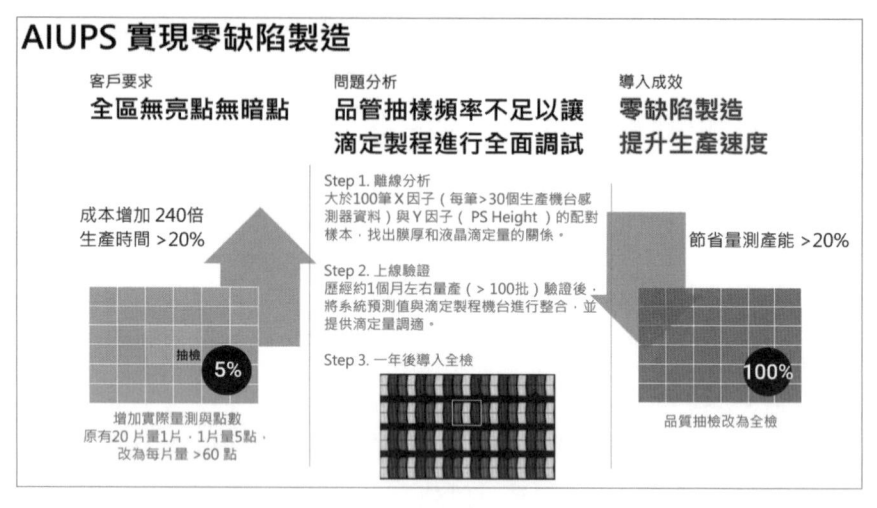

客戶要求	問題分析	導入成效
全區無亮點無暗點	品管抽樣頻率不足以讓滴定製程進行全面調試	零缺陷製造 提升生產速度

成本增加 240 倍
生產時間 >20%

Step 1. 離線分析
大於100筆X因子（每筆>30個生產機台感測器資料）與Y因子（PS Height）的配對樣本，找出膜厚和液晶滴定量的關係。

Step 2. 上線驗證
歷經約1個月左右量產（>100批）驗證後，將系統預測值和滴定製程機台進行整合，並提供滴定量調適。

Step 3. 一年後導入全檢

抽檢 5%
增加實際量測與點數
原有20片量1片，1片量5點，改為每片量 >60 點

節省量測產能 >20%
品質抽檢改為全檢 100%

▲ 數據通 / AIUPS 為面板製造帶來的效益（圖片來源：先知科技）

　　這些改進不僅實現了更穩定的製造流程，也提升了企業應對市場變化的靈活性。透過精確的 AI 分析，製造業企業得以迅速調整生產策略，無論是針對新產品導入還是流程優化，都能依賴 AI 模型支援決策，達到整體營運效率的提升。

　　這套 AI 平台的價值在於成功克服了 AI 應用落地的挑戰。從自動建模、即時調整，到風險管理與資料隱私保護，為企業的數位轉型提供了穩固支持，真正幫助百工百業跨越了 AI 應用的門檻！

參考資料

1. 來源：Foresight Technology Company,Ltd.. " 數據通 (AIUPS)." https://Www.Fs-Technology.Com/AIUPS.Html, https://www.fs-technology.com/AIUPS.html.

4-12 精準對接 AI 未來——
群創光電無人載具的
智能搬運革命

INNOLUX 群創光電

後疫情時代的智慧突圍 — 無人搬運系統化解人力缺口

新冠疫情加劇了工作場所的人力短缺，突顯了自動化和智慧製造的重要性。透過自動搬運系統，企業可以減少對人力的依賴，降低疫情帶來的影響，並提高生產效率。隨著勞動與物料成本上升，智慧型搬運系統成為維持高營收與降低成本的關鍵策略。這些系統提升了物料處理的速度和精準度，同時結合數據分析與即時監控，幫助企業精確識別並優化生產中的瓶頸和浪費，保持市場競爭力。

自研 AGV 與 AMR 技術

群創光電在物流與生產系統中的自主研發**自動搬運車**（Automated Guided Vehicle, AGV）及 AMR（Autonomous Mobile Robot）結合 Robot 技術成功實現了一系列 IoT（Internet of Things）創新應用，極大創造了製造流程和物料運作的效率和智能化程度。生產系統主要分成三領域：**精確控制、即時監控、統計及分析**。

精確控制應用方面

為了確保資源有效管理，系統會採取事件處理流程來設計，當事件發生時才進行搬送，發送指令進行般送行為，在數據科學及 AI 演算法協助下，可進行事件預測並執行事先搬送，預測成功率已達 60% 以上，大幅提高機台稼動率。

即時監控與數據分析方面

即時監控不僅為管理者提供了虛擬產線觀察員的角色，通過可視化資料顯示及結合影像資訊，用 AI 影像判別技術使他們能夠迅速識別出影響物流效能的關鍵因素，並找到提升效率的機會。這種分析能力讓管理者不僅能反應性地解決問題，而是能夠主動地優化整個物流運作。例如，應用數據分析調整派送任務的組合、AI 最佳化路徑安排、提高搬送設備效能 20% 以上，以及預測性地進行機台保養，從而有效地提升產能並減少停機時間。

AMR 結合 AGV 創造不同區域的連結及應用。群創光電因應企業的新製造技術發展，開發出成熟的 AMR 技術（見下圖），此技術結合 AMR 結合 Robot 的應用，使得應用範圍更廣泛，結合 Robot 的 AI 影像技術創造更精確的取放達成精度的需求，並與學術單位合作發展異質交換 Robot 降低校正時間，大幅提昇維護時間。

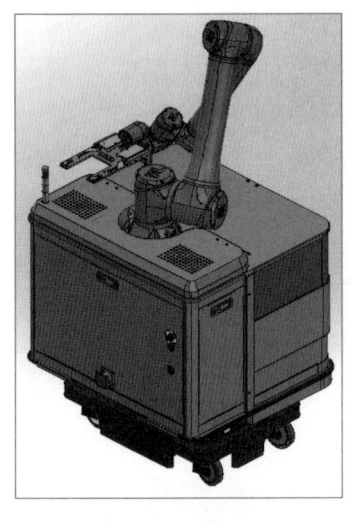

▲ Robot 型 AMR
（圖片來源：群創光電）

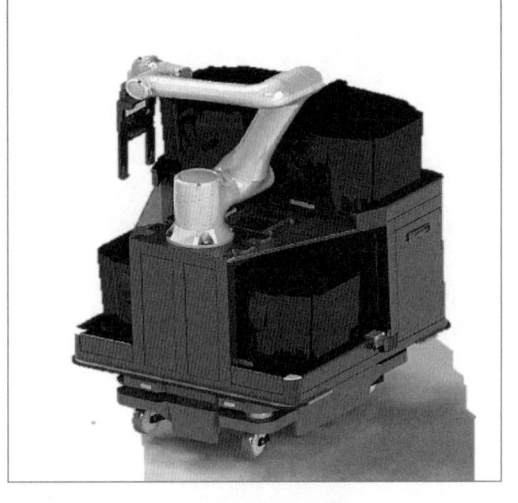

▲ Robot 型 AMR
（圖片來源：群創光電）

　　對於 AGV 主要在倉儲物流應用方面，群創光電的 AGV 系統在倉儲物流中實現**智能任務搬送邏輯**和**動態站點路線規劃**，有效管理來料需求載具調度，並支持跨樓層搬運與移載設備交通管制。這些技術不僅提升了倉儲管理的效率，也優化了整體供應鏈的交期速度與交貨品質。自動化系統中，AGV 的任務自動串接功能允許車輛自動對接 port 口，進行無縫的任務轉換，增強物料處理的連貫性。多車聯勤的設計使得車輛間能通過感應技術實現協同作業，提升作業靈活性。此外，AGV 還具備自動充電與智能對焦電梯的功能，確保在多層建築中高效率地運輸物料。

▲ AGV 出入貨行為（圖片來源：群創光電）

▲ AGV 自動對接機台入料 port 口（圖片來源：群創光電）

智能搬運技術拓展多元場域應用

群創光電利用無人載具智能搬運自動化在製造場域的物料搬運,大大提高了物料運輸的效率,依據 ROI 在三年內為基準的條件,也讓這些工作者可在公司發揮更大的生產力價值,也降低因人力搬運產生的工安風險。無人載具智能搬運系統被編程以導航複雜的路線,將物料運輸到指定位置,並與現有生產線無縫對接。該實施結果顯示,人員工作負荷分配更加均衡,產量提高,在高峰生產期間的響應時間也得到了改善。同時優化倉儲物流及生產效率,提升了對整體供應鏈的交期速度與交貨品質。

價值延伸與跨領域應用

群創光電擁有智能及自動化完整解決方案,將自動搬運技術從面板製造業延伸至其他產業領域。例如,跨足半導體產業的自動化搬運 AMR,甚至擴展至醫療產業的自動藥車、醫療器材等自動搬運服務,這樣不僅賦能合作夥伴幫助他們提質增效、降本減存,也與客戶建立互利共贏。群創光電攜手合作夥伴共同邁向「關燈智能工廠」的未來為目標,這將提升整個產業鏈的效率與價值。

memo

CHAPTER 5

AI 醫療

謝右文 博士 | 台灣人工智慧協會 (TAIA) 常務理事
中國醫藥學院 藥學系藥劑部 副教授兼主任

5-1 編輯的話：
台灣智慧醫療大健康、大商機

謝右文 博士 ｜ 台灣人工智慧協會 (TAIA) 常務理事
中國醫藥學院 藥學系藥劑部 副教授兼主任

■ 台灣智慧醫療的全面發展

智慧醫療的發展已全面應用於台灣醫療服務的各個環節，並展現創新力量與多元應用，其範疇包括：

- **智慧門急診**：AI 輔助診斷、遠距照護及智慧櫃台提升診療效率與服務體驗。
- **智慧手術**：機器手臂 / 輔助機器人與智慧監控結合，進而至擴增及虛擬實境 (AR - VR) 訓練等，強化手術精準度與安全性。
- **智慧病房**：整合智慧照護系統與智慧護理站，提供個別化的病人照護。
- **雲端照護管理**：涵蓋遠距諮詢、穿戴裝置、生理量測等功能，便利病人健康監測與管理。
- **智慧長照**：利用物聯網 (IoT) 技術進行智慧人力派遣與整合，提升長照服務效能。
- **其他應用**：含括緊急救護、智慧檢驗、智慧檢查、智慧洗腎、智慧藥局⋯等，實現了醫療資源的高效整合與管理。

產業現況與挑戰

產業現況

台灣智慧醫療逐步成為醫療核心，涵蓋從 AI 診療到智慧手術與照護的多元應用。每年舉辦的台灣醫療科技展已成為亞太地區最強的醫療與科技合作平台，吸引國際參展商與專業人士參與，展現台灣在智慧醫療的創新實力。

推動智慧醫療的關鍵角色：生策會、醫策會及生技中心

深具全國代表性之社團法人國家生技醫療產業策進會 (簡稱生策會)、財團法人醫院評鑑暨醫療品質策進會 (簡稱醫策會)，及財團法人生技醫療科技政策研究中心 (簡稱生策中心) 對台灣智慧醫療的發展功不可沒。

1. **生策會**：舉辦國家新創獎 - 臨床新創，鼓勵醫療與 AI 的結合，涵蓋輔助診斷、AI 檢驗、智能開方等多個領域。
2. **醫策會**：設置智慧醫療競賽類別，推廣資訊科技應用於健康照護領域。
3. **生策中心**：舉辦台灣醫療科技展，鏈結國際，促進智慧醫療的商業發展。

生策會每年舉辦之國家新創獎 - 臨床新創，於 2019 年開始出現醫療與 AI 結合主題之獲獎，而 2020 迄今更是醫療與 AI 結合的蓬勃發展期，發展的範圍包括：輔助診斷、AI 檢驗、智能開方、大型語言模型、語音辨識、治療協助、醫療資訊整合、遠距監控管理、機器人衛教…等；「國家生技醫療品質獎」與「SNQ 國家品質標章」(Symbol of National Quality)，更是收錄了生技醫療相關的各獲獎項目，以醫療服務為例，可查詢各醫療院所、護理照護、長照機構之醫療與 AI 結合應用。

▼

醫策會每年舉辦「國家醫療品質獎」(National Healthcare Quality Award) 競賽，並於 2014 年起新增「智慧醫療類」競賽，選拔優秀智能化之應用，希望藉由競賽與分享促進各機構間的標竿學習，成功帶動資訊科技投入健康照護產業；而醫策會鑒於醫療照護及資通訊科技為台灣最具實力的兩大產業，也展現出醫療與科技跨界整合的發展潛力，於 2019 年正式成立「Health Smart Taiwan (HST) 台灣智慧醫療創新整合平台」，此平台建立便捷的查詢系統，可快速查找各年各單位參賽主題，並提供包含背景，執行方式、成果與成效評估及檢討與討論的摘要，供閱覽者初步了解。

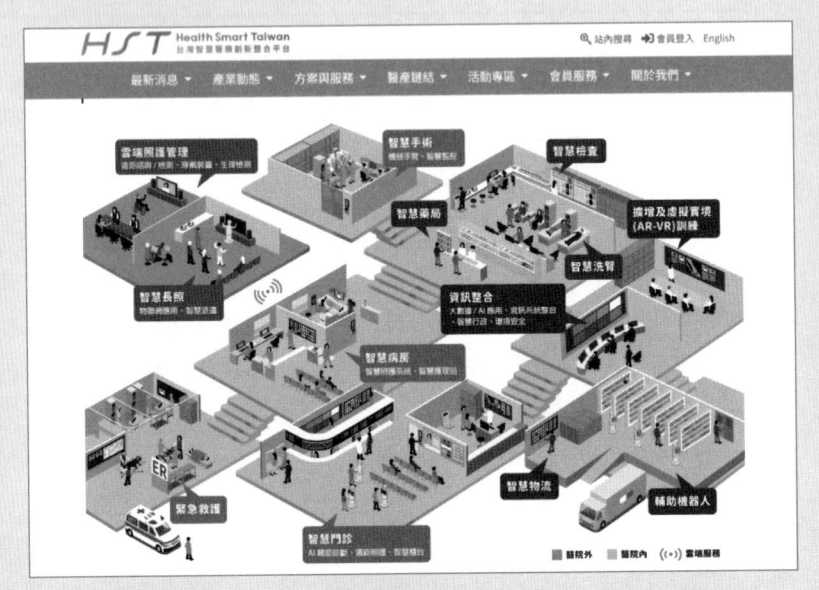

▲ 摘錄自 - 醫策會 - 台灣智慧醫療創新整合平台網站 (https://www.hst.org.tw)

生策會與生策中心聯合衛生福利部、經濟部、國家科學及技術委員會、農業部及臺北市政府，自 2018 年開始每年舉辦「台灣醫療科技展」，為亞太最強醫療及科技之合作基地，展覽含括智慧醫療、精準醫療及全齡健康，其中智慧醫療

> 含智慧醫院、醫材設備及數位醫療，2024 年全展覽共計 650 家參展商、2300 個展位、250 場媒合商談會、30 場以上專業論壇會議；參會者包括 38,000 位商務專業人士及 40,555 位一般民眾，2,500 位國際產業買家，158 家海外醫院及 48 家國際產業協會觀展，每年參觀此台灣醫療科技展，將能快速掌握台灣智慧醫療發展之最新近況。

產業主要挑戰

智慧醫療的多元發展，不僅提升了民眾健康與診療效率、優化了疾病的診斷與全人治療與照護，更展現其對台灣經濟潛在的重大影響。然而，若要為產業及台灣經濟帶來貢獻，各項智慧醫療應用是否能轉換成為商品全球銷售非常重要，在此提出兩大關鍵挑戰：

1. **專案領導與資源整合**：成功的智慧醫療專案需仰賴跨領域合作與穩定財源支持，專案領導人須具備整合能力。
2. **商品化**：多國資料之 AI 模型建立、專利保護及符合各國法規要求，是全球化商品成功的關鍵。

智慧醫療方案若要轉化成為具國際競爭力的商品，在研發之初便需考量多國資料之 AI 模型建立、各國藥政主管機關如美國食品藥物管理署 (Food and Drug Administration, FDA)、歐盟及台灣等國之法令規定、研究倫理、資安及個資保護、專利保護進而國際期刊發表等皆需同步規劃，避免投入大量資源卻無法落地實現。而成功的智慧醫療專案，仰賴專案領導人的跨領域整合能力，從了解需求、設定

目標到高效執行,串連醫療、資訊、製造、法規及行銷等專業,並取得穩定財源支持。如此,智慧醫療才能從創新走向全球行銷,造福更多民眾並帶來經濟效益。

專家觀點:智慧醫療的未來願景

筆者於中國醫藥大學附設醫院任職藥劑部主任 18 年,衷心感謝蔡長海董事長帶領的中國醫藥大學暨醫療體系與中國醫藥大學附設醫院周德陽院長本著以病人為中心的服務核心,推動智慧醫療,結合最新醫療科技技術,建構高效能智慧醫院。

1. **回歸以人為本的價值**:智慧醫療應以人的健康為始、來優化保健、疾病診斷、治療及照護品質,持續提升生活品質與滿意度。
2. **跨界整合與合作**:整合全球醫療、數據、資訊及製造技術,甚而應用大型語言模型發展智慧醫療解決方案。
3. **全球視野與市場化**:投入國際市場拓展,提升台灣在智慧醫療的全球影響力。

總結

智慧醫療的發展不僅能提升醫療服務效能,還能為台灣經濟創造無限的商機。未來需持續強化跨領域整合,數位雙生、大型語言模型、AI agent(AI 代理人)、穿戴裝置結合,實現從創新技術到商品化的成功轉化,讓台灣有感的智慧醫療在國際舞台上發光發熱。

5-2 AI 智慧預防跌倒風險，守護高齡者行動安全

建豐健康科技

高齡化社會的隱形危機：如何預防失智與跌倒風險

依據 2021 年 WHO「公共衛生領域應對失智症全球現況報告」指出 [1]，全球有超過 5 千 5 百萬名失智者，到 2050 年預計將成長至 1 億 3 千 9 百萬人。台灣也面臨同樣嚴峻的挑戰。65 歲以上老年人口快速增加，失智症患者也顯著上升。根據衛福部長照司 2023 年全國社區失智症調查結果，失智者的住院機率是無失智者的 1.38 倍；且失智者每年平均醫療費用支出為新台幣 53.3 萬元，明顯高於無失智者的 31.9 萬元 [2]。如果失智人口繼續增加，將對全民健保帶來不可承受的沉重壓力。

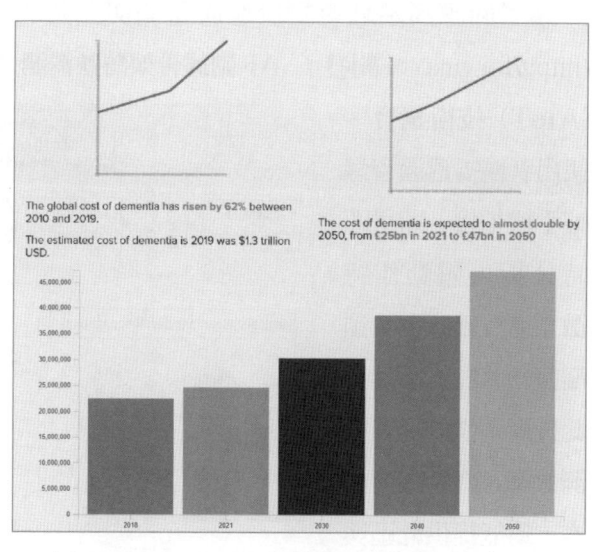

▲ (The Economic Burden of Dementia in the UK. (Luengo-Fernandez, R. & Landeiro, F.)
以英國為例，失智症的相關成本預計將在 2030 年成為最高的健康照護支出

第 5 章 AI 醫療

傳統的健康風險評估多依賴定期檢測，但此方式往往受限於時間與資源，難以即時掌握高齡者在日常生活中的細微變化。例如，步行速度減緩或動作穩定度下降，可能是行動能力下降的早期警訊，若能及時發現並提供適當的健康促進方案，將有助於降低跌倒風險並維持生活自主性。因此，亟需一套基於長期數據分析的創新技術，提供更即時且個人化的健康風險評估，幫助社區與照護單位更有效地進行預防與健康管理。

AIoT 創新技術：
AI 影像辨識技術助力健康風險監測與行動能力分析

為了回應高齡社會對於健康監測與預防的需求，建豐健康科技 (http://fongai.co) 開發了 **AI 動態骨架防跌鑑測技術**。透過 AI 與 IoT (AIoT) 技術整合，使用者僅需透過智慧型手機拍攝，即可即時分析人體動作特徵，進行健康風險預測與動態能力評估。此技術不僅能提升檢測效率、降低人力成本，還能提供社區與照護單位更即時的行動參考。

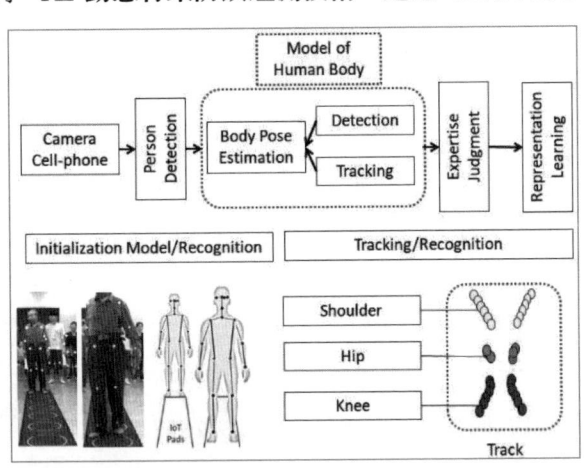

▲ AIoT 智慧影像辨識技術流程。利用手機錄影進行人體偵測和骨架姿勢估測，再透過追蹤分析肩膀、臀部、膝蓋等部位，進行健康風險預測與即時建議[3]（圖片來源：建豐健康科技股份有限公司）

系統運用 **AI 視覺辨識技術**，每秒可分析 24 幀影像，識別 **17 個人體骨架特徵點**，並依據能套用各種不同應用場景進行以下三大分析：

1. **人體動作與姿勢分析**：透過特徵點關聯性分析個體的動作型態，如舉手、步行等，進一步應用於行為模式辨識與活動能力評估。
2. **動態平衡與跌倒風險評估**：透過持續追蹤人體骨架特徵點變化，分析動作穩定度與步態特徵，提供動態平衡能力的參考資訊，協助降低跌倒風險。
3. **步行速度分析**：步行速度是重要的健康指標，穩定的步速不僅與肌力相關，也與行動自主性密切相關。本系統能記錄並追蹤使用者的步行變化，作為健康管理的重要參考依據。

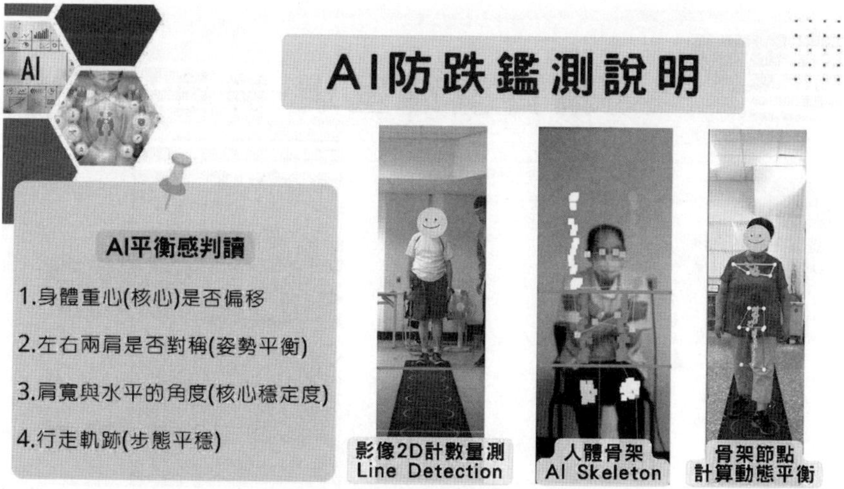

▲ AI 防跌鑑測說明[3]（圖片來源：建豐健康科技股份有限公司）

這些分析結果會透過**雲端計算與機器學習模型**進行即時數據處理，並與**近 20 年的健康數據庫**進行比對與模式分析。系統採用 SPPB (Short Physical Performance Battery) **標準**作為核心評估框架，該標準為**世界衛生組織（WHO）與國際學術界公認的身體機能測試工具**，廣泛應用於評估高齡者的行動能力與衰弱風險。

透過 AI 演算法，本系統可量化**步行速度、動態平衡能力、下肢肌力變化**等關鍵指標，並結合時序數據分析 (time-series analysis) 與風險分層模型 (risk stratification model)，自動生成個人化的健康風險評估報告。

該報告不僅符合 WHO 推廣的**高齡健康管理標準**，更可作為個人健康管理與社區介入策略的科學依據，幫助長者及照護單位即時調整運動計畫、健康促進方案或必要的行動輔助措施，以提升行動能力並降低跌倒及失能風險。

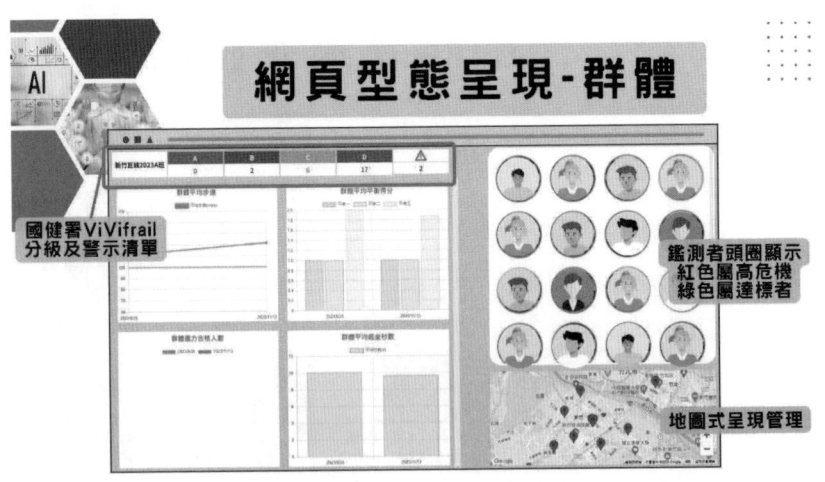

▲ AI 系統的群體健康管理界面，包含風險分級與數據分析儀表板，並以地圖標示高風險個案位置[3]（圖片來源：建豐健康科技股份有限公司）

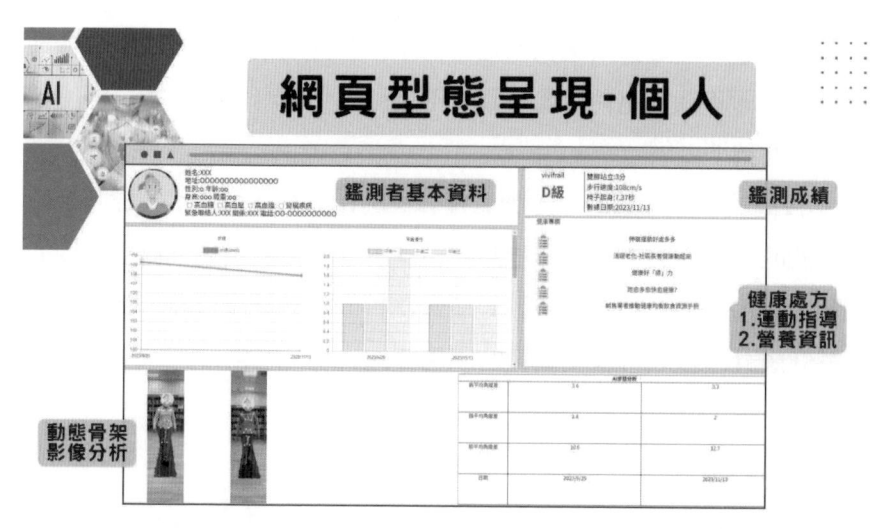

▲ 個人健康評估報告,幫助使用者進行持續性的健康管理與風險預防 [3]
（圖片來源：建豐健康科技股份有限公司）

AI 在社區健康管理的應用成效

本技術已成功導入**高雄市運動發展局、台北市信義區健康服務中心、台北市萬華區健康服務中心、基隆市社會局、基隆市衛生局**等多個公部門與社區健康管理機構，透過 AI 智慧辨識技術結合**運動科學、數據分析與健康管理**，打造從**風險評估、預防介入到持續性健康促進**的完整社區健康照護模式。

數據分析結果顯示，參與本技術支持的健康促進計畫之長者，其**動態平衡能力、步行速度、五次起坐測試時間**等體適能指標均有顯著提升。特別是長期參與運動訓練者，其**跌倒風險指數顯著下降**，相較於傳統運動課程，帶狀鑑測更能有效降低高齡者的動作退化風險 [4]。

此外，透過 **AI 影像辨識技術**進行持續性數據追蹤與風險預警，社區單位能夠即時調整運動介入策略，優化個人化健康促進方案，提高健康管理的精準度與效率。

本技術的導入，透過 **AI 智慧運算與動作分析技術**，不僅提升了健康監測的即時性與普及性，也為社區健康管理提供了更具科學依據的決策工具，推動高齡者從被動健康監測轉向**主動健康管理**，為未來的智慧健康社區發展帶來突破性的應用模式。

參考資料

1. World Health Organization. (2021). Global status report on the public health response to dementia.
2. 衛生福利部 (2024, March 21). 衛生福利部公布最新臺灣社區失智症流行病學調查結果 https://www.mohw.gov.tw/cp-16-78102-1.html
3. 建豐健康科技股份有限公司。https://fongai.co
4. Lin, K. C., & Wai, R. J. (2021). A feasible fall evaluation system via artificial intelligence gesture detection of gait and balance for sub-healthy community-dwelling older adults in Taiwan. IEEE Access, 9, 146404-146413.

5-3 AI 技術落地照護現場，從預警到監測提升整體照護品質

群邁通訊股份有限公司（富智康集團）
振興長照社團法人附設私立國泰綜合長照機構

面對高齡化社會的智慧照護挑戰

隨著高齡人口逐年攀升，醫療院所與長照機構面臨著嚴重的人力短缺挑戰。根據國家發展委員會人口推估查詢系統資料顯示，2024 年老年人口 (65 歲以上) 已達 448 萬人，預計 2030 年將突破 555 萬人 [1]。然而，專業照護人員的增加速度遠不及需求上升，讓機構面臨沉重的負擔。

再者，多數照護人員並無資訊背景，導入多種智慧系統反而增加學習與管理的負擔。以下為導入智慧照護過程中常見的問題：

- **系統複雜**：每導入一套新系統都需重新建置，導致軟硬體重疊，管理複雜。
- **學習成本高**：不同系統介面繁多，學習與適應時間冗長。
- **操作負擔重**：需同時管理多套系統，容易遺漏關鍵通知。
- **設備維護困難**：異常狀況涉及硬體、軟體、網路等多方面，增加維護壓力。
- **數據整合不足**：缺乏連續生理量測數據，無法提供有效的健康監測。

突破整合瓶頸的 AI 智慧照護平台

群邁通訊針對醫療與長照機構在智慧照護導入過程中遇到的挑戰，提出了 Fusion AIoT 開放式平台 (https://www.fusionnet.io) 作為解決方案。此平台不僅匯集了多種智慧照護應用，更設計了開放式架構，讓各種設備和系統能相互協作。當機構啟用後，便可以從使用者介面上設定與一起使用多種智慧照護方案，如**室內藍牙隨身定位防走失與緊急呼救、AI 跌倒偵測系統、連續生理數據量測、環境品質管理系統**等

下圖為 Fusion 智匯網 AIoT 開放式整合平台之系統架構圖：

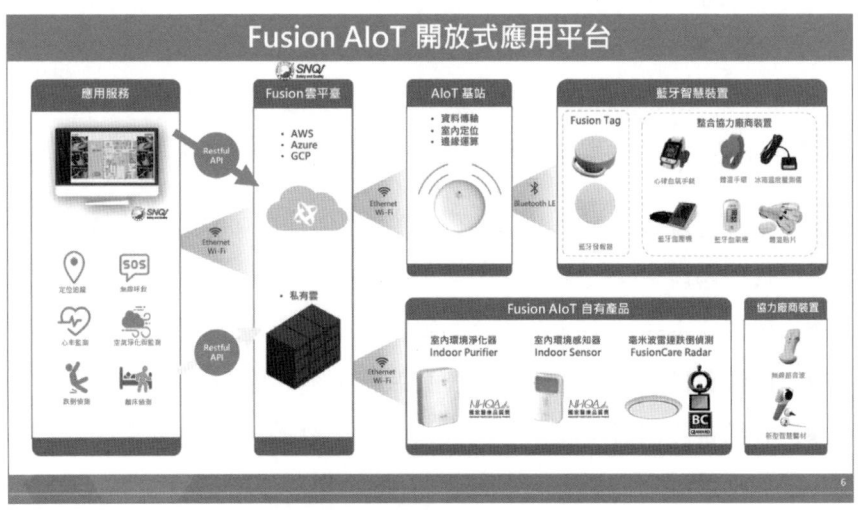

▲ Fusion AIoT 開放式整合平台系統架構圖（圖片來源：群邁通訊）

以下進一步說明如何透過 AI 智慧照護科技舒緩照護壓力。

AI 落地應用實例

國泰長照為雲嘉南地區第一間由小型老福機構轉型為長照法人的附設機構，2020 年導入 Fusion AIoT 平台後，統一管理 AI 跌倒偵測、穿戴式生理監測、室內定位、安全圍籬、環境品質管理等系統。平台可與既有硬體設備（如火災告警系統、護理呼叫系統…等）無縫整合，減少照護人員的操作負擔[2]。

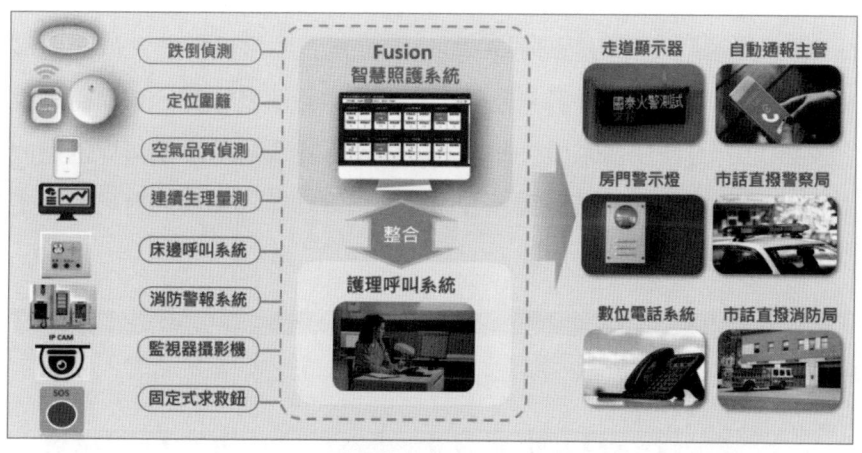

▲ Fusion AIoT 平台整合電話交換機與護理呼叫系統架構圖（圖片來源：群邁通訊）

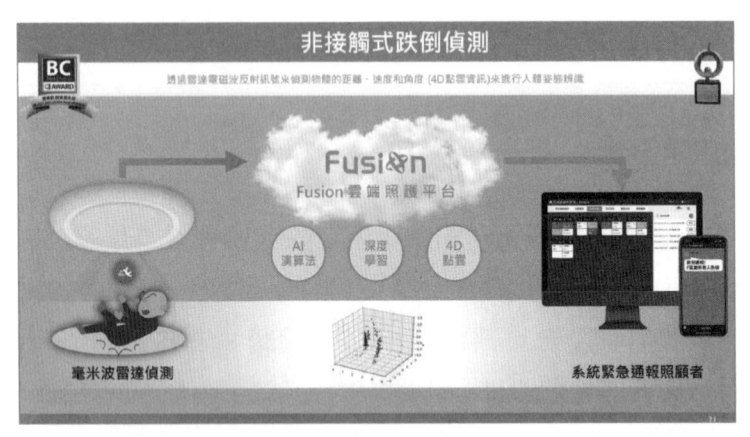

◀ Fusion AI 毫米波雷達跌倒偵測系統（圖片來源：群邁通訊）

室內藍牙定位與緊急呼救

電子圍籬系統利用藍牙技術即時定位長者，當長者進入危險區域時，系統即時通知照護者。此外，藍牙求救鈕隨身佩戴，可隨時提供位置訊息，方便快速求援。此方案不僅降低走失風險，還可以透過收集長者的長期移動軌跡數據，發展 AI 預警功能，主動針對可能有走失風險之移動軌跡發出預警。

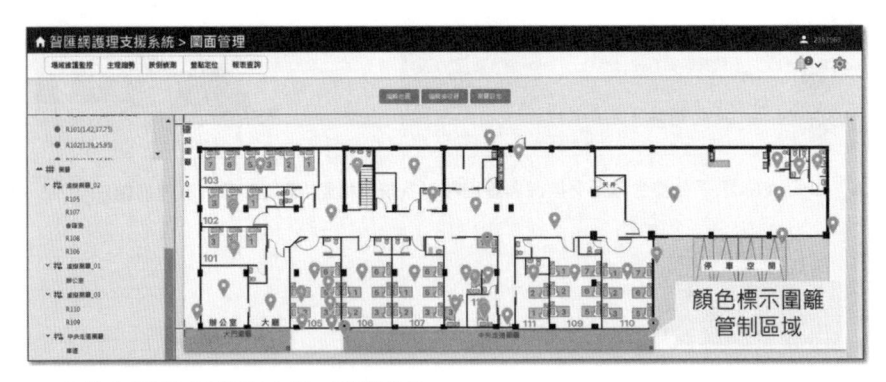

▲ 圖像化電子圍籬（圖片來源：群邁通訊）

AI 跌倒偵測系統

　　機構內經常發生行動不變的長者反覆地擅自離床,因而在床邊跌倒的情況頻繁發生。在照護人員巡視之空窗期間,若長者試圖翻越床欄而跌落下床,將會造成巨大傷害,為了解決此問題,離床偵測系統運用毫米波雷達感測器,透過 AI 邊緣運算與平台端的大數據處理,透過機器學習模型,系統能夠準確偵測人體是在床上休息或是離床活動。系統能在長者離床時及早發出警報,通知照護人員處理,進一步預防跌倒發生。

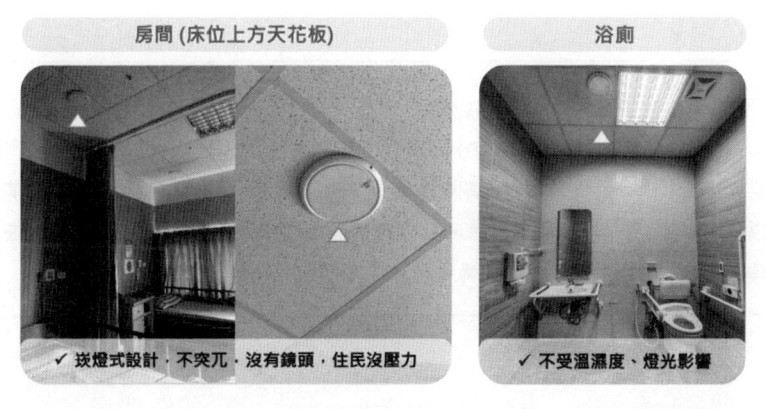

▲ AI 加持的 Fusion 跌倒偵測系統安裝於床位上方、浴廁,無鏡頭崁燈式設計,提高長者使用意願與保護隱私 (圖片來源:群邁通訊)

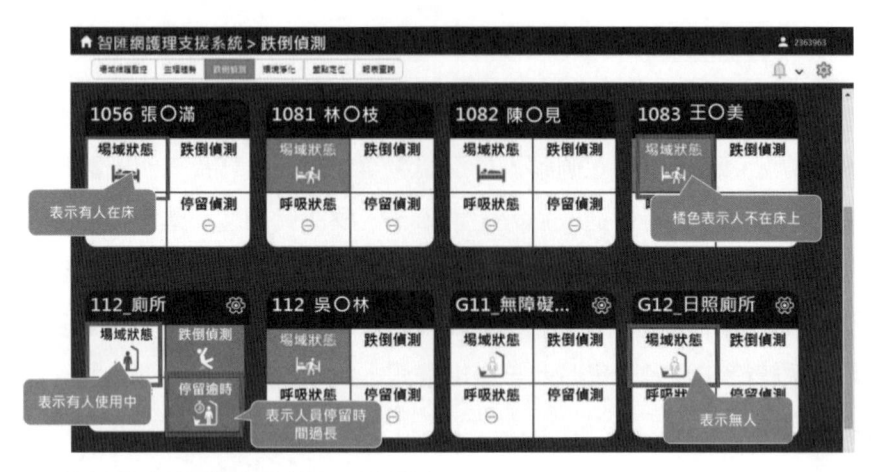

▲ 離床通報系統紀錄（圖片來源：國泰長照）

> **連續生理數據量測的 AI 規劃願景**
>
> 此平台也整合多家台灣廠商的穿戴式生理量測裝置，統一匯集心率、血氧、體溫等數據。未來計畫發展以長期數據為基礎的 AI 應用，包括：**AI 術後感染早期預警、AI 感染併發症早期預警、AI 安寧照護臨終預警**⋯等。這些 AI 應用將提高醫療監測的精準度，協助機構及早發現病情變化，改善整體照護品質。

數據證明 AI 科技帶來的變革

在現今照護人力短缺日益嚴重的狀況下，透過科技照護系統的協助可以有效的大幅降低工作人員的工作負擔與心理壓力，也能提升照護品質。比較國泰長照導入 Fusion AIoT 平台前後一年數據，整體住院人數降幅 28.6%、呼吸道感染人數降幅 40%、走失事件的數量

也降為零。針對某一位高跌倒風險的長者，**系統成功偵測其離床次數達到 425 次的紀錄（3 個月內）**，當照護者收到通知後，可立即前往協助，從而避免後續長者跌倒意外的發生機率。

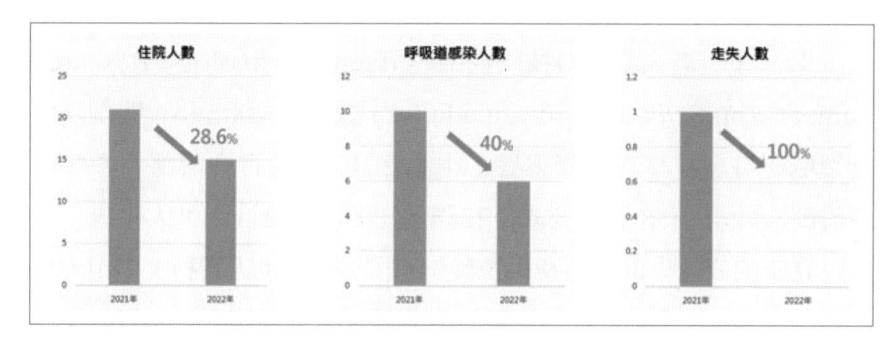

▲ 國泰長照導入 Fusion AIoT 平台前後一年數據 [2]（圖片來源：國泰長照）

　　振興長照社團法人附設私立國泰綜合長照機構李淑儀董事長表示「團隊購買並使用了安全圍籬－藍牙發報器、AI 跌倒偵測系統、連續生理偵測、安全救護、緊急求救系統、科技防疫等設備。他們感受到科技減輕照顧負擔，導入科技後離職率超低，塑造友善的照顧工作環境。」顯見導入科技照護可以有效降低照護人員的工作負荷及心理負擔。

參考資料

1. https://pop-proj.ndc.gov.tw/Custom_Fast_Statistics_Search.aspx?n=7&sms=0&d=G07&m=70&Create=1
2. AnkeCare 創新照顧雜誌 2024 NOV/DEC No.34。網址：https://www.ankecare.com/article/3398-2024-11-14-16-55-38

5-4 以智慧床墊為核心實現精準高齡照顧

世大智科 × 元智大學

元智大學「老人福祉科技研究中心 (Gerontechnology Research Center)」(https://www.grc.yzu.edu.tw/) 成立於 2003 年,開創國內此領域研發,並享有國際聲譽。中心 2015 年執行經濟部「產學研價值創造計畫」,在計畫要求下和國內知名寢具廠商「世大化成」合作成立新創公司「世大福智科技股份有限公司(世大智科)」(https://www.seda-gtech.com.tw/),從研究開發進入生活應用,元智大學亦擁有部份股份。

世大智科於 2020 年執行經濟部科技研究發展專案「AI 新創領航計畫」,將 AI 技術應用於世大智科智慧床墊產品 WhizPad(如下頁圖),開發完整的長者智慧照顧系統。本案例即在敘述世大智科以智慧床墊為核心實現精準高齡照顧的歷程。

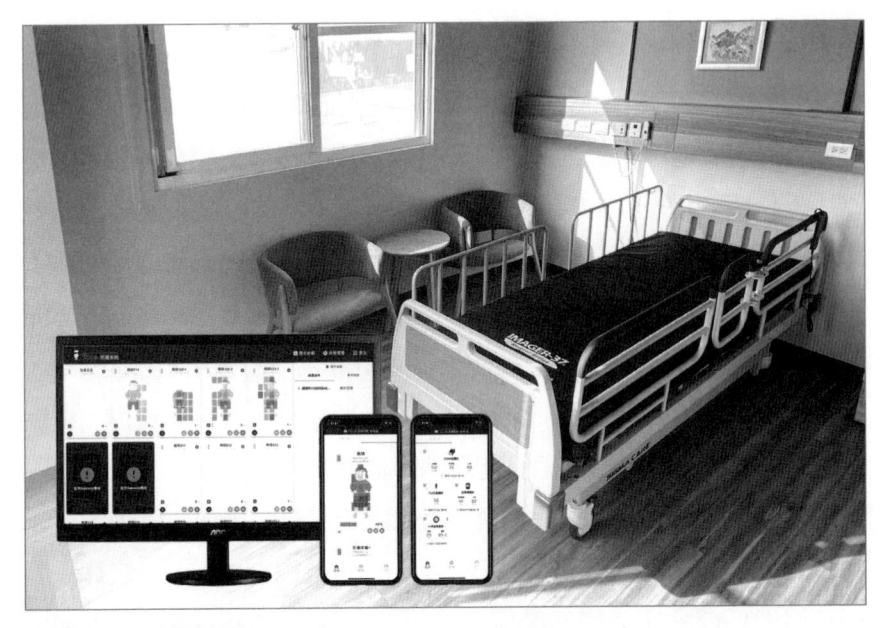

▲ 世大智科智慧床墊產品 WhizPad（圖片來源：元智大學）

醫療場域跌倒事件與預防挑戰

依據台灣病人安全通報系統 2022 年年報統計，跌倒是醫院通報事件第二位（佔 26.6%，僅次於藥物事件），醫院病人跌倒事件發生時活動「上下床移位時」佔 19.9%。預防離床跌倒經常使用離床報知墊，然而一般離床報知墊面積較小，容易產生誤報，且在長輩離床之後照顧人員才會接獲報知，前往察看已經來不及。

智慧醫療設備升級：改善離床跌倒問題的新方向

床是醫療院所、照顧機構病患和住民生活與照顧的核心。床墊最基本的需求就是睡得舒服。許多智慧床墊產品以感測器形式開發，再尋找床墊廠商搭配；WhizPad 則採用完全不同的設計策略，一開始便和國內精品級床墊廠商世大化成合作，智慧床墊內部沒有任何電子元件，而是將世大化成優質泡綿材料設計成為具壓力感測功能的感測層整合於床墊中；除了智慧功能外，WhizPad 也提供使用者躺臥、睡眠的舒適性，床墊材質能塑造出符合身形輪廓的包覆與支撐，釋壓效果經國內醫學中心研究證實能顯著降低壓傷發生率。

WhizPad 智慧功能即是從離床報知開始，整張床墊布置了 5 × 6 共 30 個感測區塊，應用「機器學習 (machine learning)」演算法判別使用者目前臥床姿態是躺床、坐床、床緣、空床，搭配物聯網架構，護理站電腦頁面或手機 App 便可即時顯示臥床姿態 (如下圖)；察覺病患姿態變換準備離床時，系統搭配語音發出三階段離床預警 (坐床、床緣，離床)，提醒照顧人員及早提供協助。

▲ 護理站系統頁面顯示住民即時臥床狀態，並搭配語音發出三階段離床提醒
(圖片來源：世大智科 × 元智大學)

智慧床墊在醫院應用比較重視即時臥床狀態及提醒，機構則也很重視住民個人長期生活模式的變化。照顧者每日交接時可以藉由系統「儀表板 (dashboard)」了解住民前日狀態（如下圖），如果生活模式有異常變化，則可進一步點選查看個人化數據分析，包括單日臥離床紀錄和臥床時活動量，整晚睡眠時間、睡眠效率等，了解原因並預先設計因應照顧流程。

▲ 照顧者每日交接時可以藉由系統「儀表板 (dashboard)」了解前日住民狀態
（圖片來源：世大智科 × 元智大學）

　　系統睡眠判讀功能也是執行大量睡眠實驗，蒐集測試者睡眠時的臥床活動量，對照睡眠多項生理檢查 (Polysomnography, PSG) 的睡眠判讀，建立類神經網路模型進行判讀。系統進一步建立個人化大數據分析，每週產生一次前兩週臥離床、睡眠行為常模，作為當日臥離床及睡眠模式比較的依據，與常模差距較大時系統以橙色、紅色數

字提醒照顧者可能的異常狀況（如下圖）；系統並以顏色呈現連續久壓和單日累計久壓時間和區塊，提醒照顧者注意長期臥床住民適時進行翻身拍背，預防壓傷。物聯網智慧系統的另一優勢，是可以依每位住民長者的個別狀況和照顧需求，設定久臥／低活動量／翻身拍背提醒、躁動提醒、提醒時段設定等個人化的照顧模式。

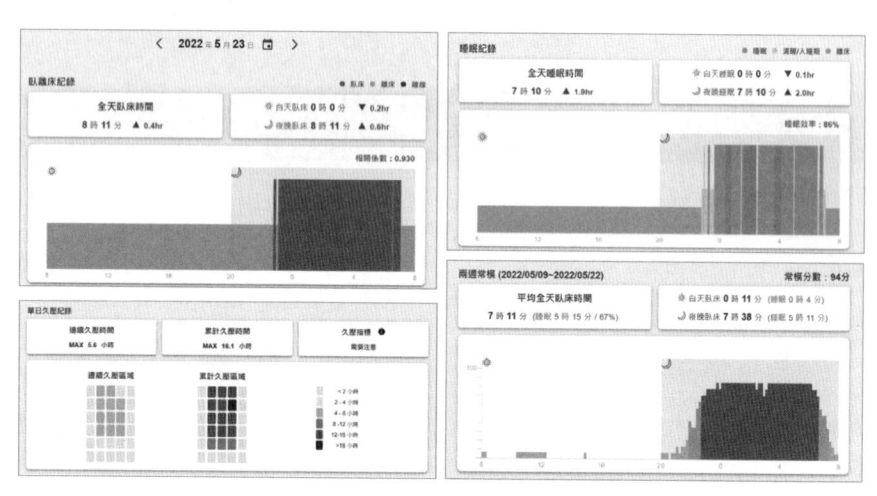

▲ 住民長者個人長期生活模式數據，包括單日臥離床、睡眠、久壓紀錄和兩週常模
（圖片來源：世大智科 × 元智大學）

WhizPad 智慧床墊採用藍牙傳輸，不需插電，兩顆乾電池便可使用六個月以上；搭配的藍牙物聯網接收器 WhizConnect 除了床墊資料外，也可以接收其他藍牙裝置資料，如體溫計、血壓計、血糖計、血氧濃度計，乃至於環境溫溼度計等，形成完整的遠距居家照顧系統，不同住的子女、家人在手機 App 上即可了解家中長輩睡眠與生活狀況，及時提供關懷（如下圖）。長輩家中可能沒有網

路,無線網路在臥室也常收訊不良,因此世大智科開發 NBIoT 版本 WhizConnect,直接連線手機基地台,家中不需 WiFi 隨插即用,號稱三分鐘便可建置智慧照顧臥室,完成 WhizPad 智慧床墊和遠距照顧系統進入居家的最後一哩路。

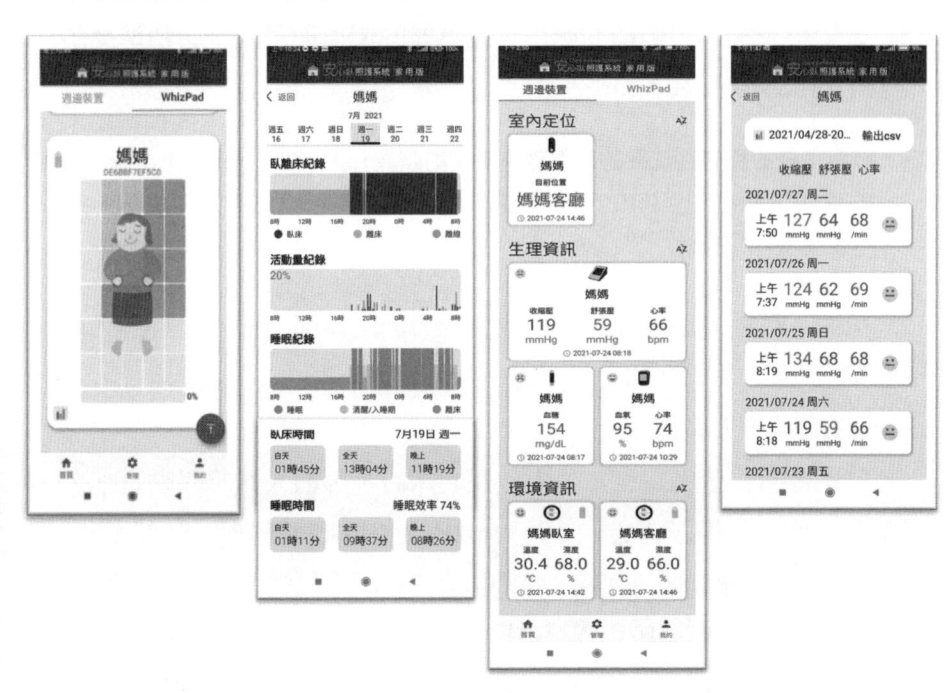

▲ 不同住的子女、家人在手機 App 上即可了解家中長輩睡眠與生活狀況,及時提供關懷(圖片來源:世大智科 × 元智大學)

智慧床墊如何改變高齡照護模式

世大智科的 WhizPad 智慧床墊目前已在國內廣泛使用,在三十餘家醫療院所、照顧機構,以及居家應用創造了近 5,000 床實績,並積

極開發下一代產品,期待拓展外銷市場。在北部某醫學中心 1,300 病人的大型研究結果顯示,與傳統離床報知墊相比,使用智慧床墊離床跌倒的可能性降低了 88% (P = 0.047)。成果均發表於知名國際期刊 (Wen, et al., 2024)[1]。

智慧科技在高齡照顧的應用,最重要的價值與目的是「精準高齡照顧 (precision aged care)」:

針對正確的長者在正確的時間實施正確的照顧介入 (The goal of precision aged care is to target the right interventions to the right older adults at the right time)。

這個「精準高齡照顧」的目標有兩方面的涵義,一方面長者可以適時得到個人化的照顧介入,另一方面照顧資源可以在需要時投入,也能減輕照顧者負擔。

曾聽機構經營者提到,早上住民起床時,照顧人員的問候語常是「阿嬤,昨晚睡得好嗎?」使用 WhizPad 智慧照顧系統之後,照顧人員早上的問候語變成「阿嬤,昨晚睡得不好喔,我們今天來作活動⋯」這樣的轉變應該就是應用智慧科技「精準」高齡照顧的具體實現。

參考資料

1. Wen, M. H., Chen, P. Y., Lin, S., Lien, C. W., Tu, S. H., Chueh, C. Y., ... & Bai, D. (2024). Enhancing Patient Safety Through an Integrated Internet of Things Patient Care System: Large Quasi-Experimental Study on Fall Prevention. Journal of Medical Internet Research, 26.

5-5 遠距傷口照護雲端平台和 App 設計實踐

亞東紀念醫院 × 元智大學

褥瘡患者的困境與 AI 智慧照護的轉機

褥瘡是醫療上常見的問題，常常出現在疾病造成行動不便的病患身上，比如說中風、骨折、失智或是脊髓損傷。目前台灣屬高齡化社會，更預計於 2026 年邁入超高齡社會，失能的人口屆時將達到約 80 萬，依照全球褥瘡盛行率比例換算，全國可能會有超過 5 萬名的褥瘡患者，造成國家財政及長照系統不小的負擔。

由於褥瘡患者常常是行動不便，就醫非常的困難，可能需要救護車、復康巴士等運送等，相當耗費人力物力。也因此，往往有病患都已經拖到傷口感染、敗血症了才緊急送醫，延誤了治療。這是目前褥瘡在醫療及照護上面臨最大的困境，也就是缺乏即時且連續的專業判斷和照護指引。

本專案是一個人工智慧的傷口分析工具，與亞東紀念醫院 (https://www.femh.org.tw/mainpage/index.aspx) 合作，利用實際病患的傷口照片所訓練出的模型，且經由專業整形外科醫師的判斷及標註，可以自動分析出褥瘡傷口中含肉芽組織、腐肉組織、壞死組織等的組成比例，並進一步評估褥瘡的嚴重程度，給予臨床上的建議和衛教，正可以解決目前褥瘡照護的困境。

褥瘡管理新時代：AI 診斷與護理 APP 的整合解決方案

褥瘡為臨床上常見的問題，特別好發在慢性病及臥床的患者，褥瘡除了造成病患的疼痛不適之外，若是無法早期發現、早期治療，有可能會因感染而演變成敗血症等嚴重的後果。

隨著台灣人口的老年化，也有越來越多的病患有長期照護的需求，不論是長照機構、護理之家或是居家護理的病患之中，褥瘡的盛行率很高。但因為就醫的不便性及醫療資源的缺乏，往往在褥瘡的診斷和治療上造成了延遲，而產生後續更大的醫療負擔。褥瘡本身屬於一種慢性傷口，依其深度可分為一到四級（如下圖）。原則上一、二級的褥瘡只需要勤翻身、使用藥膏或敷料換藥即可，但較深的褥瘡達三、四級或其他無法分期的傷口往往較複雜，也含有各種不同的組織分類，治療上可能需清創或是更積極的傷口處置。

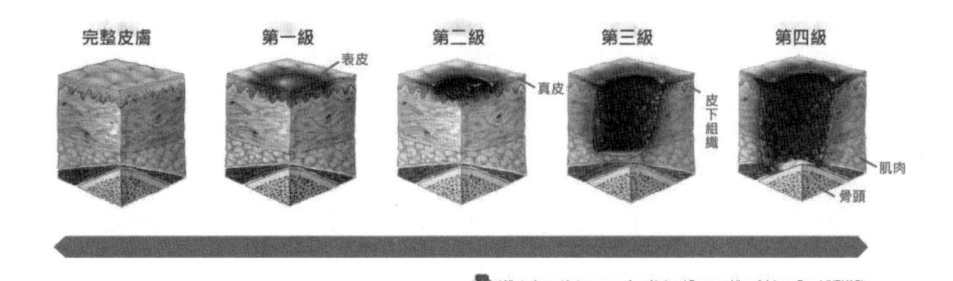

▲ 褥瘡分期 (ref: https://www.hch.gov.tw/hch/MedicalTeams/HealthEducationDetail.aspx?MNO=C299&ID=3216)

褥瘡的組織分類，最常見的分類為三種：紅色的肉芽組織、黃色或白色的腐肉組織和黑色的壞死組織（如下圖）。通常肉芽組織越多，腐肉和壞死組織越少代表傷口情況越佳。但相關組織的判定，需要專業的醫師或專家來做標註。

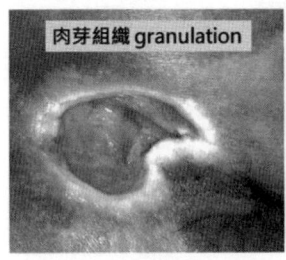

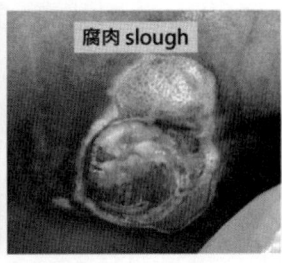

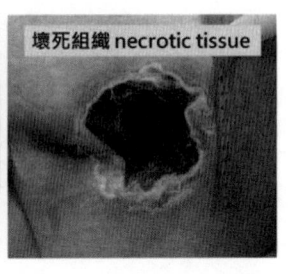

▲ 褥瘡的組織分類（圖片來源：元智大學）

　　近年來人工智慧在醫療影像上的應用越來越廣，包含斷層掃描、X光等病徵的偵測，本團隊藉由之前學者的研究成果，更進一步發展出一套更全面的傷口分析的工具，並能有實際臨床的應用。本團隊利用U-net model，經過專業醫師協助之組織標註，以約兩百多張的傷口照片訓練出準確度達 85-90% 的褥瘡分析模組（如下圖）。

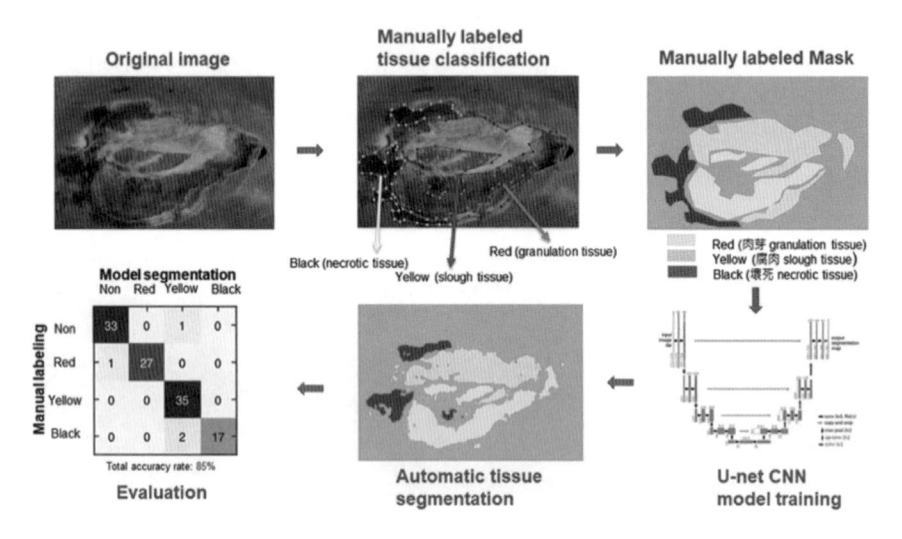

▲ 褥瘡診斷 4.0 傷口判定模組訓練及驗證流程圖（圖片來源：元智大學）

依照模組計算所得之組織分類比例，帶入 PWAT (Photographic Wound Assessment Tool) 可得到褥瘡傷口的評分指標，原始計算含六個項目，分數為 0-24 分，分數 0 代表傷口完全癒合，分數越高代表傷口越差。但為便於民眾理解，我們將 PWAT 分數以 24 相減並換算成百分位，分數越高代表傷口復原越好，公式如下：

$$score = \frac{PWAT - 24}{24} \times 100\%$$

使用者可經由輸入帳號密碼登入 APP，點選傷口照相功能進入拍攝畫面，使用者可按下照相鍵進行拍照及上傳，上傳後自回傳傷口分析資訊 (如下圖)。按下衛教資訊鍵則可出現依傷口分析狀況所得之指引建議，並有相關門診資訊連結。

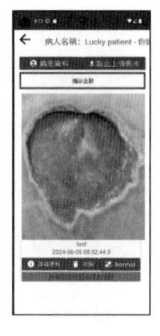

▲ 褥瘡偵測 APP 示意圖 (圖片來源：元智大學)

居家看護新利器：智慧褥瘡分析 App 的應用場域

實際應用的對象和場域包含家中有褥瘡病患的居家看護或是安養中心、護理之家等機構，藉由我們開發此模型導入的 App 程式，直接用手機對傷口照相上傳雲端分析，可以立即回傳傷口評估的結果和初步照護的指引，減少往返醫院的不便。另經由不同時序傷口狀態比較，若傷口壞死嚴重，或持續惡化，也能給予立即就醫的建議，減少因延遲而產生褥瘡感染、敗血症等併發症。

5-6 基於機器學習的圖片描述進行輕度認知障礙檢測之語音分割與辨識

Speaker Diarization and Identification for Detection of Mild Cognitive Impairment Based on Picture Descriptions Using Machine Learning

美國高通公司 (Qualcomm Inc.) × 元智大學

失智症前期檢測：MCI 診斷現況與挑戰

預計至 2024 年，65 歲以上老人約 10 人即有 1 人失智，80 歲以上約 5 人有 1 人失智。輕度認知障礙 (MCI) 為失智前期的徵兆，如下圖所示；據文獻報導，步入 MCI 狀態後的病患若未獲得適當醫護，患者每年會以 10%~15% 比例惡化，平均在 5 年左右即會成為失智。依據台灣衛福部的資料，台灣的失智症病患超過 50% 以上皆為阿茲海默症，若未及早發現與治療，阿茲海默症患者的平均生命存活期僅為 5～10 年。

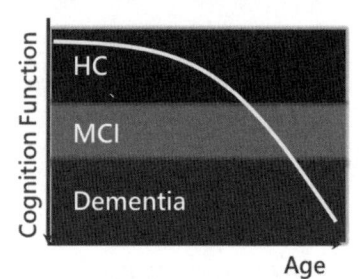

▲ HC：健康狀態 (Health Control)
（圖片來源：元智大學）

目前醫院對疑似 MCI 患者的初步檢測是透過問卷式量表，例如 MMSE (Mini-Mental State Exam) 量表、CASI (Cognitive Abilities Screening Instrument) 等等。若經判斷，問卷量表結果顯示 MCI 陽性，再進入有侵入性且成本較高的抽血與腦部電腦斷層 (CT) 或磁振造影 (MRI) 檢測。據知現行的 MCI 量表 (如 MMSE、CASI) 檢測方法準確度 (Accuracy) 為 75% 上下，且有下列缺點：

1. **準確度不穩定**：評分結果隨受測者教育背景、年紀、收測時心情等等因素而不同、不同醫護人員可能會有不同評分結果。
2. **費時**：從測試到完成評分需要約 0.5 小時以上。
3. **費力**：需要專業護理師執行與人工評分、受測者需專業醫護人員協助回答問卷。
4. 若問卷檢測結果為假陽性，也進入有侵入性且昂貴費時的腦部掃描及抽血檢查。
5. 若問卷檢測結果為假陰性 (常發生)，潛在 MCI 患者因未能及時獲得治療，之後將很快惡化。
6. 受測者無法在遠端或居家自我測試。

基於上述缺點，特別是第 1 項準確度不穩定、第 5 項常發生的假陰性，很可能延誤失智症 (例如阿茲海默症) 患者的黃金醫療時間。

AI 語音分析助力：MCI 快速篩檢的新突破

若能有更簡易的方法做 MCI 快速的甚至是遠端的篩檢，且彌補以上傳統的問卷式量表缺點，對 MCI 患者及早發現與治療，將極大地降低 MCI 患者惡化為失智的風險，並有效延長患者的生命。同時結合 AI 推論模型，可完成快速的、省成本的、精準的 MCI 檢測。

在本研究中，我們運用潛在患者圖片描述過程的語音錄音並結合 AI 模型，發展出了的 MCI 快篩推論模型與平台，可快速的、省成本的、精準的完成 MCI 檢測。

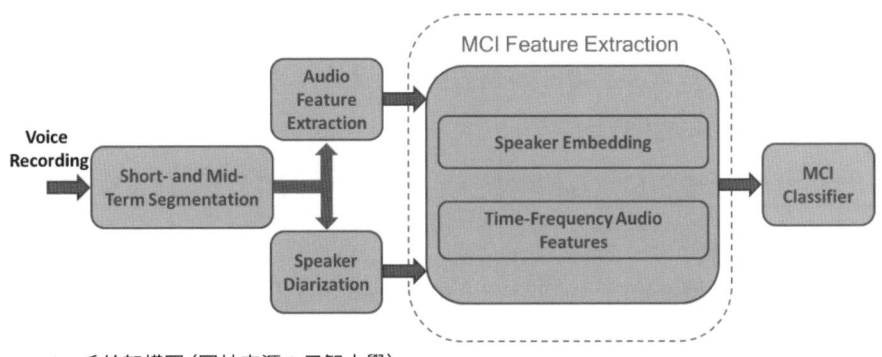

▲ 系統架構圖（圖片來源：元智大學）

在上圖中，針對潛在患者圖片描述過程的語音錄音訊號，我們先運用取樣與切割將患者聲音訊號分段為短期 (Short-Term) 分割與中期 (Mid-Term) 分割，再運用研發出的說話者分離與辨識 (Speaker Diarization and Identification) 技術將屬於潛在患者的聲音數據分離出來，同時運用訊號處理技術將患者聲音特徵提取出來。

經過說話者分離與辨識及潛在患者音頻特徵提取，我們可獲得患者聲音數據中的一維 (1D) 與二維 (2D) 兩類 MCI 特徵。我們再將這兩類特徵送入後續以訓練好的深度學習 MCI 檢測模型，即可檢出 MCI 患者的狀態。

系統架構圖中的短期分割與中期分割及音頻訊號處理特徵提取可參見下頁圖中的架構。圖中顯示了我們運用的聲音時域及頻域 (Time-Frequency) 特徵提取，其中運了下列時域及頻域特徵：

- Zero Crossing Rate (ZCR)
- Root-Mean-Squared Energy (RMS Energy)
- Mel-Frequency Cepstral Coefficients (MFCC)
- Spectral Centroid
- Flatness
- Roll-off Frequency
- Fundamental Frequency (F0)
- Pitch

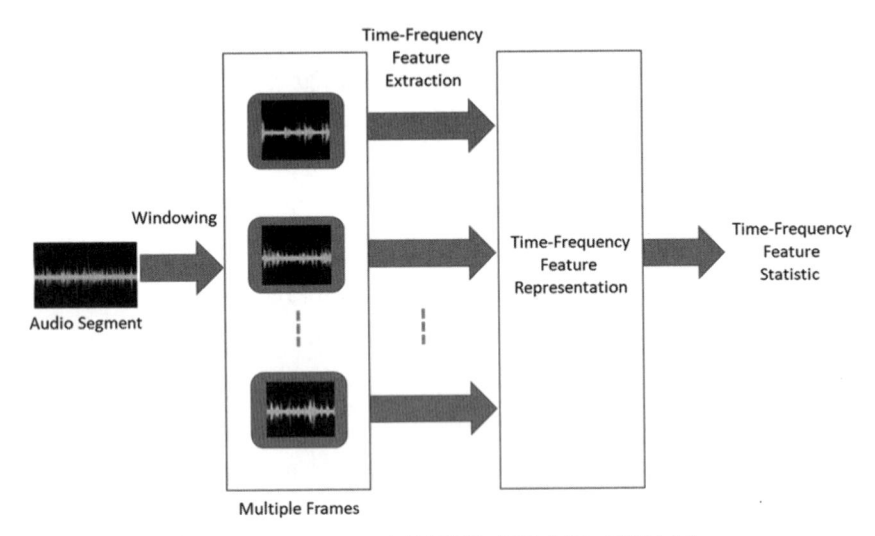

▲ 聲音時域及頻域 (Time-Frequency) 特徵提取 (圖片來源：元智大學)

為了獲得優良的說話者分離與辨識性能，我們針對 Diarization Error Rate (DER) 做了分析，廣義的 DER 可表示為：

$$DER = \frac{FA + MID + CF}{Total\ Time\ Duration}$$

其中

- FA：錯誤分類為語音訊框的非語音訊框數
- MD：錯誤分類為非語音訊框的語音訊框數
- CF：分類為錯誤說話者的語音幀數

下圖中繪出了 DER 的性能曲線，經過分析與計算，我們可獲得最優的性能參數如下：

- **準確度** (Accuracy)：0.915
- **敏感度** (Sensitivity)：0.938
- **平衡準確度** (Balanced Accuracy)：0.898
- **F1- 分數**：0.929
- **精確度** (Precision)：0.921
- DER：0.085

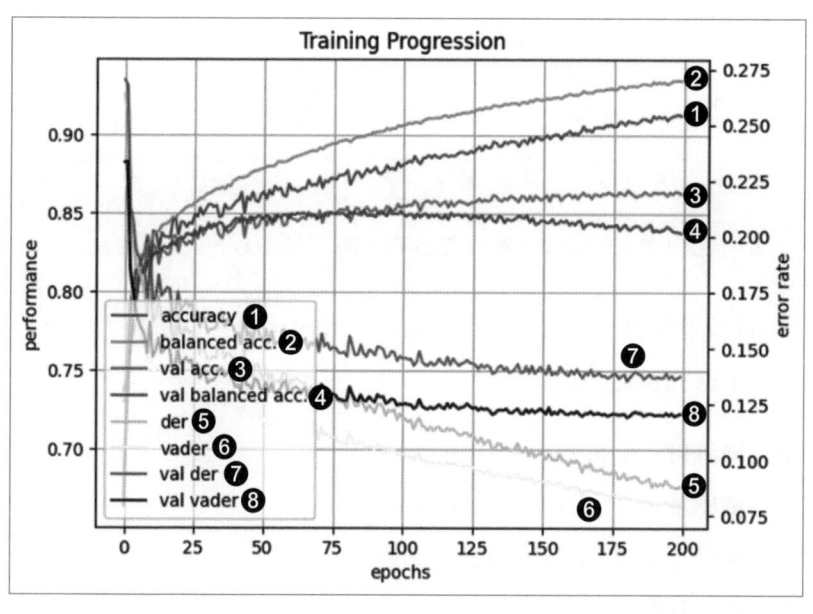

▲ DER 的性能曲線 (圖片來源：元智大學) (編：此圖以黑白印刷，故加註編號以標示各曲線)

5-37

另一方面，為了確保深度學習 MCI 檢測模型的推論良好性能，我們也針對 MCI 分類器完成了性能分析，如下圖所示：

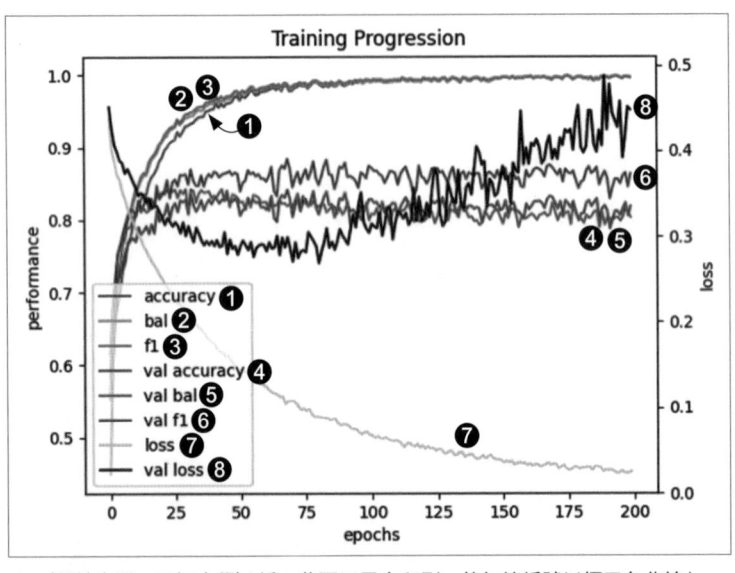

▲（圖片來源：元智大學）（編：此圖以黑白印刷，故加註編號以標示各曲線）

同時我們使用了 5-fold Cross-Validation，並獲得了以下的最優 MCI 檢測性能參數：

- **準確度** (Accuracy)：0.833
- **敏感度** (Sensitivity)：0.840
- **平衡準確度** (Balanced Accuracy)：0.831
- **F1- 分數**：0.853
- **精確度** (Precision)：0.871

雲端 AI 技術助力：實現 MCI 自我檢測的新時代

從前述性能評估中，我們所提出的 MCI 檢測方案確實可以應用於實際案例。本研究所設計的架構提供了快速的、準確的 MCI 檢測結果；且因其在實際應用中可快速獲得病患的 MCI 狀態，因此可應用於 MCI 快篩。

因可由 AI 判斷潛在患者的 MCI 狀態，可節省多人力與物力；且可由建於雲端伺服器中的 AI 做有效的患者 MCI 狀態判斷，患者甚至可遠端居家做自我診斷，這對居住於偏鄉地區或專業醫療不足區域的潛在患者或年長者極有助益；另外在疫情大流行期間，潛在年長患者也可先做自我 MCI 快篩以確認其 MCI 狀態。

另一方面，所發展的軟體模組也是一種 AI SaMD (Software as a Medical Device)，此 AI SaMD 模組也可儲存於家用機器人中，平日提供家中年長者自我檢測腦健康或 MCI 狀態。

所提出的說話者分離與辨識 (Speaker Diarization and Identification) 技術性能也很好，亦可以應用於其他場景，例如情緒分析、多媒體內容索引等等許多應用。

5-7 AI 失能預防系統實務應用：串聯在地診所的高齡健康照護新模式

建豐健康科技

高齡化來襲，醫療改革迫在眉睫

台灣高齡化速度全球居前，國發會預測 2032 年 65 歲以上人口將超過四分之一，但健保面臨財務壓力，醫護人力低薪過勞，重要科別人力短缺持續惡化[1]。若不進行結構性改革，健康照護系統恐難以支撐。麥肯錫指出，醫療系統應從「治療為主」轉型為「預防與長期照護管理」，同時運用 AI 與自動化等科技提升效能，減輕醫護壓力、提高留任率，助力穩定醫療資源[2]。而對於民眾而言，運動健檢越來越重要。許多人對自身健康狀況存疑，如慢性病史、運動不適或心血管風險，運動教練難以全面掌握學員需求。透過專業醫師評估與個性化運動處方，能提供安全、有效的訓練建議，解決運動前後的健康疑慮，實現健康生活目標。科技正驅動醫療照護產業的革新，尤其是大數據與 AI，為醫療與科技跨界合作帶來新契機。

AI 優化健康追蹤與風險預測

建豐健康科技 (https://fongai.co/) 運用 AI 視覺辨識技術，可以快速擷取患者的生理資訊，如骨架姿勢、移動速度等運動數據。這些數據經過雲端大數據分析後，系統將自動分析患者的健康風險，並產出個人化的健康評估報告。

下圖展示了 AIoT 健康促進系統的技術框架，包括**計算機視覺**、**機器學習**、**降維 LSTM**、**數據校準**和**推理**五大核心部分，以及其對應的技術特點與應用。計算機視覺負責從影像中自動擷取患者的動作特徵，機器學習通過大量數據進行模型訓練以優化特徵權重，降維 LSTM 則用於處理高維時序數據並提高模型的運算效率。數據校準基於長期收集的臨床與地區健康數據進行標準化和交叉相關分析，最終，推理模組將整合多模態數據生成健康風險評估結果，為患者提供即時的個性化建議和健康管理方案。

計算機視覺	・影像特徵標註
機器學習	・校準與特徵值優化
降維LSTM	・降維2D及相位補償
數據校準	・30年220萬筆臨床實證數據/台灣萬筆收集數據 ・Cross-correlation
推理	・轉秩及特徵值收斂

▲ AIoT 多維健康促進整合系統運作原理[3]（圖片來源：建豐健康科技股份有限公司）

診所端在既有的運動檢測上，配合 AI 防跌監測的導入，更能吸引民眾自費進行更多深入的檢查，除了既有的 Inbody 與相關生理數據測量外，運用 AI 科技的導入，更能輔助醫生判斷患者的行走

動態、跌倒風險，讓整體的服務更專業，增加吸引力與來客量。配合 AI 運動課程建議與個人化健康促進方案，診所可提供適切的健康管理選項，提升客戶參與度與長期健康追蹤機制，強化診所與社區健康服務的連結。

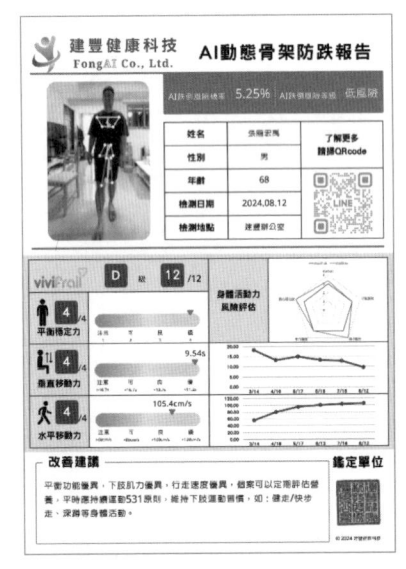

▲ AI 動態骨架防跌報告 [3]
（圖片來源：建豐健康科技股份有限公司）

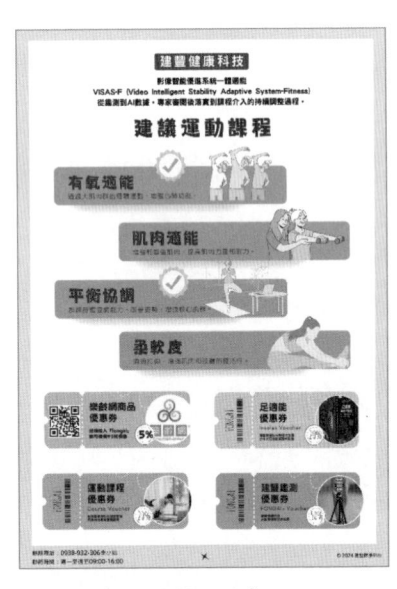

▲ 建議運動課程折價券 [3]
（圖片來源：建豐健康科技股份有限公司）

醫師可以依據報告調整治療方案；患者則可以定期取得檢測結果，持續追蹤健康狀況。健康管理師也可根據數據飲食、運動等處方。此外，透過大數據分析，診所可優化健康管理策略。AI 技術不僅能系統性分析健康數據，還能提供即時且個人化的行動建議，協助制定適切的健康促進計畫，提升長者的行動能力與生活品質。

診所端的服務升級與吸引力提升：物理治療、職能治療、連鎖中醫、營養諮詢、運動家醫

診所運用 AI 技術的多重效益。診所不僅是檢測的服務點，更是健康促進的重要連結點。AI 技術能幫助診所提供更精準、客製化的服務，吸引更多患者口耳相傳前來。

1. **專業性提升：**
   AI 動態骨架報告能夠清晰呈現患者的健康風險，幫助患者更直觀地理解自己的健康狀況，增加對診所的信任感。
2. **服務創新：**
   提供 AI 健康評估結果與診所運動處方的優惠組合，例如步態訓練與營養諮詢折扣，提升參與意願。
3. **案例分享：**
   診所針對跌倒風險高的長者，利用 AI 報告設計了針對性運動計畫，並提供每月進度追蹤服務，最終幫助該患者成功提升平衡能力。

AI 智慧行動力輔助診療：從預防到持續健康管理

AI 行動力快速檢測技術結合診所多元資源，讓在地診所升級打造了一套從健康評估到預防介入的閉環式服務模式：

1. **個別化健康評估：**
   透過 AI 技術主動監測患者的健康變化，例如行走步速和平衡能力，幫助診所及早發現潛在風險。

2. **復健進度追蹤：**

   診所可依據每次 AI 評估結果調整復健計畫，確保治療效果最大化。

3. **數據驅動政策調整：**

   診所基於在地群體數據分析制定更具針對性的健康促進策略，例如針對行動能力異常者提供專屬課程及週邊服務。

4. **患者健康識能提升：**

   AI 報告中的建議內容幫助患者了解健康數據背後的意涵，提高自我健康管理能力。

綜上，AIoT 系統可讓診所服務更精準個人化、主動化與連貫性，從被動治療轉型為主動預防。透過數據化管理，診所能優化治療效果與資源配置，減少浪費並提高運作效率。同時，持續追蹤患者健康狀況，提供個性化建議，提升患者的健康意識與自我管理能力。協助診所實現健康促進與疾病預防的理念，達到預防失能、延緩衰退的目標，為患者帶來高效、高品質的健康管理體驗。

參考資料：

1. Spatharou, A., Hieronimus, S., & Jenkins, J. (2020, March 10). Transforming healthcare with AI: The impact on the workforce and organizations. McKinsey & Company. https://www.mckinsey.com/industries/healthcare/our-insights/transforming-healthcare-with-ai
2. 國家發展委員會（2024 年 2 月 7 日）。中華民國人口推估（2024 年至 2070 年）。https://www.ndc.gov.tw/nc_27_38548
3. 建豐健康科技股份有限公司。https://fongai.co

5-8 用 AI 創新健康管理、提升睡眠品質

TENDAYs 恬裸仕

睡眠問題與 AI 科技創新契機

睡眠與免疫系統密切相關，良好的睡眠品質是維持健康與預防疾病的關鍵。然而，現代人普遍受到睡眠障礙的困擾，包括壓力、自律神經失調及疾病等問題，導致免疫功能下降並增加疾病風險。

此外，影響睡眠的因素還包括外在環境條件和寢具適配性。例如，不適合的床墊和枕頭可能降低深層睡眠時間，增加睡眠障礙的風險。隨著醫學研究的進步，科學家發現睡眠對免疫力的影響涉及基因層面，且與人體代謝功能密切相關。因此，如何通過科學手段（例如最新的 AI 技術）有效改善睡眠品質，已成為跨醫學、科技與健康管理等多領域的重要研究方向。

> 據市場研究，全球助眠產品產值預計到 2030 年將達 1,200 億美元，顯示睡眠產業的巨大潛力。如何應用 AI 技術突破傳統寢具與醫療設備的界限，成為健康管理與睡眠科技創新的重要發展方向。

AI 助眠技術的新突破

包含 AI 在內的科技技術正為睡眠品質的提升提供突破性解決方案，生理學評論期刊（2019）〈睡眠 - 免疫串擾與健康與疾病〉[1]、世界臨床病例雜誌（2023）〈睡眠醫學中的人工智慧：現在與未來〉[2] 及臨床睡眠醫學期刊（2024）〈人工智慧技術在睡眠醫學中的優勢、劣勢、機會和威脅：評論〉[3] 等文章中，將科學研究與先進技術應用於睡眠管理，開啟健康管理的新篇章。

例如，以**非接觸式腦電波偵測技術**進行聲音頻率與 delta 波頻率共振調節，幫助提升深層睡眠效率。此外，**非接觸式微電流電擊技術**和**深層睡眠腦波頻率同步技術**進一步改善睡眠品質。而**侵入式腦機晶片**則開創了更深層次睡眠腦波的干預方式，直接作用於神經系統以改善睡眠。此外，選擇床墊不僅需要考慮舒適度，還需確保對脊椎的良好支撐。專業醫師指出，理想的床墊應同時滿足舒適性與支撐性。而**精準睡眠醫學測試肌肉神經能量測試法（Manual Muscle Test, MMT）**被認為是目前選擇床墊最科學的方式。

以台灣企業 TENDAYs（恬裸仕）為例，就將 MMT 應用於個人化床墊的選擇，結合物聯網（IoT）與人工智慧（AI），打造**整合式 AI 智慧床健康管理平台**，整體架構圖如下所示：

精準睡眠 健康管理架構圖

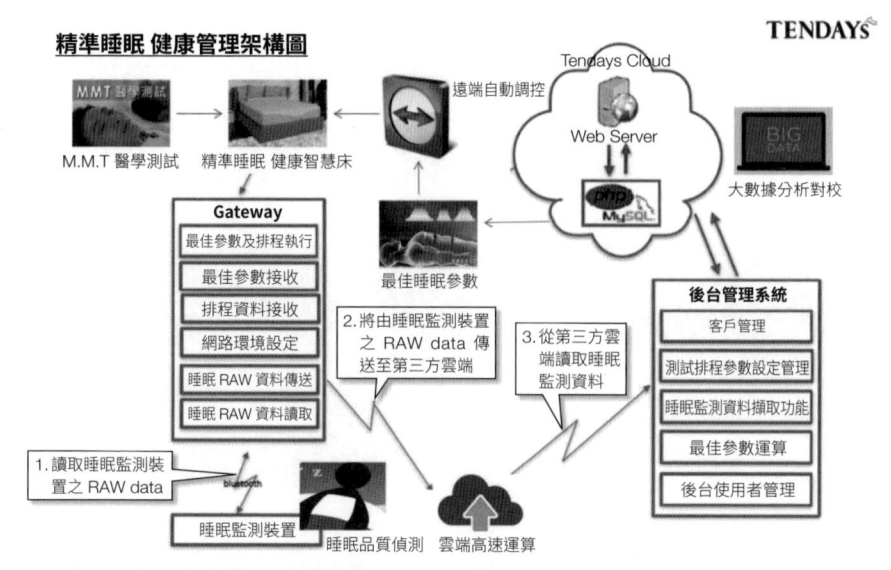

▲ 整合 AI 技術的精準睡眠健康管理系統，結合醫學測試、睡眠監測裝置、智慧床、雲端計算、大數據分析，透過後台管理系統來調整最佳睡眠參數，進而優化使用者的睡眠品質（圖片來源：TENDAYs 恬裸仕）

　　此 AI 技術平台的系統操作方式是先以肌力測試選擇自己床墊軟、硬度。透過各種生理偵測方式，傳輸雲端以 AI 計算最佳睡眠品質參數，再遠端調整區段床墊軟、硬度，及支撐度，每天都以最放鬆的最佳睡眠品質睡覺，選擇符合個人化的專屬睡眠參數之床、枕。

　　此系統的目的不只在得知生理偵測之結果，乃重在偵測結果後之干涉。所以系統是以內建偵測生理偵測系統之智慧床為載體，結合無線傳輸系統，將偵測資訊傳輸至雲端運算以判讀睡眠品質及病徵狀況，且可依睡眠品質狀況，透過遠端進行對床體各區段軟硬度及支撐之調整，及睡眠環境條件之調控，以優化使用者之睡眠品質及提供健康管理建議。

第 5 章　AI 醫療

在睡眠中，受到這無形的保護情況下，達成疾病病徵早期發現、病程預測、和精準的治療和預防結果。所以臨床醫學必須和預防醫學的結合，也就是所謂「預防醫學臨床化，臨床醫學預防化」。

睡眠品質偵測	雲端高速運算
大數據分析校對	遠端 AI 自動調控

▲ 將 AI 技術融入精準睡眠、健康管理示意圖（圖片來源：TENDAYs 恬裸仕）

AI 智慧健康管理平台不僅是技術的突破，更是健康管理與睡眠產業的一次革新，為用戶創造更健康、更高效的生活方式。利用 AI 輔助，應用在人體睡眠的時間和寢具，進行人體健康的檢測、警示、疾病預防、和保養等，將是最好的健康管理平台。

參考資料

1. 生理學評論期刊 (2019)〈睡眠 - 免疫串擾與健康與疾病〉Besedovsky L, Lange T, Haack M. The Sleep-Immune Crosstalk in Health and Disease. Physiol Rev. 2019 Jul 1;99(3):1325-1380. doi: 10.1152/physrev.00010.2018. PMID: 30920354; PMCID: PMC6689741.
2. 世界臨床病例雜誌 (2023)〈睡眠醫學中的人工智慧：現在與未來〉Verma RK, Dhillon G, Grewal H, Prasad V, Munjal RS, Sharma P, Buddhavarapu V, Devadoss R, Kashyap R, Surani S. Artificial intelligence in sleep medicine: Present and future. World J Clin Cases. 2023 Dec 6;11(34):8106-8110. doi: 10.12998/wjcc.v11.i34.8106. PMID: 38130791; PMCID: PMC10731177.
3. 臨床睡眠醫學期刊 (2024)〈人工智慧技術在睡眠醫學中的優勢、劣勢、機會和威脅〉Bandyopadhyay A, Oks M, Sun H, Prasad B, Rusk S, Jefferson F, Malkani RG, Haghayegh S, Sachdeva R, Hwang D, Agustsson J, Mignot E, Summers M, Fabbri D, Deak M, Anastasi M, Sampson A, Van Hout S, Seixas A. Strengths, weaknesses, opportunities, and threats of using AI-enabled technology in sleep medicine: a commentary. J Clin Sleep Med. 2024 Jul 1;20(7):1183-1191. doi: 10.5664/jcsm.11132. PMID: 38533757; PMCID: PMC11217619.

5-9 AI 精準診斷睡眠呼吸問題，開啟智能健康新時代

安克生醫

傳統 OSA 檢測昂貴又不便，80% 患者錯失治療契機

阻塞型睡眠呼吸中止症（Obstructive sleep apnea, 簡稱 OSA）是全球最常見且嚴重的睡眠障礙之一，與心血管疾病及慢性病密切相關。OSA 有 90% 為阻塞型[1]，傳統的檢測主要依賴「睡眠多項生理功能檢查 (Polysomnography, PSG)」，受檢者需要在醫院的睡眠中心過夜，並佩戴多條導線及感測器，這樣的檢測方式不僅昂貴且不便，使得 80% 以上的 OSA 患者未曾接受過檢測[2]，尤其是因咽部阻塞而影響健康的患者，錯失及早診治的機會。

Edge AI + AI 影像分析 / 生成技術，打造高效睡眠檢測系統

有鑑於睡眠多項生理功能檢查（PSG）檢測費用高、等待時間長、檢測過程不適等因素，造成檢測率低。為了解決這些問題，安克生醫與台大胸腔科及睡眠中心合作[3]，加入 AI 技術，開發了創新的「**安克呼止偵®」免過夜睡眠呼吸中止症檢測系統**，該系統結合 Edge AI 技術及超音波影像分析，利用核心的超音波影像偵測及分析技術，並配備了頭頸部定位光束指示器及精準掃描的機器手臂，實現便攜性、快速性及精準性。其運作概念如下圖所示。

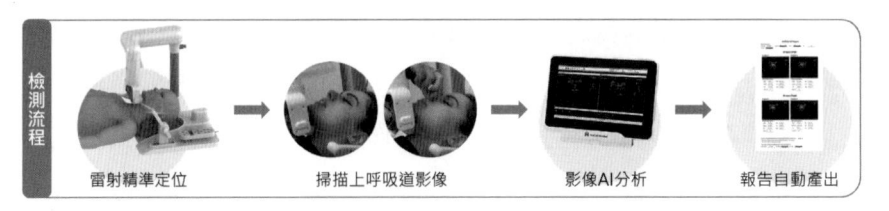

検測流程:雷射精準定位 → 掃描上呼吸道影像 → 影像AI分析 → 報告自動產出

▲ 透過 AI 影像分析,提升睡眠呼吸中止症(OSA)檢測的 準確性與效率
(圖片來源:安克生醫股份有限公司)

此系統應用了以下多種 AI 技術,協助完成影像掃描、分析及 OSA 風險評估:

- **對資安及病患隱私的重視**:透過雲端運算執行智慧醫材 SaMD (Software as Medical Device)面臨諸多挑戰。為此,此系統利用 Edge AI 來執行 OSA 檢測任務,運算時不需依賴雲端運算,即可在可攜式超音波主機上流暢運行多重混合任務,10 分鐘內快速完成檢測。這使得產品能在不同醫療機構中使用,從大型醫學中心到小型診所均適用。
- **AI 影像處理與風險評估**:透過機器學習準確評估 OSA 風險(一致性高達 95%)[4],風險程度分為低、中、高三個群組,以不同顏色呈現,提供醫師與患者參考。
- **NLP 自動報告生成**:自然語言處理技術生成檢測報告,描述阻塞部位並提供診療建議,並提供醫師及患者治療參考的指引。

- **影像自動量測與定位**：每次檢測記錄超過 1000 張超音波影像，利用深度學習技術進行上呼吸道影像的自動量化及氣道位置辨識，提升檢測效率並減少人工操作錯誤。
- **掃描品質監控**：在超音波掃描階段，通過 AI 深度學習模型即時辨識影像是否符合正確的掃描區間及品質，減少召回重新檢查，並作為操作人員的虛擬教練，提升影像品質及縮短學習曲線。

實際效益

在 AI 技術的加持下，此系統的**簡化檢測流程**及**標準化操作**，使醫事人員經過訓練即可操作，減少醫師的工作負擔，讓醫師將時間用於更重要的診療上。受檢者在清醒狀態下快速完成檢測，無需在陌生環境中過夜，提升檢查的可近性，縮短了檢測及排檢時間，提升檢查意願，使 OSA 患者能及早發現及治療，實現預防醫學及精準醫療。茲整理此 AI 系統的重要效益如下：

1. **檢測效率提升**：清醒狀態下僅需 10 分鐘完成檢測，患者無需過夜，提高檢測意願與覆蓋率。
2. **操作流程優化**：標準化操作與簡化流程，降低醫事人員學習成本，減少醫師負擔。
3. **準確且實用的診斷支持**：自動生成的高精準影像分析與報告，幫助醫師快速做出診斷與治療決策。

此 AI 系統重新定義了 OSA 檢測方式,通過 AI 技術結合硬體創新,提供患者快速、便捷且準確的檢測服務,減少疾病診治的延誤。

> **場域落地與未來展望**
>
> 此系統已成功導入臺大醫院、中國醫藥大學附設醫院等大型醫學中心,以及哈佛富盈健診和好心肝診所等知名健診中心[5]。未來,國內將有更多醫療院所陸續引進,提供便捷的在地化檢測服務。在全球市場方面,此系統也已獲得美國 FDA[6] 及歐盟 MDR[7] 醫材許可[8],並在亞洲取得泰國和韓國的醫材許可。透過參加國際醫療展會及學術研討會,展示產品的臨床價值及研究成果,未來,將擴展至更多國際醫療機構,讓全球患者能夠享受既快速又精準的超音波睡眠檢測服務。
>
> 而此系統應用於 OSA 檢測現階段僅是開始,在國內與各大醫學中心及教學醫院進行 OSA 治療相關的臨床研究;在國際上正與美國史丹佛大學(Stanford Medicine)睡眠中心[9]、太平洋大學(University of the Pacific)牙科學院、瑞士巴塞爾醫院(Kantonsspital Baselland)[10] 進行 OSA 治療相關的前瞻性臨床研究。未來將透過與各種 OSA 治療臨床合作,尋找最佳治療方式,提升治療效果。

參考資料

1. 睡眠醫學期刊 (2024) ＜利用多維表現型分析區分中樞型 (CSA)、阻塞型 (OSA) 及混合型 (CSA-OSA) 睡眠呼吸中止症在真實世界的數據＞ Jean-Louis Pépin,Alan R. Schwartz,Rami Khayat,Robin Germany,Scott McKane,Matthieu Warde,Van Ngo,Sebastien Baillieul,Sebastien Bailly,Renaud Tamisier. Multidimensional phenotyping to distinguish among central (CSA), obstructive (OSA) and co-existing central and obstructive sleep apnea (CSA-OSA) phenotypes in real-world data. 2024 Dec:124:426-433. doi: 10.1016/j.sleep.2024.09.040. PMID: 39406130.
2. 臨床睡眠醫學期刊 (2015) ＜成人阻塞性睡眠呼吸中止症患者照護的品質指標＞ R. Nisha Aurora, MD, Nancy A. Collop, MD, Ofer Jacobowitz, MD, PhD, Sherene M. Thomas, PhD, Stuart F. Quan, MD, Amy J. Aronsky, DO. Quality Measures for the Care of Adult Patients with Obstructive Sleep Apnea. Journal of Clinical Sleep Medicine 2015 Mar 15;11(3):357-83. doi: 10.5664/jcsm.4556. PMID: 25700878 PMCID: PMC4346655
3. 今日新聞 2016-08-16 記者陳鈞凱台北報導：免睡一晚！檢測睡眠呼吸中止 台大開發十分鐘新方法
4. 工商時報 2023-09-18 記者李水蓮報導：台大醫院健管中心 採用安克 10 分鐘睡眠檢測
5. 經濟日報 2024-07-02 記者謝柏宏報導：安克生醫「超音波智慧睡眠檢測」 獲台大醫健管中心使用
6. FDA 510(k) Number K180867
7. 工商時報 2023-11-21 記者杜蕙蓉報導：歐盟 MDR 的智慧醫材軟體認證，安克搶頭香
8. 工商時報 2024-07-08 記者彭暄貽：安克生醫國際布局再報捷 6 月營收成長 30%
9. 睡眠醫學期刊 (2024)＜探討超音波影像下之舌頭形態與阻塞性睡眠呼吸中止症的嚴重程度關聯＞Pien F N Bosschieter, Stanley Y C Liu, Pei-Yu Chao, Argon Chen, Clete A Kushida. Using standardized ultrasound imaging to correlate OSA severity with tongue morphology. Sleep Medicine 2024 Aug:120:15-21. doi: 10.1016/j.sleep.2024.05.051. PMID: 38843751
10. 美國耳鼻喉頭頸外科學會期刊 (2025)＜舌頭逆散射超音波成像與舌下神經刺激的治療結果＞Samuel Tschopp, Vlado Janjic, Yili Lee, Argon Chen, Pei-Yu Chao, Marco Caversaccio, Urs Borner, Kurt Tschopp. Backscattered Ultrasonographic Imaging of the Tongue and Outcome in Hypoglossal Nerve Stimulation. Otolaryngology‒Head and Neck Surgery 2025 Apr 7. doi: 10.1002/ohn.1251. PMID: 40192006

CHAPTER 6

AI 金融

韓傳祥 博士 | 國立清華大學
計量財務金融學系 / 數學系 合聘副教授

6-1 編輯的話：智慧金融－以投資管理為例

韓傳祥 博士 ｜ 國立清華大學
計量財務金融學系 / 數學系 合聘副教授

國際著名的科技管理學者 Davenport 教授，2016 年曾經在哈佛商業評論上發表了一篇標題為「**華爾街的工作，無法避免自動化趨勢**」[1] 的文章，當時揭示了金融科技產業將成為成長最快速的科技領域之一，其中許多重點都擺在自動化決策。這篇文章成功的預測出金融科技在過去多年來的發展情形。特別地，文章指出與機器一起工作的職務出現，包括打造智慧型金融系統關的工作。

AI 驅動金融創新：決策自動化與投資新趨勢

世界經濟論壇[2] 在 2015 年針對金融科技將如何改變金融世界做出了深刻的描繪並摘要在下頁圖[3] 當中。金融科技等六大功能包括支付 (Payments)、保險 (Insurance)、存貸 (Deposit & Lending)、籌資 (Capital Raising)、投資管理 (Investment Management) 和市場資訊供給 (Market Provisioning)，如下頁圖外圍的弧形線條所顯示。

每個功能內的橢圓色塊，分別代表了總共十一組的創新項目，而他們之間又由六條代表金融科技六大主題的虛線所連結，包括流線型設施 (Streamlined Infrastructure)、高價值活動自動化 (Automation of High-Value Activities)、中介減少

(Reduced Intermediation)、數據策略性角色 (The Strategic Role of Data)、專業化利基商品 (Niche, Specialized Products)、賦權顧客 (Customer Empowerment)。

▲ 破壞式金融服務創新分類 (圖片來源：世界經濟論壇)

　　以**投資管理**這項金融科技功能為例，它包含**賦權投資者** (Empowered Investors) 以及**流程外部化** (Process Externalization) 兩個金融創新板塊，鏈結到**高價值活動自動化**與**專業化利基商品**等兩大主題，而當中的關鍵趨勢**機器推薦與財富管理**，正隨著這幾年 AI 的長足發展益發受到重視。

國內方面，台灣金融研訓院在 2022 年針對銀行從業人員、學者專家等進行「金融科技創新與數位轉型調查[4]」，在研究後發現：

- 目前已有 9 成銀行啟動數位轉型，其中，近 9 成銀行導入 AI、大數據以及 RPA（機器人流程）應用。
- 銀行與科技業者合作日趨密切，合作項目首推支付業務、資訊安全及 AI 大數據。
- 人工智慧及大數據仍是未來 3 年在數位轉型上的重點技術。
- 因應轉型需求，未來傾向高階策略性人才及跨領域金融科技人才；其中，對數位轉型策略規劃人才最求才若渴，高達 87%，其次是跨領域金融科技人才 77%，接著是大數據分析人才、行動服務 UI/UX 人才等。

很清楚的可以看出來人工智慧與大數據分析是銀行業數位轉型之際所需要的重點技能。

今年起，金管會更是提出打造「**亞洲資產管理中心**[5]」的願景，規劃專業人才訓練包含私人銀行(財富管理)、AI、國際金融趨勢等三大關鍵職能核心課程，而其中由投信顧公會所提出**台灣成為亞洲新 ETF 資產管理**的可行性高，格外受到矚目，這是因為 ETF 已然成為全球金融市場的發展主流。ETF 投資的高速增長，正對規模達數十兆美金的全球資產管理產業造成深遠的影響。截至 2022 年底，全球有近 12,000 種 ETF 產品和 9.2 兆美元的資產管理規模[6]。在如此眾多的涵蓋股票、債券、外匯、原物料、甚至是加密貨幣等目不暇給的 ETF 商品中，金融知識與智能理財就成了必備的能力與利器，而今年三月的 ETF「00940」之亂正凸顯此議題。

「00940」之亂[7]是 00940 高股息 ETF 上市前預申購的一個事件，涉及百姓生計既深且廣，從百姓解約存款、抵押房子，在短短幾週內高達千億台幣的申購金流，造成銀行、證券系統當機、金管會提示投資風險與預防詐騙，等等看似非理性的搶購潮，對比於金融海嘯前結構債、海嘯後 TRF 等事件，既視感十足。「00940 之亂」引發了以下的挑戰：ETF 投資已經成為全民運動，受益族群除了廣大的退休銀髮族群、年輕上班族群、現在父母們幫青少年、兒童開證券帳戶投資 ETF，那麼**金融素養 (Financial Literacy)** 的重要性不言可喻，然而不難想像，面對不同老壯中少不同年齡族群，以及風險承受能力的不同，客製化的金融知識教育以及投資策略，實際上要執行起來真是充滿了無比的挑戰！

智能投資與生成式 AI 對於金融素養的重要性

金融素養的提升既然是當務之急，然而任何學習都需要在某些基礎知識上，投入足夠的時間與精神，兩難之間看似無解。Davenport 教授去年底在哈佛商業評論上發表的另一篇標題為「**如何運用你公司的專有知識來訓練生成式 AI？How to Train Generative AI Using Your Company's Data**[8]」的文章，可成為此難題的解決之道。文章中揭示了以生成式 AI 作為知識管理的科技，並論述一項強大的願景，是如何讓任何員工和顧客，能夠容易取得公司內外的重要知識，以增進生產力和創新，他認為生成式 AI 就是讓這願景最終成真的科技。

自從 2022 年底生成式 AI－ChatGPT 橫空出世，大大縮短人類的學習歷程，成為決策判斷時經常被使用到的輔助工具。目前已有越來越多的金融科技新創掌握「與資料互動」的關鍵技術，他們也正參與生成式 AI 生態圈，將智能投資結合 ChatGPT，這種結合所可能帶來的效益與風險如下：

在效益方面

1. **即時且個性化的投資建議**：可以即時回應投資者的問題，提供個性化的投資建議，並根據最新的市場數據和趨勢進行分析。
2. **教育與知識普及**：可以解釋複雜的金融概念，提供市場分析，幫助投資者理解不同的投資策略，從而提高他們的金融素養。
3. **優化投資建議**：可以幫助投資者設定自動化的投資策略，如自動再平衡、定期投資等，減少人為錯誤和情緒干擾。
4. **提升用戶體驗**：可以作為 24/7 的客戶支持助手，快速回答投資者的問題，提供技術支持和操作指南，客戶支持和互動。
5. **數據分析與報告**：可以幫助投資者解讀投資組合的表現報告，提供可行的建議，讓投資者更好地理解和管理自己的投資。

在風險方面

1. **錯誤信息或誤導**：智能系統的回應都是基於訓練數據和演算法，如果訓練數據有偏差或不完整，或是演算法有錯誤，都可能會提供錯誤或誤導性的建議，對投資決策造成負面影響。
2. **過度依賴技術**：使用者可能過度依賴智能系統所提供的建議，而忽略了自主分析和決策的重要性，這可能導致在面對突發市

場變動時缺乏應對能力。
3. **隱私和安全風險**：使用者在使用智能系統時，可能會提供大量的個人和財務數據，這些數據的安全性和隱私保護是一個重要的考量點。
4. **無法應對所有情況**：雖然智能系統可以處理大量的常見問題和情景，但面對高度複雜和非結構化的市場事件時，其建議可能不夠準確或缺乏深度。此外，任何技術故障、網絡問題或系統更新都可能影響服務的正常運行，導致投資者無法及時獲得所需的支持。

將智能投資結合 ChatGPT，可以為投資者提供更多的便利和支持，提升投資決策的效率和準確性。然而，投資者也需要認識到這些技術的限制和風險，保持警惕，並在做出重大投資決策時結合多方面的資訊和專業建議。這樣可以更好地利用技術優勢，同時減少潛在的風險。

參考資料

1. https://hbr.org/2016/12/wall-street-jobs-wont-be-spared-from-automation
2. https://www3.weforum.org/docs/WEF_The_future__of_financial_services.pdf
3. https://www.stockfeel.com.tw/2015年世界經濟論壇－未來的金融服務/
4. https://www.tabf.org.tw/Article.aspx?id=4053&cid=1
5. https://www.fsc.gov.tw/userfiles/file/ 打造臺灣成為亞洲資產管理中心之策略 .pdf
6. 韓傳祥。ETF 量化投資學：智能投資的幸福方程式（4版），五南出版社，2025年二月。
7. https://www.sfb.gov.tw/ch/home.jsp?id=104&parentpath=0,2,102&mcustomize=multimessages_view.jsp&dataserno=202408120001&dtable=Penalty
8. https://www.hbrtaiwan.com/article/22502/how-to-train-generative-ai-using-your-companys-data

6-2 結合『自適應 AI』的智能理賠解決方案 – 讓民眾分秒內完成理賠申請

TPIsoftware 昕力資訊

台灣產壽險業者在 2023 年接受民眾理賠申請件數高達 14,941,064 件。由於各家產壽險業者在在壽險產品、受理理賠流程以及理賠金額的判定標準皆等不同，使得 2023 年度台灣產壽險延遲理賠給付件數仍高達 923,293 件[1]。

產壽險傳統理賠流程

當民眾欲向產壽險公司申請理賠時，需要上傳完整單據，以及填具相關個人以及事件資料，以利承保的壽險公司進行理賠申請審核以及計算。看似非常單純的流程如下頁圖，邏輯上，產壽險公司應該很快可以完成理賠流程。

產壽險公司遇到的困難與痛點

近年來，產壽險公司數位化程度逐年攀升，無論是民眾自己藉由資訊設備上傳相關理賠文件，或是藉由壽險業務員或保險經紀公司業務員上傳理賠文件，其數位管道都已經相當成熟。

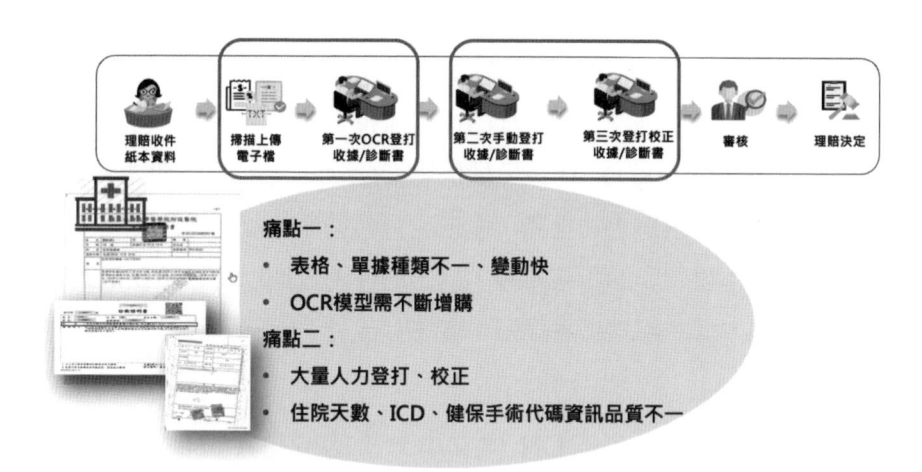

痛點一：
- 表格、單據種類不一、變動快
- OCR模型需不斷增購

痛點二：
- 大量人力登打、校正
- 住院天數、ICD、健保手術代碼資訊品質不一

▲ 傳統理賠流程與痛點（圖片來源：昕力資訊）

但產壽險公司面臨的困境有二：**一是單據登打外包成本居高不下**。接受理賠文件的數位管道成熟，理賠核算卻有另一套核心系統，須藉由外包公司人員進行理賠資訊登打的動作。在論件計酬的條件下，又必須兼顧登打資訊的準確，於是產壽險公司設計了一登、二登加上三校正的流程以維持理賠進件資料準確性，外包公司因應這個流程於是將登打成本從調漲了近六成。以國內某間壽險業為例[2]，112 年接受理賠的件數約為 121 萬件，而外包公司登打的費用平均一件單價平均為新台幣 16 元，也就是說產壽險公司尚未完成理賠就必須付出超過新台幣 1936 萬作業費用[1]。

二是**理賠資訊的一致性不易維持**。產壽險公司的理賠系統接收了有關民眾的理賠申請資料，決定理賠的資訊如診斷證明書上載明的病名與醫囑、單據上的住院日期與醫療金額，即便外包公司都登打正確，但有關病名、醫囑是否有在保單的範圍內，常轉換成國際疾病分類

第 9 類、第 10 類（ICD-9、ICD-10）以及健保手術代碼，讓理賠系統進一步判定。產壽險公司這樣的作業流程是合乎邏輯且可行。但進一步面臨 ICD-9、ICD-10 以及健保手術代碼的判定常因理賠作業人員的經驗值有所誤差，加上跨年度或閏月易造成住院天數的誤判，全台各級大、小醫院與診所在單據上列出的住院日期以及金額在格式與定義常不同，這些都讓產壽險公司實在有苦說不出。

智慧理賠革新：AI OCR 與文本分析的雙重突破

從 2016 年開始，台灣 Fintech 風起雲湧，舉凡利用 AI Chatbot 在智能客服的投入、人臉識別在核身方面的應用以及 OCR 在文件數位化的應用等等，都是各家金融業者積極投入的資源。

其中，OCR 依舊面臨跟過去一樣的技術困境，那就是當表格有所變動的時候，OCR 必須重新製作文件樣板，以大量的資料進行模型訓練。台灣金融業者的創新來自對本身金融服務的差異化以及便利化，當中資訊科技扮演非常重要的角色，連帶帶動了資訊軟體服務化的浪潮。這樣的商業模式間接影響像 OCR 這樣的產品，讓 OCR 技術停下腳步。

結構辨識模組

智能理賠結合 AI OCR 與文本分析，其中 **AI OCR** 先運用物件偵測的方式定義理賠文件中的物件，接著再利用文件結構化辨識模組，如下圖，進行各結構如欄位、表格等的字元辨識：

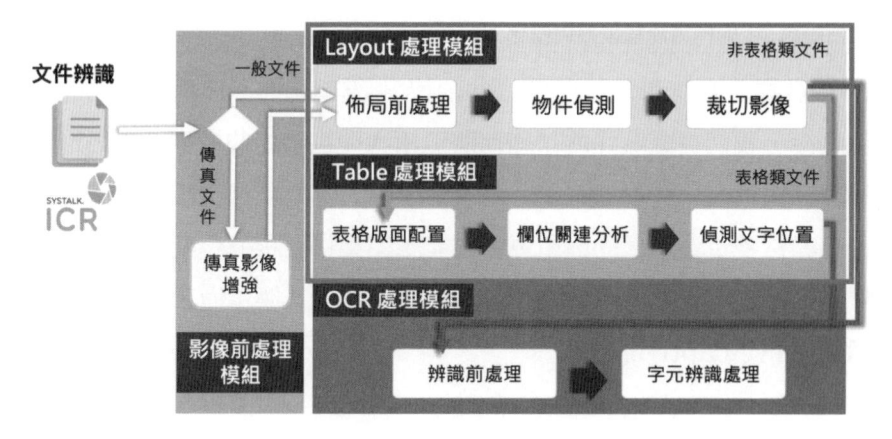

▲ 結構辨識（Structure Recognition, SR）模組（圖片來源：昕力資訊）

AI 文本分析核心：實體辨識與代碼轉換

理賠文件中的字元辨識完畢之後，再利用如下圖的 **AI 文本分析模組**針對理賠文件中的實體如日期、病名等等轉換成區間天數以及 ICD-10 代碼還有健保手術代碼：

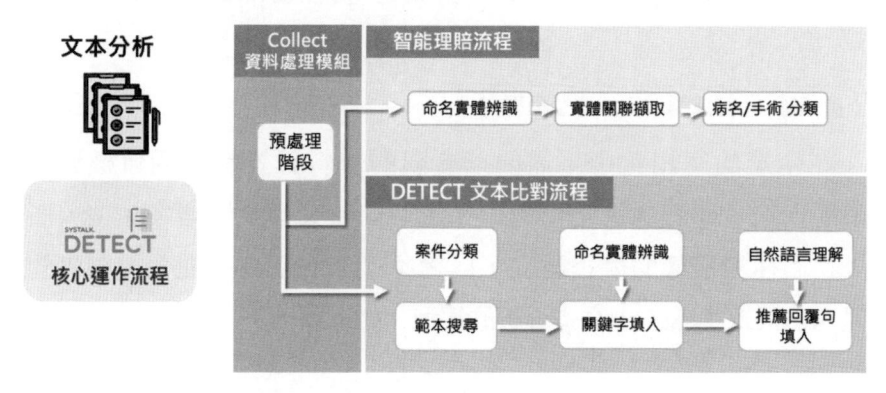

▲ AI 文本分析核心在智能理賠的運作流程（圖片來源：昕力資訊）

6-11

自適應 AI 如何實現模型持續優化

在掌握 AI OCR 以及文本分析兩大關鍵模組在智能理賠扮演的角色之後,我們更該關注的是**如何將這兩大關鍵模組的模型做出最恰當的訓練與管理**。在生成式 AI 造成全球發展上的重大突破的同時,其實有非常多企業內部的應用更需要能讓模型持續根據企業環境持續的變化而進化的 AI 管理架構,這就是最適合企業應用而市場統稱的**自適應 AI(Adaptive AI)**:

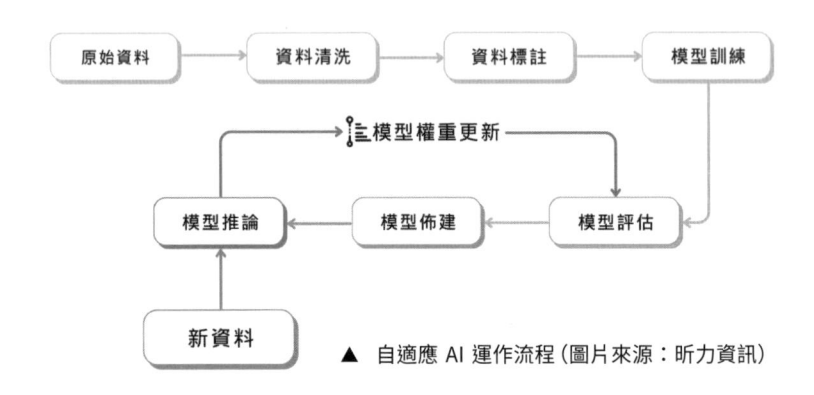

▲ 自適應 AI 運作流程(圖片來源:昕力資訊)

自適應 AI 打造專屬智能理賠模型

在企業的應用當中,需要以有限的資料針對特定的目標導向來逐步地、即時地進化模型,在這個同時又必須管理好模型,所以我們運用這樣的流程建立了自適應 AI 的平台來進化並同步管理 AI OCR 以及 AI 文本分析的模型,如下圖:

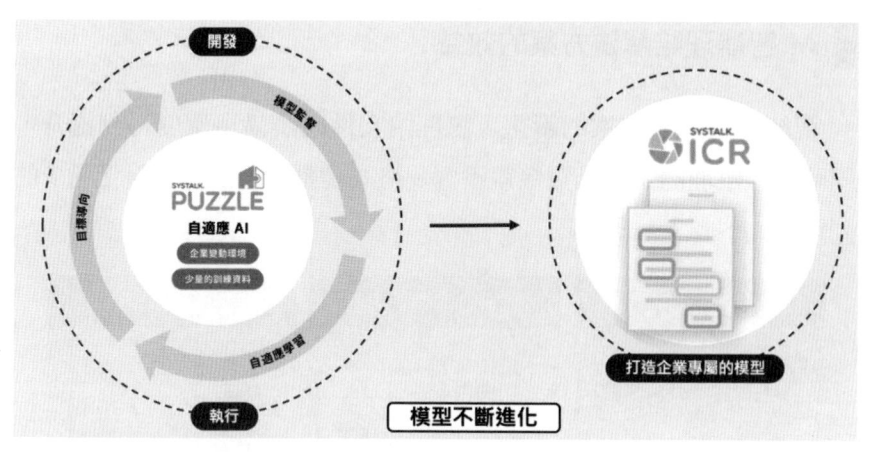

▲ 運用自適應 AI 的特性打造企業專屬模型（圖片來源：昕力資訊）

在理賠的應用當中，維持或精進理賠文件的辨識準確度以及文本分析的正確性智能理賠重要的目標，每家產壽險公司因為投保民眾的屬性、地域的不同，其模型也會有所不同，AI 智能理賠解決方案運用自適應 AI 的特性，為不同的產壽險公司打造、管理各自的智能理賠模型，如下圖：

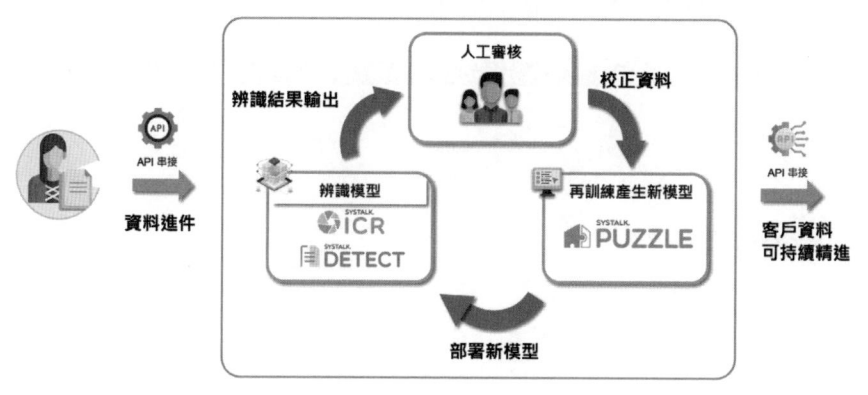

▲ AI 智能理賠解決方案（圖片來源：昕力資訊）

6-13

第 6 章 AI 金融

AI 智能理賠解決方案的效益

　　智能理賠解決方案的誕生，讓理賠文件的辨識準確度得到提升，同時克服了理賠文件品質參差不齊、格式變動以及訓練資料量過少的問題，如下圖：

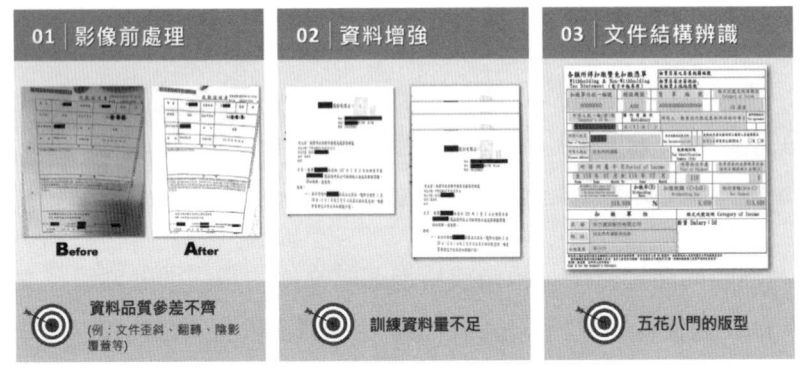

▲ 智能理賠方案在文件辨識上的效益（圖片來源：昕力資訊）

　　在此同時，對於辨識出的文字也利用文本分析轉換成對理賠核心系統可以直接評斷理賠金額的資訊，如下圖：

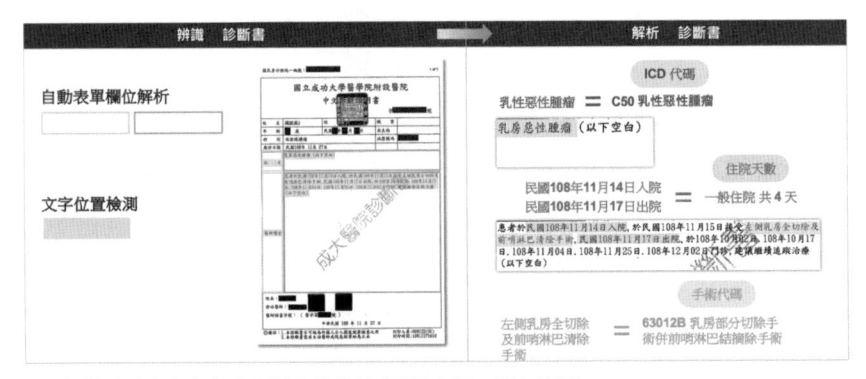

▲ 智能理賠方案在文本分析上的效益（圖片來源：昕力資訊）

6-14

除了在理賠文件辨識以及分析上的效益，整體 AI 智能理賠在流程上，將整體理賠流程中間最耗費人工的三個步驟縮減成一個步驟，如右圖。

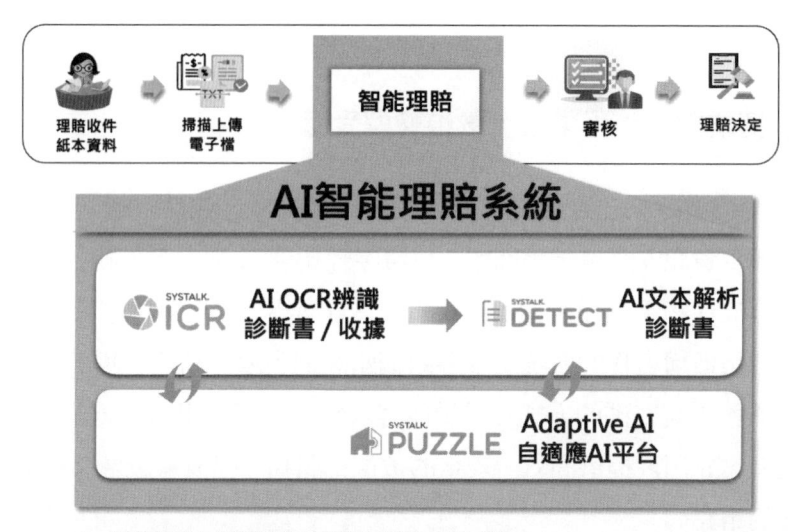

▲ 智能理賠方案總體效益（圖片來源：昕力資訊）

產壽險公司可以運用 AI 智能理賠解決方案將員工的人力放在最有價值的理賠判定，也讓民眾全天候分秒內完成理賠的申請。這正是 AI 智能理賠解決方案對產壽險公司以及廣大投保民眾最大的助益。

參考資料

1. 保險業公開資訊觀測站 https://ins-info.ib.gov.tw
2. 資料來源：昕力資訊市場調查

6-3 AI 金融科技新標竿：好好證券的數位開戶創新

好好證券

傳統開戶流程繁瑣，數位轉型受阻

傳統金融業在數位化轉型中面臨諸多挑戰，包括系統封閉、流程繁瑣及資訊安全風險等問題。以證券經紀業為例，傳統開戶流程依賴紙質文件和手動操作，不僅效率低下且出錯率高，客戶體驗不佳。此外，跨機構合作的系統壁壘導致網路開戶失敗率高達 50%[1]，身份驗證依賴帳號密碼的方式更易受駭客攻擊。如何運用 AI 技術突破這些瓶頸，為用戶提供高效、安全的數位化服務，已成為金融科技企業關注的重點。

根據臺灣證券交易所統計，截至 2023 年，投資人「開戶後」的電子下單比重已達七成[2]。然而，傳統證券市場「開戶申請」仍多仰賴紙本或半數位方式。作為證券商和客戶建立聯繫的初步環節，這成為制約行業發展的關鍵障礙。本節以全台首家依「金融科技發展與創新實驗條例」(https://www.ey.gov.tw/Page/5A8A0CB5B41DA11E/aa4a0c9d-14be-4664-ac59-fc74a056d1fd) 辦理創新實驗成功，即俗稱的「金融監理沙盒 (Financial Regulatory Sandbox)」[3]，經金管會核准從科技公司改制為證券經紀商的「**好好證券**」為例，剖析在智慧金融領域，應用 AI 技術解決傳統證券市場痛點。

無密碼 + AI 生物識別：更安全、更便利的身份驗證

人工智慧（AI）正深刻改變金融產業，金融科技（FinTech）從提升服務效率到推動行業創新，其應用成效有目共睹。為了解決上述產業痛點，**好好證券攜手電子支付機構（全支付）合作**，發展出新的全程數位開戶模式。好好證券以 FinTech 為核心，運用人工智慧技術和創新模式，提供了針對傳統痛點的有效解決方案：

- **全程數位開戶模式**：與電子支付機構合作，打破跨機構系統壁壘，簡化網路開戶流程。利用電子支付系統的數位化優勢，成功將網路開戶失敗率從 50% 降低至 2%。
- **AI 驅動的自動化審核**：利用自然語言處理（NLP）、圖像識別（OCR）等智慧金融技術，在客戶填寫資料及上傳文件時，系統自動核實客戶身份，同時連線政府資料庫，比對包括職業、收入、投資經驗、證件真偽等背景資訊。並透過 AI 驗證結果，執行防制洗錢、打擊資恐等相關盡職審查。這項資料處理和監控的數位化，優化開戶速度和準確性，還減少了人為審核錯誤，降低操作錯誤和詐欺風險。

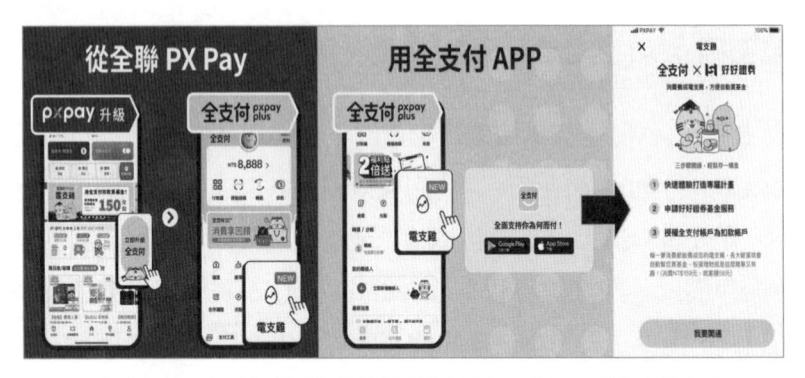

▲ 全支付 (pxpay plus) 提供更便捷的電子錢包服務，應用 AI 技術自動完成身份驗證和資料審核 (圖片來源：好好證券及全支付)

- **無密碼 + AI 生物識別身份驗證技術**：基於 WebAuthn 協定的 Passkey 技術，是由微軟、蘋果、Google、Visa 與 Mastercard 等企業共同推動的國際標準。相比傳統方法，這項技術具有許多優勢。首先，客戶只需一次認證，實現了跨平台身份認證，就可在多載體、跨網站平台以及手機應用程式之間無縫切換，操作效率極佳；其次，私密金鑰僅為客戶個人持有，並會在每次請求時，生成全新驗證碼與簽章。即使數據傳輸過程被攔截，也無法偽造合法登入，顯著強化了資訊安全。退一步而言，倘若真被偽造，因私密金鑰分散存於各用戶，駭客僅得一一取得，有效降低大規模外流風險；最後，Passkey 技術支持多種身份驗證方法，例如結合 AI 生物特徵辨識（如指紋和面部識別）技術或硬體設備（如安全晶片）等，以確保只有合法用戶能進入帳戶。整體上，這項技術兼具避免密碼遺忘、被盜用等風險，簡化登入流程，極大改善用戶體驗：

◀ 基於 WebAuthn 協定的 Passkey 技術，結合 AI 生物特徵辨識（如指紋和面部識別）技術，實現非對稱加密的高安全性驗證（圖片來源：好好證券）

傳統身份驗證，依賴帳號、密碼組合，卻易受「網路釣魚（Phishing）」竊取個資，或被駭客利用民眾外洩的電子郵件、帳號或密碼，以假身分試圖登錄，大量盜用帳戶，進行「撞庫攻擊（Credential Stuffing）」。為了解決這些問題，好好證券除宣導使用複雜且定期更新密碼外，還提供基於非對稱公鑰加密的「無密碼」身份驗證技術。這技術能簡化操作流程，大幅強化資訊安全。

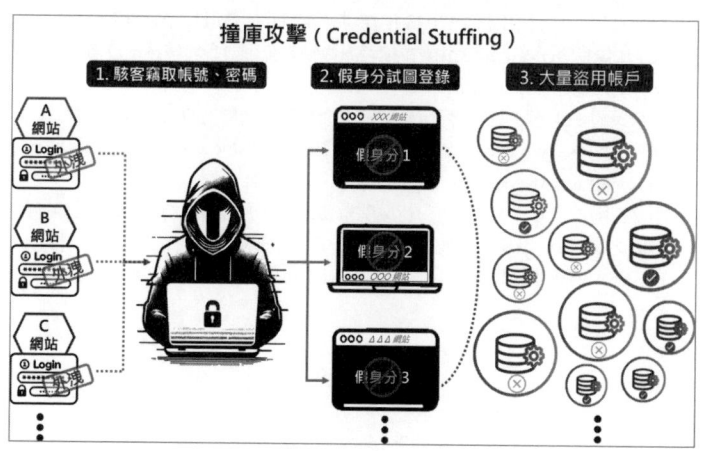

▲ 撞庫攻擊 Credential Stuffing（圖片來源：好好證券）

6-19

智慧金融激起多重漣漪

透過 AI 技術和電子支付的創新合作，不僅實現了全程網路開戶的突破性進展，也在身份驗證和數位安全領域建立了新標準。智慧金融顯著提升效率，為企業帶來實質性效益，並改善服務品質及客戶滿意度。本案不僅展示行業的連續創新和升級，還為金融業的數位轉型提供寶貴的經驗與啟示。對實踐 SDGs **目標9**「產業創新與基礎建設」、**目標12**「負責任的消費與生產」（全數位化的作業流程減少紙質文件需求，降低環境負擔）及**目標16**「和平、正義與有力的制度」（利用 AI 技術確保客戶資料處理的即時性和準確性）作出了具體貢獻，為建立一個更加包容、安全和可持續的金融生態系統提供了良好的典範。

參考資料

1. 自 2023 年 06 月 01 日至 2023 年 05 月 31 日止，統計好好證券客戶申請開戶時，進入（法規指定）線上扣款轉帳授權資訊傳輸系統，對參與該系統授權作業之金融機構執行網路核印作業，結果屬未成功的比例。
2. 中華民國 111 年 1 月 13 日，臺灣證券交易所新聞稿第四頁，電子下單比重已攀升至 76%。https://www.twse.com.tw/staticFiles/news/news/tsecnews/ff8080817d22b9cb017e51cfa0020463.pdf
3. 中華民國 107 年 1 月 31 日，行政院重要政策《金融科技發展與創新實驗條例》頁面之第二點（訂定金融監理沙盒專法―台灣全球第 1）。https://www.ey.gov.tw/Page/5A8A0CB5B41DA11E/aa4a0c9d-14be-4664-ac59-fc74a056d1fd

6-4 AI 智慧專利年費管理

永輝啟佳聯合會計師事務所

專利年費管理繁瑣，全球繳費挑戰重重

專利年費（patent annuity）是指在專利權被授予後的期間內，專利權人為維持其專利權的有效性而在每年都應當繳納的費用。專利權由各國發出，專利年費需到各國用該國貨幣繳納，繳納時間取決於授予時間，因此每件專利權繳納時間亦不相同。專利年費繳納對於專利權的維護至關重要，但其管理過程充滿挑戰。專利年費金額通常較小且分散，繳納期限依各國專利局規定不同，分布於全年各個月份，且需以當地貨幣支付，增加了處理的複雜性。

對於企業或個人專利權人而言，需處理多筆分散的繳費請求，既費時又難以規劃資金，並且等待憑證的過程常導致延遲請款。對專利師事務所而言，處理國外專利年費更具挑戰性，包括代墊費用、與海外合作夥伴協作、匯款後等待智慧財產局更新續展狀態等流程，耗費大量時間和人力。迫切需要一個高效、透明且自動化的解決方案來改善專利年費管理的困境。

> 不同國家智慧財產局的數位化程度參差不齊，部分國家需等待 7 至 30 天以上才能更新專利續展狀態，增加管理的不確定性和風險。同時，專利師事務所需負擔代墊款項的財務壓力，且手動操作流程容易導致錯誤或延誤。

專利年費管理如何運用 AI 智慧化

為解決這些痛點，永輝啟佳聯合會計師事務所與永輝協同網路股份有限公司（以下簡稱**永輝**）的專利年費管理系統，實現流程自動化、數據即時抓取及透明管理。該系統已覆蓋 127 個國家或地區，顯著降低了專利續展的時間和成本，同時提供了精準的資金規劃與高效的操作體驗。這一創新解決方案不僅提升了專利管理的效率，還展示了 AI 技術在專利服務領域的應用價值。

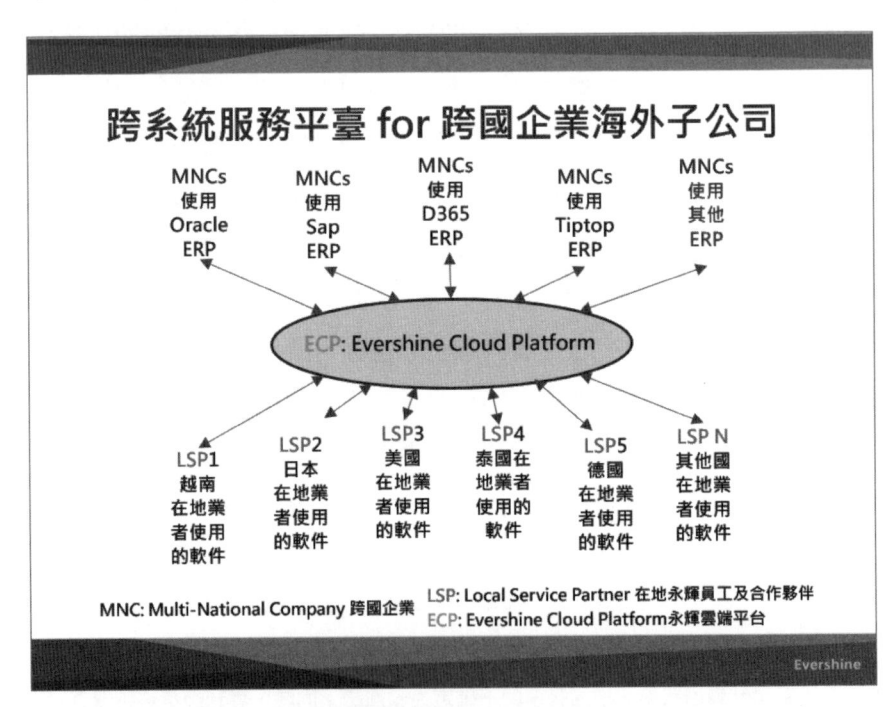

▲ 融入了 AI 技術的專利年費管理系統以永輝雲端平台（Evershine Cloud Platform）為核心，使財務會計控管服務、稅務法規遵循作業、薪資法規遵循作業執行進度透明
（圖片來源：永輝啟佳聯合會計師事務所簡介）

此專利年費管理系統利用 AI 與機器人流程自動化 (Robotic Process Automation, RPA) 技術，針對專利年費繳納的痛點，為專利權人和專利代理機構提供全自動化、高透明度、效率化的解決方案，從數據抓取到支付處理實現了全面的優化，具體解決以下幾大問題：

1. **多國專利繳費的自動化流程**：RPA 自動索引各國智慧財產局的專利年費繳納資訊，主動生成繳費清單，不需等待拿到憑證才能請款，避免人工操作的疏漏。
2. **數據抓取與即時更新**：透過 RPA 結合 AI 技術，系統能即時抓取繳費狀態，並整合到專利年費管理平台，為專利權人提供準確且即時的資訊。
3. **費用預估與資金規劃**：RPA 系統預先計算專利權人未來一年的年費需求，並提供分期預繳選項（如 25% 押金制）。
4. **客製化報表與透明化管理**：系統自動生成客製化的年度專利年費報表，涵蓋政府官費、服務費用及代理費明細，並在線提供查詢及委託功能。
5. **RPA 與 AI 的深度整合**：在 RPA 自動化部分，執行不同來源（檔案及網頁）的資料檢索、支付申請及流程追蹤，提升效率。而在 AI 分析與預測部分：結合 OCR 識別技術與 AI，對專利資料進行分析，預測潛在的繳費風險及管理改進點。

降低成本、提升效率，AI 加持下的創新專利管理模式

此 AI 專利年費管理方案為企業和專利師事務所帶來多重效益。首先，該方案顯著簡化了專利年費的管理流程，從散布全球的零散繳費轉變為統一、高效的雲端操作，大幅降低管理成本和人力投入。其次，透過預繳模式和透明的費用計算，專利權人能更好地規劃資金，專利師事務所亦免除代墊壓力，進一步提升財務效率。

> 以阿拉伯聯合大公國（AE）專利年費繳納為例，包含總費用、智慧財產局官網連結、報價、委任書，都在線上系統專頁進行（https://patent.evershinecpa.com/patent-renewal-fees?country=AE&language=zh-tw）。包括：
> - 總繳費金額自動計算（官費＋服務費＋代理費）。
> - 提供政府智慧財產局官網連結，確保資訊準確。
> - 自動生成專屬報價單及委任書，透過平台提交即可完成委託。

整體來看，永輝的 AI 解決方案實現了專利管理的創新升級，為全球企業提供了高效、透明、低成本的專利年費解決方案（例如專利代理機構服務費由每件平均 NTD 6,000 降至 NTD 1,560，節省超過 70%）。透過 RPA 和 AI 的結合，成功打造了專利年費管理的新標準，不僅大幅提升了操作效率，還為專利管理的未來提供了智慧化範例。

CHAPTER 7

AI 零售

胡筱薇 博士 ｜ 中原大學
智慧運算與量子資訊學院 副教授

7-1 編輯的話：AI 浪潮下的智慧新零售：重塑消費體驗與商業模式

胡筱薇 博士　｜　中原大學
智慧運算與量子資訊學院 副教授

在 AI 技術迅猛發展的今天，零售業正經歷著一場前所未有的革命性變革。AI 浪潮席捲全球，為智慧新零售注入了新的活力和可能性，正在徹底重塑我們的購物體驗和零售格局。這種由 AI 驅動的智慧新零售不僅改變了消費者與品牌互動的方式，還 revolutionized 了整個零售生態系統的運作模式。但究竟什麼是智慧新零售？隨著技術的迅速發展，這個概念也在不斷演進。

從 C2B 到全渠道整合的全新零售模式

Smart New Retail（智慧新零售）這個概念最初由阿里巴巴集團的創始人馬雲在 2016 年提出[1]。他將其描述為未來零售業的發展方向，強調線上線下和物流的融合。漸強實驗室透過下圖，進一步的梳理智慧新零售的核心概念[2]：

▲ 關於新零售（圖片來源：漸強實驗室 - 一張圖搞懂新零售
https://blog.cresclab.com/zh-tw/new-retail）

C2B（以消費者為中心）： 新零售以消費者為核心來驅動，企業透過研究消費者的喜好，來提供能夠適應與配合消費者的產品與服務。

- **DTC（直接接觸消費者）：** 注重提升消費者的購物體驗。
- **OMO（全渠道整合）：** 線上與線下銷售渠道的無縫連接。
- **數據驅動：** 利用大數據分析消費者行為，優化庫存和供應鏈。
- **智慧化運營：** 使用 AI 和自動化技術提高運營效率。

AI 如何引領消費體驗的未來

根據最新的研究，AI 在智慧新零售中的應用範圍極其廣泛。Wang 和 Hen（2023）指出，AI 技術在智慧新零售中的角色已經從輔助工具演變為核心驅動力，除了提供客製化的服務，更進一步著重在互動式和沉浸式購物體驗的零售模式[3]。

Liu 等人（2022）進一步強調了 AI 在智慧新零售中的重要性，他們認為智慧新零售是**一種以消費者為中心，利用人工智慧、物聯網、擴增實境等先進技術，整合線上線下資源，實現全渠道數據共享和精準營銷的新型零售模式**[4]。這種定義突出了 AI 在實現客製化體驗和精準行銷方面的關鍵作用。

從產業角度來看，勤業（Deloitte, 2021）[5] 將智慧新零售視為**零售業數位轉型的高級階段**，它不僅提高了運營效率，還能夠預測消費趨勢，為消費者提供更加客製化和便捷的購物體驗。這種觀點強調了智慧新零售在提升運營效率和預測能力方面的潛力。

最新的學術綜述更是將智慧新零售描述為一種 " 革命性的商業模式 "。Zhang 等人（2023）指出，智慧新零售**不僅改變了消費者的購物方式，也重塑了整個零售生態系統，包括供應鏈管理、客戶關係管理和數據驅動的決策過程**[6]。這一觀點凸顯了智慧新零售對整個零售生態系統的深遠影響。

綜合這些最新的研究和定義，我們可以看到，智慧新零售不僅僅是技術的應用，更是一種全新的零售理念和模式。它強調以消費者為中心，利用先進技術實現線上線下的深度融合，提供客製化、智慧化

的購物體驗,同時優化整個零售生態系統的運作。

在接下來的內容中,我們將深入探討智慧新零售的具體應用、面臨的挑戰以及未來的發展趨勢,以幫助讀者全面理解這一正在改變我們生活方式的革命性零售模式。

智慧新零售現況解析

隨著 AI 技術的快速發展,智慧新零售在全球範圍內呈現蓬勃發展之勢。根據市場研究機構 Gartner 的預測,到 2025 年,全球 80% 的零售商將採用 AI 驅動的智慧化解決方案來優化其業務流程[7],這一趨勢在台灣零售市場中也日益明顯,2022 年零售人工智慧(AI)市值為 84.1 億美元,預計到 2032 年將成長至 457.4 億美元以上,複合年增長率(CAGR)為 18.45%,如下圖所示:

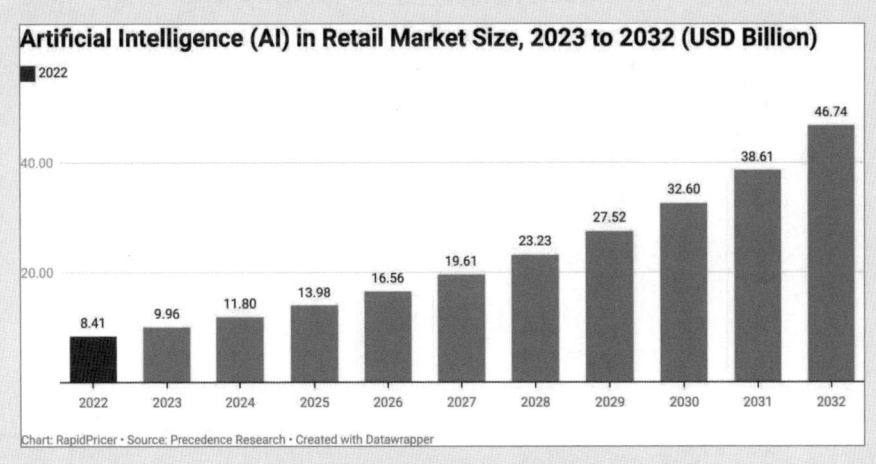

▲ 2023 年至 2032 年人工智慧(AI)零售市場規模(十億美元)[7]

> **智慧零售的應用領域**

- **食品零售：全家便利商店案例**

    全家便利商店運用 AI 技術開發了「**全家人工智慧訂購輔助建議系統**」，解決了便利店訂購耗時、訂不准的問題。此系統利用機器學習建立每家店自己的決策模式，考慮諸如商品屬性、各店銷售、庫存、廢棄數值、時間、氣溫、商圈屬性等多種因素，為店長提供訂購建議。此外，全家還推出了「友善食光」計畫，通過「時控條碼」、「彈性定價」及「地圖整合訊息」，讓消費者可以在鮮食快到期的前幾小時，透過地圖資訊找到打折商品，有效減少食物浪費。

- **消費數據分析：amiko AI 的案例**

    amiko AI (www.amiko.net) 開發了「Buy-to-Sell AI 戰情室」，這是一個基於 AI 的消費數據分析平台。該平台能夠分析來自上百萬消費者的超過十億筆消費數據，為企業提供寶貴的消費大數據洞察。通過視覺化的數據展示，企業能夠清晰地了解市場趨勢、消費者意圖和偏好，並在市場研究、品牌定位、產品策略等多個維度上做出精準決策。

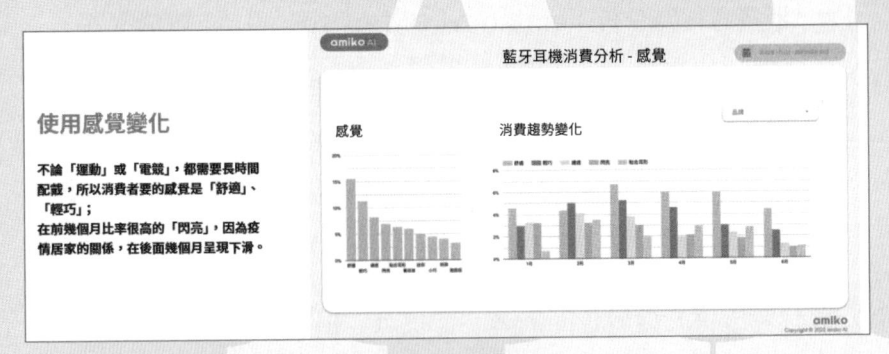

▲ 根據「AI 消費大數據 Dashboard」中「藍牙耳機」
市場的部分節錄內容(https://www.amiko.net/demo)

AI 在智慧零售中的具體應用

■ **預測分析：全家的 AI 訂購輔助系統**

全家的 AI 訂購輔助系統通過深度機器學習和強化學習，為每家店鋪提供個性化的訂購建議。這不僅減少了 75% 的訂購作業時間，還有效降低了鮮食廢棄數量。

■ **庫存管理：全家的剩食處理方案**

全家的「友善食光」計畫是一個創新的庫存管理解決方案。通過 AI 技術，系統可以實時調整即期商品的價格，並通過 app 讓消費者輕鬆找到這些商品。這不僅減少了食物浪費，還提高了店鋪的營運效率。

- **消費者行為分析：amiko AI 的 Buy-to-Sell AI 戰情室**

    amiko AI 的平台利用先進的自然語言處理技術，分析海量的消費數據，為企業提供深入的市場洞察。這些洞察涵蓋了品牌流向、相對優勢和未來成長機會等多個方面，幫助企業在競爭激烈的市場中做出明智的決策。

智慧新零售的發展也面臨著諸多挑戰。根據數發部的調查，有超過 60% 的中小型零售商表示，高昂的初期投資成本和缺乏專業人才是他們採用 AI 技術的主要障礙[8]。此外，消費者對於個人資料隱私的顧慮也是智慧新零售需要克服的一大難題。

智慧零售的挑戰與解決方案

數據隱私問題

隨著 AI 技術的廣泛應用，消費者對個人數據隱私的擔憂也隨之增加。零售商需要在利用數據提供個性化服務和保護消費者隱私之間找到平衡。可能的解決方案包括：採用匿名化技術、提高數據安全標準、增加數據使用的透明度等。

技術接受度

如全家案例所示，店員可能對 AI 系統的建議存在疑慮。解決這個問題的方法包括：提供充分的培訓、設立激勵機制鼓勵使用、逐步推廣並持續優化系統等。

> **投資成本**

對於許多中小型零售商來說，採用 AI 技術的初期投資成本可能是一個障礙。可能的解決方案包括：採用 SaaS 模式降低初期成本、尋求政府補助或產學合作、分階段實施等。

專家觀點

隨著 AI 技術的不斷進步，我們可以預見智慧零售將朝以下方向發展：

- **更精準的需求預測**：結合更多外部數據源（如社群媒體趨勢、經濟指標等），AI 系統將能更準確地預測消費需求。
- **無人零售的普及**：AI+IoT 技術的結合將使無人商店變得更加普遍和高效。
- **沉浸式購物體驗**：AR/VR 技術與 AI 的結合將為消費者帶來更豐富的線上購物體驗。
- **供應鏈優化**：AI 將在整個供應鏈中發揮更大作用，從生產預測到物流優化。

AI 驅動的智慧新零售正在深刻改變台灣的零售行業。從全家便利商店的 AI 訂購系統，到 amiko AI 的消費數據分析，我們看到 AI 技術在提升運營效率、改善客戶體驗、減少資源浪費等方面發揮了重要作用。儘管仍面臨一些挑戰，但隨著技術的不斷進步和應用

的深入，AI 驅動的智慧零售必將為消費者帶來更便利、更個性化的購物體驗，同時也為零售企業創造更多價值。

參考資料

1. Alibaba Group.（2016）. "New Retail： Alibaba's grand vision for the future of retail."
2. 新零售是什麼？「人貨場」三大要素，漸強實驗室 2024，https：//blog.cresclab.com/zh- tw/new-retail
3. Wang, Y., & Hen, K.（2023）. The Evolution of Smart Retail： A Comprehensive Review and Future Directions. Journal of Retailing and Consumer Services, 70, 103164.
4. Liu, J., Gu, J., & Li, S.（2022）. Smart retail in the digital era： A state-of-the-art review and future research directions. International Journal of Information Management, 65, 102511.
5. Deloitte.（2021）. The Future of Retail： Connected and Autonomous. Deloitte Insights.
6. Zhang, M., Ren, S., Liu, Y., & Si, Y.（2023）. Mapping the landscape of smart retail research： A bibliometric analysis and systematic review. Technological Forecasting and Social Change, 186, 122148
7. Gartner.（2023）. Gartner Predicts 80% of Retailers Will Adopt AI by 2025.
8. 數位發展部數位產業署.（2022）. 臺灣中小企業數位轉型現況與需求調查.

7-2 將 AI 導入人流分析與銷售預測

台灣創博識有限公司

AI 相關技術與運算能力,已經為零售產業帶來了顯著的改變。擁有大數據分析能力的 AI 系統,可以挖掘最終端消費者行為喜好、追蹤上游原物料的通膨,或計算貨物運輸時間等,這有助於降低成本、減少庫存量,同時提高物流和運輸效率,進而實現供應鏈的優化,以下以**人流分析與銷售預測**落地案例進行探討。

場域簡介:跨國連鎖餐飲,中小企業代表,60 年以上歷史,國際知名觀光指標,適用於零售相關上下游業者。

連鎖餐飲的挑戰:如何解決食材、人力與銷售預測的多重難題

為餐飲零售業的共通課題,連鎖餐飲業每日需依據不同門市之來客數量安排現場工作及服務人員,依餐點銷售量來準備原物料、半成品、生鮮食材、庫存管理、物流配送等相關作業,業者希望可以**使用 AI 協助預估隔日來客數量並以預估人數作為依據,推估餐點銷售量**,可有限度節省店面食材準備時間、作業及人力成本。

傳統餐點銷售係由門市資深經理人員依長期對該店家的營運、經驗來預估當天現場來客數及服務人力、相關食材準備,由於是使用人為方式預測,無法了解相關可能影響來客人數具體化因素,然而,總部中央廚房及資訊部門則透過 ERP 及門市 POS 系統,統一管理

及供應半成品及原物料,並透過物流運送至各門市,對於門市在食材、半成品、庫存、配送作業等相關管理作業和餐點銷售預估量,預測準確度準確與否都將深遠的影響,尤其在食材準備、人員排休、庫存及物流排班等控管,如下圖所示:

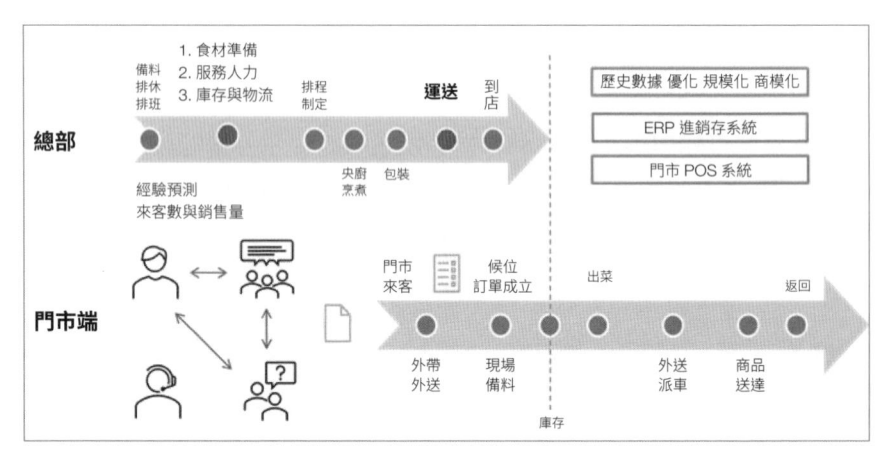

▲ 傳統的餐點銷售管控流程(圖片來源:台灣創博識 設計)

從數據整合到精準銷售預測的技術路徑

依據上述解決方案架構,分為**輸入資料、資料分析與演算、模型預測**等三個部分,將資料範圍從整合交易數據(如:客戶類型屬性、產品銷售數據),及技術性取得公開資料集(如:行事曆、氣候、來台國際觀光人數、物價指數、失業率…等特徵因子),以奠定消費者分析及銷售預測建模之基礎。

進一步運用機器學習及深度學習相關演算法，依序進行**資料清理、特徵工程、建立模型**（如下圖）、**檢驗模型、商業洞察圖表化**等五個階段任務。

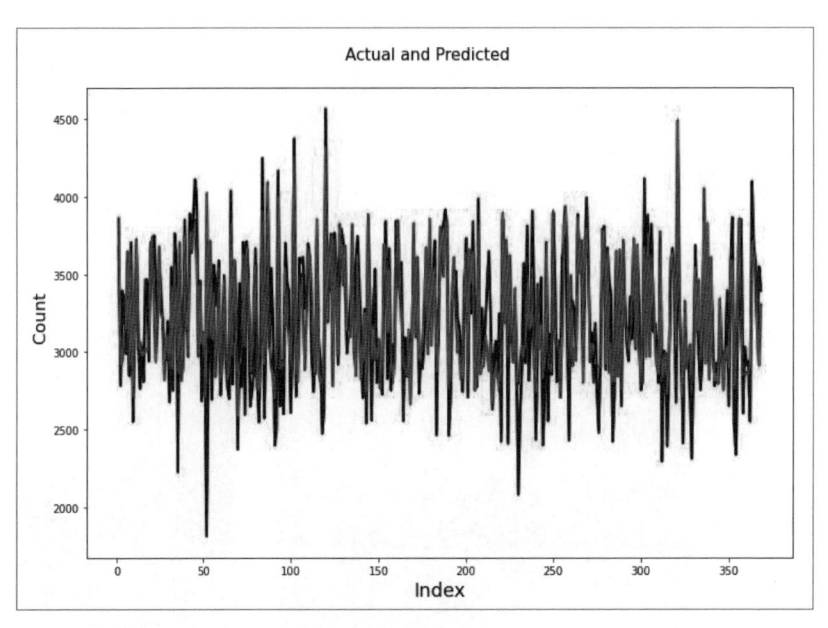

▲ 建立模型（圖片來源：台灣創博識 程式設計）

效益分析

過去使用資料推測年每日來客人數預測的準確度大約 70~80%。本案例將近百萬筆龐大的公開數據集 Open data 轉換成商業洞察（如下圖），關聯度分析以數據方式呈現各國來台觀光客消費的喜好，經過 AI 技術建立銷售量的預測模型，可在提前 7 天預測來客數及銷

售量，準確度高達 90% 以上，期望幫助經營者決策人力物力食材控管優化，強調不浪費原物料及半成品相關食材歷史數量以促進綠色經濟，確保永續消費及生產模式之價值。

▲ 各國來台觀光客在不同時間和條件下的消費行為相關性，以熱力圖顯示不同變數（如國家、天數、金額）間的關聯性或相關程度（圖片來源：台灣創博識 程式設計）

然而，本計劃經 AI 專案落地合作後，進一步可判定本案例屬於 " 失敗 " 範例。原因在於有三個面向：

- 第一：效益不足。餐飲業資深人員的預測準確度已達 90%，AI 模型雖可以提升至 96% 以上，但所需投入的相關研發成本過高效益不足，如：模型導入教育訓練、模型運算資源、各部門協調資源及其他的隱形成本。
- 第二：餐飲服務業聚焦人員的服務品質，人力缺工問題所導致的營運問題仍為主要瓶頸，AI 數據預測無法有效彰顯服務人力調度改善品質。
- 第三：缺乏管理層理解與支持，如何讓 AI 人工智慧成為組織的共同語言，且建立資料驅動文化會更容易成功。

可見，AI 想要真正發揮效益，不僅是技術層面的成功，更需要策略與文化的整合。

台灣的 AI 零售時代

台灣地狹人稠，零售產業高度競爭，加上物流外送平台盛行，加速數位轉型的需求，如何運用 AI 及時取得客群，加快總部決策分析且具備多維度彈性，且優化購物體驗（如數位支付工具、快速結帳），就變成台灣發展智慧零售的特點。

AI 熱潮讓許多企業趨之若鶩，然而 AI 要能夠順利落地於低毛利、高轉移、資源低的零售產業，仍然有許多議題待克服，例如：企業管理層對於 AI 的支持和組織數位素養為一大關鍵。

許多台灣企業的 AI 數位轉型主導者，可能是傳統公司裡面有豐富資歷的 CTO 技術長或管理階層，會一人分飾多角來推動 AI 專案導入，通常需要對上層取得資源的管理權限，跨部門溝通協調關鍵議題，或跨系統取得乾淨的數據源，翻新 AI 這個全新領域的概念，缺乏深度的理解與信任，也容易導致 AI 專案於零售業中所發揮的效益沒有科技製造業來得高。

然而，台灣零售餐飲業快速變革轉型，未來上游製造商也須變成零售業，但食品製造業本就受限於人力物力法令資源的限制，如何妥善運用 AI 科技，從預測、配置出最佳化供應鏈模式，搭配「微配送中心」，物流優化這類問題 AI 更能發揮運算優勢，值得我們持續關注。

參考資料

1. 網站文獻 https://aigo.org.tw/zh-tw/competitions/details/448，2022。
2. 網站文獻 https://aigo.org.tw/zh-tw/news/content/332，2022。
3. AIGO 解題計畫書，台灣創博識有限公司，2022。
4. 生物科技 特刊，AI 與 OpenAI 如何應用於食品產業，2023。
5. 若水電子報，**智慧零售**肺炎疫情衝擊全球超市，不數位轉型，就關門大吉，2020。
   https://ai-blog.flow.tw/retail-market-transformation-with-ai

7-3 全家便利商店如何用 AI 解決訂貨與剩食的兩難

全家便利商店 × 艾新銳創業顧問

「鮮食商品」的原罪，滿足客戶與降低剩食之間的艱難平衡

鮮食（便當、飯糰、三明治、涼麵、包子、麵包等）為製造商為便利商店量身訂做的商品。這類商品保存期限極短，保存方式與運送方式都必須溫度控制，不像一般商品保存容易，賞味期限也長，於是產生剩食，造成報廢食物。因此也造成便利店的運營難處：訂購少剩食少但客戶買不到，訂購太多剩食多造成損失，因此店家偏向保守訂購。營收很難快速成長。

> 根據環保署統計[1]，各大超商與量販店每月剩食量超過 500 公噸或更多，其中便利商店的鮮食佔了總報廢量的八到九成以上。從環保及食物浪費來說，不僅社會觀感不好，對店家、或企業營收也造成損失。

對便利店店長來說，下訂單是一件「耗時」「勞心」的痛苦負擔，原因在於**影響鮮食商品客戶購買的行為變因太多**，例如突然下雨，顧客可能從吃涼麵就改成吃加熱過的義大利麵。另外，**受商圈屬性影響大**，在上班族小資女生多的辦公區和工程師多的廠辦區消費內容完全不同。

◀ 鮮食商品的展示架，突顯高周轉率商品的多樣性與管理挑戰（圖片來源：艾新銳創業顧問提供）

破解鮮食訂購耗時與剩食問題的 AI 方案

解決問題從源頭開始解決，全家團隊開始解決便利店訂購耗時、訂不准的問題，由於影響顧客購買行為的變因太多，透過機器學習應可建立每一家店自己的決策模式，因此全家團隊開始了**全家人工智慧訂購輔助建議系統**的開發。

此系統的開發過程，基本上可分**特徵梳理研究、數據清理、特徵抽取、模型建立與訓練、場域使用與再學習**四個階段。

- **特徵梳理研究**：由於要分析客戶購買行為的變因，主要變因有幾類：

1. **場域變因**：例如商圈屬性、天氣溫度、天氣型態、節慶、地理位置等，
2. **商品屬性**：商品屬性包含品類分類、品類屬性、商品特性（例如：飲料類、瓶裝水、礦泉水/氣泡水、本地/進口品牌，加味/原味等）各店銷售、庫存、廢棄數值等，
3. **政策變因**：新品、促銷活動、主推商品等。

上述變因皆影響客戶消費行為，及訂購的決策。然後探討數據是否有缺失，接著探討變因之間的關係與強度進行降維，之後進行編碼。

- **數據清理**：假設變因設計完成後，進行相關數據的收集、整理及編碼，接著分類，若數據需補強就進行補強，完成後進行下階段。
- **特徵抽取、模型建立與訓練**：從清理過的數據組選出訓練數據集，建立深度學習模型並餵入輸入、輸出資料進行**特徵抽取**與訓練。模型建立後，以驗證數據集做驗證校準。
- **場域使用與再學習**：分階段導入標準模型，各店店長使用後，形成各店決策模式，並將使用後的成果，再利用**強化學習** (Reinforcement Learning) 進行優化，建立強化學習迴路，讓每個店未來越用越準。初期先小區域進行驗證，並分析、整理成果，做為大規模推展時的經驗參考。

第 7 章 AI 零售

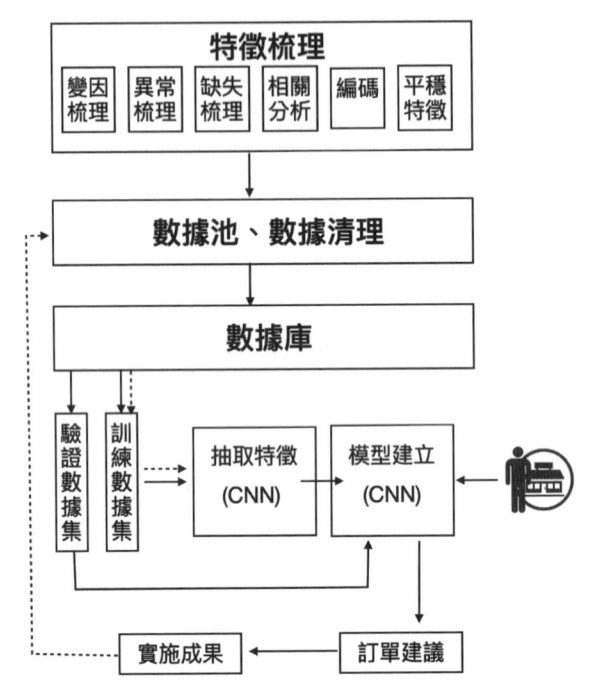

```
                    ┌─────────────────────────────────────┐
                    │            特徵梳理                  │
                    │ 變因  異常  缺失  相關  編碼  平穩   │
                    │ 梳理  梳理  梳理  分析        特徵   │
                    └─────────────────┬───────────────────┘
                                      │
                    ┌─────────────────▼───────────────────┐
                    │        數據池、數據清理              │
                    └─────────────────┬───────────────────┘
                                      │
                    ┌─────────────────▼───────────────────┐
                    │             數據庫                   │
                    └──┬──────────┬─────────────────┬─────┘
                       │          │                 │
                  ┌────▼──┐  ┌────▼──┐  ┌────────┐ ┌────────┐
                  │驗證   │  │訓練   │  │抽取特徵│ │模型建立│
                  │數據集 │  │數據集 │→ │ (CNN)  │→│ (CNN)  │
                  └───────┘  └───────┘  └────────┘ └───┬────┘
                       │                                │
                  ┌────▼─────┐         ┌────────────┐  │
                  │ 實施成果 │◄────────│  訂單建議  │◄─┘
                  └──────────┘         └────────────┘
```

◀ 透過特徵梳理與數據清理,將數據整理並存入數據庫,接著利用 CNN(卷積神經網絡)進行特徵提取和模型建構,最終產出實施成果和訂單建議,實現數據分析的應用。(圖片來源:全家便利超商人員口述,作者整理繪製)

模型建立完成,推廣使用也是一項挑戰。有些店家會對 AI 有所誤解,把「預測」當做「預知未來」,認為系統無所不能,而未考慮單店商圈臨時事件可能產生的變數,例如附近演唱會造成突發人潮,是需要店長手動去調整的,種種不利因素一度使推廣進度緩慢。為了讓系統的強化學習發揮功效,團隊提出了「獎勵措施」鼓勵大家天天用,有利於越用越準。此外對於 AI 系統的能與不能,也因為理解的落差,造成公司內部不同部門的疑慮,因此需要經常與各部門溝通,讓其理解,使系統發揮最大功效。

AI 驅動零售新成長

自 2022 年「全家人工智慧訂購輔助建議系統」正式上線，協助店長以 AI 大數據預測鮮食銷售量，不僅減少店長們 75% 的訂購作業時間，更再協助降低鮮食廢棄數量。再加上友善食光對剩食的處理，整體讓鮮食營收，從緩步成長變成快步成長，全家鮮食營收也從 2021 年到 2023 年每年增長速度都在二位數，進而成為全家營收的重要來源之一。

此外，也在 2022 年的數位轉型鼎革獎中「新零售科技翻轉產業剩食困境」獲頒 ESG 特別獎，是唯一獲獎的零售業[2]。

資料來源

1. 數位時代 2022/5/1 報導（https://www.bnext.com.tw/article/68785/convenience-store-food-restore-fn）。
2. 資料來源：哈佛商業評論雜誌鼎革獎第二屆得獎名單網站 (https://event.hbrtaiwan.com/hbrdx/winners.html)。

7-4 更懂消費者：從購物行為到市場需求的 AI 深度解析

amiko AI 台灣先進智慧

在探索消費者的行為與需求時，企業常會著重於消費者的樣貌與偏好（Look & Feel）。然而，在數據驅動的時代，如何更加精準地掌握消費者的購物行為，並將其轉化為有效的行銷策略，已成為當前行銷領域的一大挑戰。

透過實證行銷的方法，企業能透過 AI 結合數據與技術，從消費者的購買模式中提取洞察，進而制定更有成效的策略。這種由**買**入手的分析方式，不僅有助於更深入地了解市場需求，還能為**賣**提供更清晰的方向。

行銷決策與 AI 的相輔相成

在電商、物流和行銷領域快速變化的今天，企業面臨著因科技進步而帶來的挑戰與機遇。人工智慧（AI）的飛速發展，特別是在大型語言模型（LLM）於 2023 年問世之後，重新定義了過去的技術框架。企業若希望在這樣的環境中保持競爭力，必須積極探索創新的方法來解決行銷中的核心問題。

AI 技術在行銷領域的應用，展現出四大關鍵價值：**洞察客戶需求**、**實現個性化行銷**、**預測市場趨勢**，以及**支持決策制定**。這些能力為企業提供了新的視角，幫助其更精準地理解消費者行為並制定更具成效的策略。

洞察客戶與個性化行銷

AI 技術在行銷中的一大優勢，是能高效處理並分析大量數據，為企業提供有關消費者行為的深刻洞察。這些洞察有助於企業準確識別目標客群的需求與偏好，從而制定更符合消費者期待的行銷策略。基於數據的個性化行銷策略，可以涵蓋多種層面，例如根據消費者的購買意圖、購物偏好與行為習慣來設計專屬的廣告或產品推薦方案。這些策略不僅提高了消費者的參與度，也進一步促進了顧客忠誠度的建立。

預測分析與決策支持

ＡＩ技術的預測分析能力，為企業在市場趨勢、消費者行為以及銷售成果方面提供了前瞻性的見解。這些見解幫助企業更精準地制定行銷策略，並在預算分配上優化資源利用，有效提升投資報酬率（ROI）。

此外，AI 在數據分析中的應用，讓企業能夠在行銷策略的制定過程中依據具體數據做出決策，從而增加策略的實效性和成功率。這種數據驅動的方法，為企業在競爭激烈的市場中提供了更大的靈活性和競爭優勢。

透過 AI 從消費數據中尋找答案

在數據驅動的行銷時代，**實證行銷**成為企業制定策略的重要依據。透過 amiko AI 的 AI 技術應用，企業可以突破傳統調查中樣本

局限、呈現方式不精確以及數據可靠性不足的挑戰，採取更靈活且適應性強的方法來解決行銷問題。

基於 AI 的分析與洞察，企業可依循以下核心原則來制定基於實證的行銷策略：

- **數據導向的決策制定**

  利用 AI 分析結果檢視行銷流程中的每個決策環節，並根據各階段的目標進行調整，確保策略的有效性與執行效率。

- **客戶中心策略**

  通過深入挖掘消費者的行為數據（如消費者輪廓、購買時間、地點、意圖等），企業可以制定更加具體的行銷策略，提升客戶滿意度和忠誠度。

- **動態調整能力**

  AI 的數據分析能力和更新速度，幫助企業根據市場變化及消費者行為快速調整行銷策略，確保策略的即時性與相關性。

- **多渠道行銷的整合**

  通過分析實證消費數據，企業可以整合和優化多渠道行銷活動，確保品牌資訊和客戶體驗的一致性。提供更靈活的行銷策略。

這些基於數據的策略，不僅使行銷決策更加精準，也幫助企業在變化莫測的市場中找到穩定的發展方向。

數據行銷已成為企業制定行銷策略的重要基石。amiko AI 運用大型語言技術，開發獨家的「Buy-to-Sell」AI 戰情室，以三大層次**研發、投廣、探索**打破傳統，提供了更深入的數據分析與洞察能力。透過分析平台採用多層次策略，涵蓋產品研發、廣告投放及市場探索

等方面,並透過互動式儀表板展示數據結果,協助企業制定更精準的行銷策略。

AI 實證行銷核心優勢

以 AI 驅動的數據分析

該技術能夠高效處理和分析龐大的消費數據,提供市場的深度洞察。利用自然語言處理(NLP)技術建立的「商品知識庫」,可以快速解析來自數百萬消費者的多筆數據,揭示消費行為的關鍵模式。

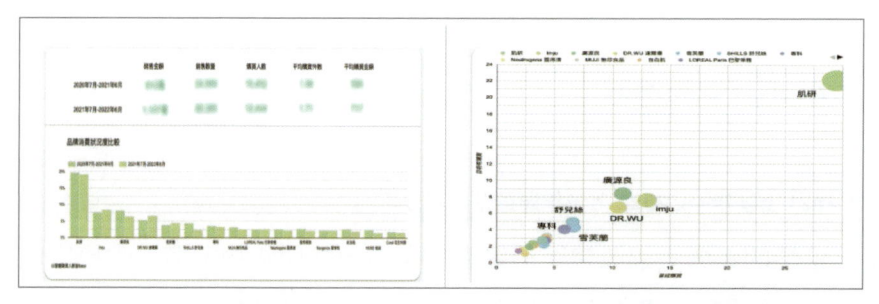

▲ 品牌年度比較表　　　　　　▲ 品牌競爭態勢分析
(圖片來源:amiko AI 台灣先進智慧)　(圖片來源:amiko AI 台灣先進智慧)

視覺化數據展示

在數據行銷中的應用,不僅體現在深度分析上,更重要的是通過視覺化工具幫助企業直觀了解複雜的市場訊息。利用消費大數據的 Dashboard 提供了視覺化平台,有關於品牌動態、競爭優勢以及成長機會的洞察,從多個維度進行精準決策。

品牌轉移流向分析

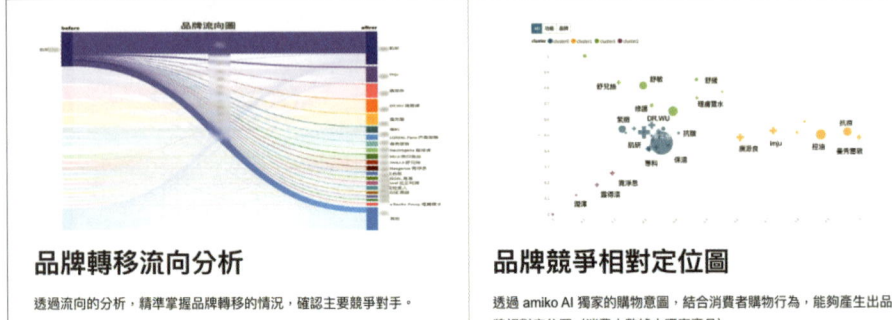

透過流向的分析，精準掌握品牌轉移的情況，確認主要競爭對手。

品牌競爭相對定位圖

透過 amiko AI 獨家的購物意圖，結合消費者購物行為，能夠產生出品牌相對定位圖（消費大數據中獨家產品）
確認市場的競爭範圍、品牌主要的競爭對手，以及品牌相對的定位。
搭配品牌流向，精準掌握品牌下一步的目標設定。

▲ 品牌轉移分析
（圖片來源：amiko AI 台灣先進智慧）

▲ 品牌競爭相對定位圖
（圖片來源：amiko AI 台灣先進智慧）

AI 的行銷新策略

2021 上半年 vs. 2022 上半年速食麵市場分析

疫情的影響大幅改變了消費者的生活方式與購物習慣。由於家庭活動範圍受限，速食麵作為臨時止饑的選擇，是否因居家時間變長而導致市場需求的增長，抑或因飲食習慣的改變而產生衰退，成為一個值得探討的問題。透過消費大數據分析，可以揭示這些市場變化背後的趨勢與原因。

AI 分析市場的行為模式與洞察

通過對台灣零售市場消費者行為的數據分析，AI 技術能在一定程度上揭示速食麵市場的變化規律。基於連續兩年的消費者發票數據，

分析技術確保了統計來源的連貫性，並通過標籤化技術進一步聚焦於消費者需求與行為的洞察。這些見解能幫助企業在以下幾個方面進行策略調整：

（一）**整體消費分析**

透過觀察「半年購買人數」和「購買金額」的趨勢，分析市場需求的增長或減少，進而評估市場現況與未來需求的可能走向。

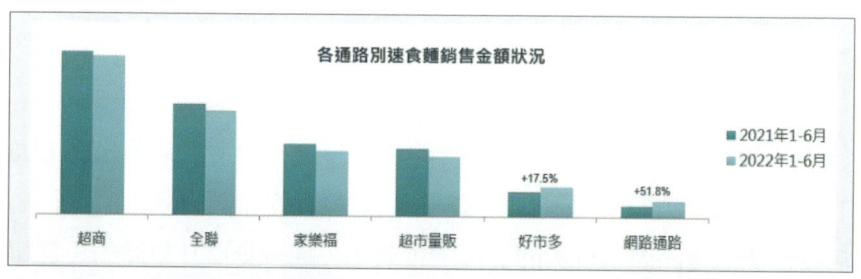

各通路別速食麵銷售金額狀況

（圖片來源：amiko AI 台灣先進智慧）

（二）**通路競品分析**

追蹤主要競爭者在各銷售通路中的表現，分析通路消費行為的變化，並探索是否存在競品在特定通路中具有優勢的情況，為通路策略提供依據。

（三）**熱門品牌及品項分析**

依據購買金額排序，觀察消費者的熱門選購品牌與品項，了解市場競爭的動態及產品需求的具體分布。

（四）購物意圖標籤分析

通過對熱門品項的分析，挖掘消費者對速食麵的具體需求，包括功能、使用場景、口味偏好及期望效果。

這一案例展示了 AI 技術與大數據在行銷策略制定中的應用潛力。透過深入分析消費者行為與市場趨勢，企業能夠更精準地規劃產品與行銷策略。不論是通過深度分析市場變化，還是挖掘消費者的購買意圖，AI 技術正為智慧行銷帶來更高效的解決方案。

AI 智能化效益

基於實證（Evidence-based）[1] 的行銷分析，能為企業帶來多方面的實際效益。例如，精確的數據洞察可以幫助企業更有效地設定行銷活動目標，提高廣告投放的資源配置效率，進一步提升整體的投資報酬率（ROAS）與銷售業績。

隨著 AI 技術在行銷領域的不斷進步，其應用為企業提供了靈活性和適應性更強的策略工具。例如，透過 AI 對市場需求的洞察，企業可以實現高度個性化的行銷策略，精準預測市場趨勢，並利用數據支持的決策制定來提升策略成功率。

資料來源

1. 「實證 (Evidence-based) 一詞係引用來自於 EVBRES https://evbres.eu/about/about-evidence-based-research-ebr/ 的說明。

CHAPTER 8

AI 農業

黃新鉗 博士 ｜ 工業技術研究院 中分院 執行長

8-1 編輯的話：智慧農業、大‧人‧物、青農

黃新鉗 博士 ｜ 工業技術研究院 中分院 執行長

　　智慧農業是以智慧運算為發展核心，結合影像、光譜、感測及微控制系統技術、動植物健康管理、循環資材為主軸，串聯農業的「科技使用端」及工業的「科技供應端」，建立互利夥伴關係，達到「精準、協作、普及」之願景目標。協助農業生產流程智動化與數位化，將農業從生產、行銷到消費市場系統化，使產品優質化、操作便利化及溯源雲端化，建構以數據為中心的農業產銷數位服務體系，協助農業智慧轉型。

從需求出發：農業與工業的跨域合作

　　簡單說，智慧農業的思維在於以農方需求為依據，透過工業端資通訊技術與人工智慧的協助，提供符合消費者與市場端對於環境永續、無毒健康、生態安心等期望之解決方案（如下頁圖）。

　　概念為：以大數據（Big data）、人工智慧（Artificial intelligence；AI）、物聯網（Internet of things；IoT）之軟硬整合，搭配農事應用數據資料庫，經由**感測**、**監測**、**預測**、到**決策**等四個步驟，提供田間作業所需運籌資訊建議，如：氣象數據、田間數據分析、資材施用建議、作物栽種建議、可運用之智動作業機械設備等，一方面可補足

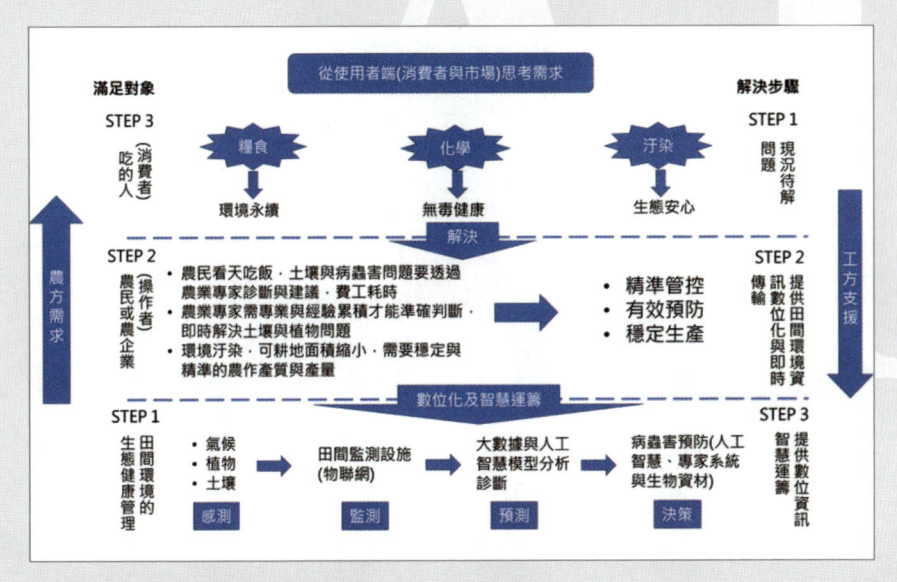

▲ 農工跨域合作整體思維（圖片來源：工研院中分院）

農業新手缺乏之經驗，另一方面可改善勞動力缺乏之窘境，以達到智動生產協作提高農事效能及安全性。

依據國家衛生研究院的研究顯示，自 2001 年起，台灣農業從業人口已逐漸進入超高齡勞動力，而 25 到 39 歲年輕的勞動力並未顯著增加，農民平均年齡為 66.3 歲[1]。除了人力老化與缺工外，我國農業同時也面臨耕地面積細碎化、氣候變遷加劇、自然資源枯竭、貿易自由化、糧食與食品安全等挑戰（如下頁圖）。因此，如何運用人工智慧與相關資通訊技術發展符合精準、普及、協作等目標之智慧農業為當前重要的議題。

▲ 我國農業面臨的挑戰 (圖片來源：工研院中分院)

病害防治的智慧化轉型

　　傳統友善農業之病害防治技術，大多是觀察到病害才進行大量施用製劑，以工研院與農業部高雄區改良場合作開發田間生態健康管理專家診斷預防系統為例，整合包含土壤溫度、體積含水率、大氣溫度、相對溼度等 4 種物理量的微環境監測軟硬體，並由農業專家協助辨識植物發病特徵資訊，搭配微環境參數，成為作物病害圖譜資料庫，透過人工智慧建模，以 LINE 聊天機器人簡易介面讓農民即時且便捷的取得田間微環境預警燈號與田區發病預測的即時通知，同時佐以透過數位生產的生物炭土壤改良劑、生物炭複方基肥及生物炭複方追肥等預防性生態資材建議，提供數位預診斷結合生態防治材料供應的系統服務。

此系統已於洋蔥、木瓜等多個場域進行驗證，透過智慧化科技預警系統及精準投藥治療，避免濫用藥物，並減少環境抗藥性問題，提高防治效能與減少農損，同時，將田間環境資訊透明化，減少農民勞動力成本與時間成本，讓農民更有效率、更精準投入農務，促進傳統農業邁向資訊化、精準化、友善化。

　　如下圖例所示，為全國產元件整合 AI 預警系統與機能型生態材料建議之全方位解決方案（圖片來源：工研院中分院）：

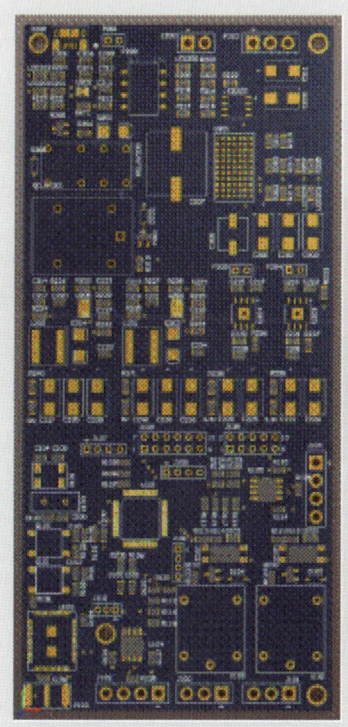

▲ 全國產電路板、MCU 及感測元件（圖片來源：工研院中分院）

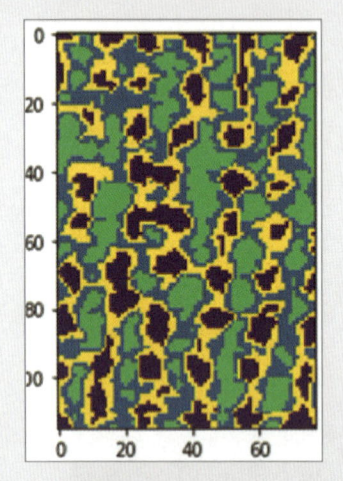

第8章 AI 農業

▲ AI 預警模式
（圖片來源：工研院中分院）

▲ 聊天機器人（圖片來源：工研院中分院）

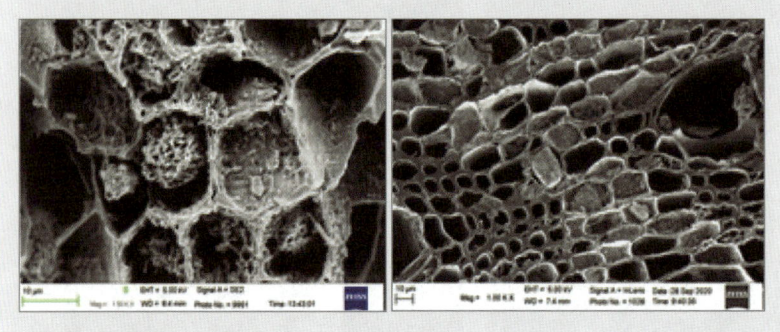

▲ 機能型生態材料（圖片來源：工研院中分院）

人工智慧在養殖與畜牧業的應用

除了前述人工智慧在田間病蟲害防治的案例外，本章後續也邀請國內業者，就 AI 如何協助養殖業（漁）及養豬業（畜）進行分享，讓

讀者能對人工智慧如何協助農林漁畜等產業發展有更多的了解。把水管好是養殖業經營的重要關鍵之一，**寬緯科技**的水聚寶智能養殖 AIoT 平台，透過科學數據的收集回饋，即時監測管理水質，並以人工智慧演算法提供養殖管理模型，讓業者能及時因應突發狀況，降低養殖風險與飼養成本。**海盛科技**的養好魚系統，透過 AIoT 技術，從看的到、量的到、控的到三個方向，以系統內建 AI 分析技術，讓漁民用手機即時掌握魚蝦成長、活動狀況，且結合自動化設備控制育成環境，減少勞力與操作風險，提高漁獲量。在養豬業方面，古有韓信點兵，現有**隆佑興業**、**安佑生物科技**進行 AI 點豬，利用影像分析，經由人工智慧模型辨識豬隻的外觀特徵、身體形態，進而推算豬隻體重及偵測豬隻異常行為，協助養豬戶進行資產管理、精準營養、健康預警。

智慧農業心、知、力

長期以來農業面臨嚴峻的挑戰，例如從業人員人口持續降低與年齡層老化現象，再加上近年來氣候變遷等因素造成病蟲危害，運用**大**（數據）、**人**（工智慧）與**物**（聯網）的結合，推動智慧農業，協助農民省工、省力與智慧化的生產以滿足人民基本糧食需求為必然趨勢。透過智慧農業的推動，也能以科技吸引更多青農的參與，使其不再像其父執輩一般的「鋤禾日當午，汗滴禾下土；誰知盤中飧，粒粒皆辛苦。」

然而，單從強化科技並不足以形成整體的誘因。筆者認為須從心、知、力三個構面（如下頁圖）來促成青農或科技化農事服務業，甚至智慧農業的發展：

- 「**心**」係指想法與理念，主要在於投入農業的起心動念與內心天人交戰。
- 「**知**」則是知識與經驗的獲取，包含學習與取得農業及工程（智慧）科技知識的管道。
- 「**力**」則是能力與實踐的展現，包含體力、財力、專業力、及社群力，讓青農不會感到有心無力，透過群策群力產生相互學習與激勵動機。

而這三項當中，除了起心動念的「心」無法直接以人工智慧來協助之外（但可為觸媒），「知與力」都能透過人工智慧來加速實施。

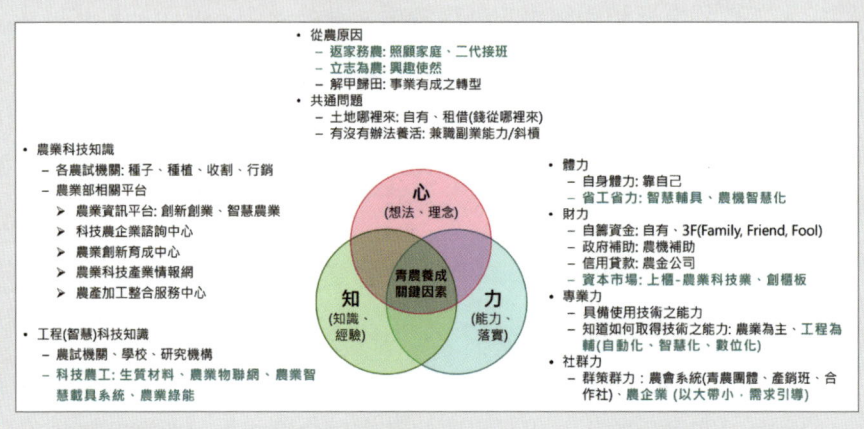

▲ 青農 / 科技化農事服務企業養成三大關鍵要素（圖片來源：工研院中分院）

參考資料

1. 國家衛生研究院，揭開農業環境健康之謎：透過全國農民和全民健康保險研究資料庫探索台灣農民健康，國家衛生研究院電子報，1001 期，2023 年 7 月 27 日。（https：//enews.nhri.edu.tw/research/9879/）

8-2 水產養殖新時代：AIoT 引領漁業永續，倡議藍色食物

QUADLINK 寬緯科技

水產養殖的挑戰：環境變遷與傳統管理的瓶頸

全球對海洋資源的過度捕撈和氣候變遷帶來的環境挑戰，使得水產養殖成為未來蛋白質供應的重要來源。然而，傳統養殖業面臨多重困境，如水質波動導致魚蝦大量死亡、養殖風險高、人工管理效率低等問題，特別是在台灣，養殖業深受季節變化和極端氣候影響。以魚塭為例，水質的變化直接影響養殖生產，但傳統的水質監控依賴人力採樣，往往反應不及，導致無法即時解決問題，漁業損失慘重。

> 從 60 年代現代化、70 年代人工飼養商業化後，養殖漁業已經是國人餐桌水產品的主要來源。而養殖漁業要好，關鍵之一就在「把水管好」，但水是否足夠好，過去卻得看天臉色。水溫、降雨和藻相菌相等因素影響，幾乎是「四季都有風險的產業」，有時來一陣強降雨，池水的 pH 值驟降，就有可能引發魚蝦大量死亡，讓養殖業者的心血付之一炬。

AI 驅動的水產養殖智慧轉型

在 ChatGPT，如果您輸入 "養殖漁業可以用 AI 幫助嗎？"，除了看到肯定的「絕對可以」的回答外，還會有許多改變養殖業的創新論述。在此我們就引用台灣這家專注科技養殖的公司「寬緯科技」及台灣人工智慧學校的公開資料 [1] 來佐證這個重要趨勢。

養殖漁業肯定可以借助 AI 技術來取得顯著的幫助，**寬緯科技**的「**水聚寶**」AIoT 智能養殖平台是一個極佳的例子。針對將 AI 應用在養殖漁業，追溯本質，若能即時監測管理水質，就有機會執行智能化管理模型，降低養殖風險達成順利豐產的結果。此 AIoT 智能平台為養殖業提供以下高效的解決方案：

- **即時水質監測與預警：** 平台整合水質監測設備，每五分鐘自動收集數據，實現 pH 值、溶氧量、水溫等關鍵指標的即時監控，當數值異常時立即預警，協助養殖戶快速應對，減少損失。

> 漁民有即時數據就能即時「改善問題」，過往需要人力採樣、常常在一旁待命的情況，能因平台的監測而獲得改善，甚至有合作的養殖漁民回饋，自己過往要一直跑現場，現在竟然還有親子時間。寬緯接下來的目標是將水質監測技術推廣至全台灣約三成的魚塭，覆蓋接近兩萬池。

- **智慧化養殖管理：** 水下攝影系統及精準投餵系統，可透過演算法分析水質與養殖數據，平台提供精準的養殖建議，例如最佳投餵時間與飼料量，提升生產效率並降低成本。

◀ 透過 AI 與物聯網，水聚寶智慧養殖系統能自動監測水質、調控設備並進行水下影像分析，提高養殖效率（圖片來源：寬緯科技公開報告）

- **漁電共生數據支持**：可時監測「輸入」與「排出」的大範圍水質數據，讓漁電共生對養殖業的實際影響有科學數據為本，並同步監測環境，為大範圍流水自動監測連續數據。而收集的水質數據，也能提供政府作為漁業政策規劃的重要依據。

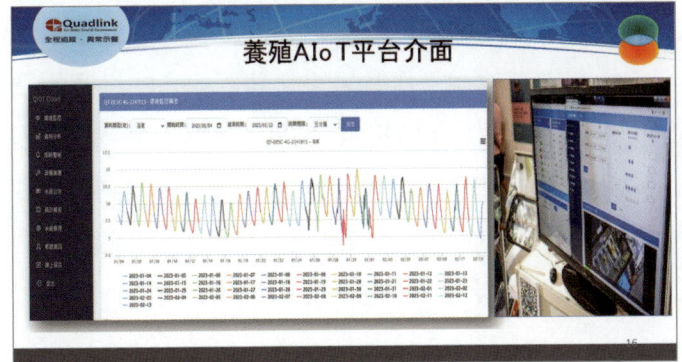

◀ AIoT 養殖管理平台的監測介面，能即時記錄與分析水質數據（溶氧量、pH 值、溫度等參數）（圖片來源：寬緯科技公開報告）

- **數位管理平台以及戰情室**：數據自動化收集與分析減少人力依賴，養殖戶可遠程掌握狀況，提升管理效率並改善工作生活平衡。

8-11

▲ 透過 AIoT 與數據分析,水產養殖業能夠從生產端到儲存端全流程實現智能化管理
(圖片來源:寬緯科技公開報告)

　　AIoT 在推動智慧養殖與永續發展方面展現了卓越的成效。不僅幫助養殖業者提升產量,平均增幅約三分之一,更顯著降低全損風險,改善產業穩定性和經濟效益。作為未來全球藍色食物供應的重要來源,養殖漁業預計到 2030 年將提供 62% 的水產品產量[2]。因此,如何藉助科技減少環境干擾、提高競爭力與產能,是當前產業發展的核心課題。此 AI 解方的成功,為台灣養殖業提供了一個清晰的升級路徑,彰顯了科技在實現永續目標中的重要角色。

參考資料

1. (台灣人工智慧學校, 2020) 從黑手走到 AI 也能養魚蝦!水產養殖業的華麗轉身。https://aiacademy.tw/ai-aquaculture-fisheries/。
2. 資料來源:聯合國糧食及農業組織 (FAO) 年報預估。

8-3 養魚也能高科技！AIoT 幫忙養得好又輕鬆

Hyson Tech 海盛科技

水產養殖的挑戰與機遇

水產養殖是目前公認唯一可取代捕撈漁業解決海洋困境，同時生產友善環境與氣候的蛋白質的重要產業，然而目前全球的水產養殖產量仍受限於風險與勞力問題，使得產量尚無法有效提升，滿足人類社會的蛋白質需求，因此在水產養殖領域持續開發與導入新科技，將是未來供給足夠動物性蛋白需求的重要方向，藉此達成友善環境的永續水產養殖，方能夠長期維持全球糧食安全和經濟增長。

然而與其他看得到生產物的產業不同的是，水產養殖業面臨最大的困難是**魚蝦位於水下難以觀察**，也難以得知其生長狀況，使得水產養殖的風險極高，難以控制其生長，為控制風險，漁民得定期捕撈量測魚蝦成長資訊、確認是否生病、計算換肉率等，需耗費大量人工逐池進行，一閃失就血本無歸，勞力與風險使得沒經驗的青年難以進入此產業，紛紛離鄉，形成台灣漁村老化，擁有經驗的老一輩也因沒有完整記錄而傳承不易。

運用 AIoT 技術解決水產養殖三大痛點

為了解決上述的這些水產養殖難題，**海盛科技**（https：//www.hysontech.tw）開發了一套內建人工智慧與物聯網技術的**養好魚水產養殖育成管理系統**，這套系統以 AIoT 技術解決水產養殖因看不到養殖狀況引發的風險與勞力問題，從看得到、量得到、控得到三方出發，讓漁民用手機便能即時掌握魚蝦成長，透過物聯網的水下攝影機看到魚蝦活動狀況。

系統內建 AI 可對魚蝦進行客觀的量測體檢，並且能夠進一步結合控制自動化設備，控制育成環境、減少勞力與操作風險、以友善環境方式提高產量，可應用於淡海水養殖或水下環境復育等產業：

▲ 養好魚 AIoT 系統界面（圖片來源：Hyson Tech 海盛科技）

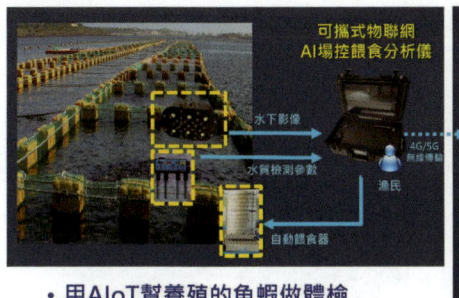

▲ 養好魚 AIoT 的系統架構（圖片來源：Hyson Tech 海盛科技）

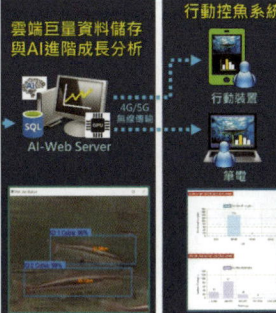

養好魚系統架構如上圖，為了解決水產養殖用戶面對的三大痛點：

1. 看不到魚蝦活動狀況
2. 量不到魚蝦成長狀況
3. 控不到魚蝦攝食與育成品質

海盛科技團隊分別針對三大痛點開發了：

1. 淡海水養殖用水下監控攝影模組搭配可攜式物聯網場控分析儀，可用於監控養殖魚群，讓漁民可以看到魚蝦活動狀況，這套設備可支援室內魚苗場、室內外循環水養殖者、海上箱網養殖等不同的養殖環境，並搭載 Edge-AI 影像除霧技術，讓水下的魚蝦影像變清晰，達成「看得到」的目標。

2. 雲端全方位監測平台，運用 Cloud-AI 自動辨識、取樣、量測魚隻的生物資訊，並自動記錄統計魚群成長狀況，分析不同養殖階段飼料換肉比，用 AI 幫魚蝦做體檢，達成「量得到」的目標。

3. 整合搭配自動化設備，如水質檢測儀、淹水感測器、自動餵食器等，全方位的對魚群、養殖池內水質環境與養殖池外的環境進行監控與預警，控制養殖池內外環境，達成「控得到」的目標。

▲ 操作 AIoT 系統，即時監控魚群活動與環境狀況
（圖片來源：Hyson Tech 海盛科技）

▲ AIoT 水下攝影機即時捕捉魚群活動，提升養殖環境監控精準度
（圖片來源：Hyson Tech 海盛科技）

從技術到實踐的 AI 水產養殖應用

海盛科技的養好魚系統內建了各式高精準度的人工智慧軟體技術，包含辨識、追蹤、分類、影像處理、模型轉移等，技術橫跨機器學習、深度學習、遷移學習與強化學習等多個人工智慧領域，其中全自動影像除霧技術，可透過 AI 技術讓魚隻影像變清晰，除了讓人眼看得更清楚外，也能同時增加雲端負責體檢的 AI 精準度，使得魚隻辨識精準度可高達 95% 以上。此外，也運用專利的水生物量測技術對魚隻成長狀況進行量測，使 AI 量測精準度超過 90% 以上，是目前運用於水產養殖業中最完整且精準的人工智慧整體解決方案。

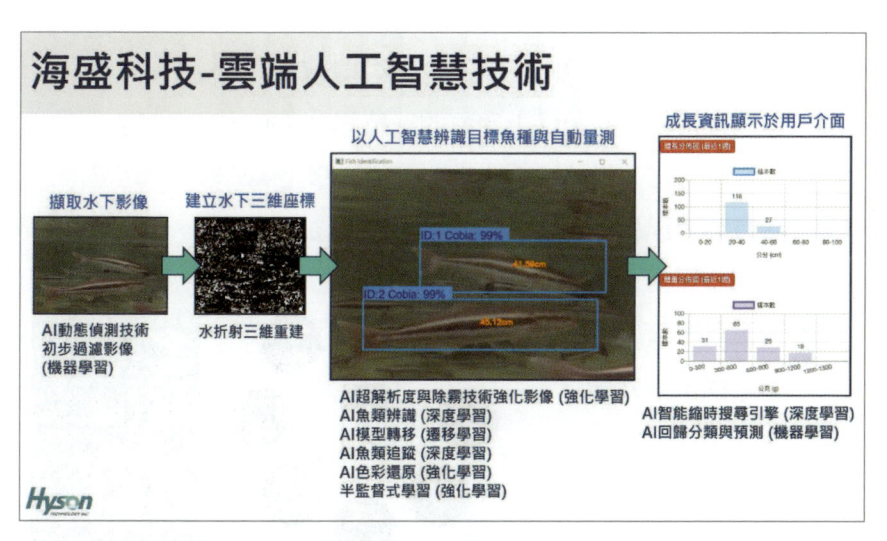

▲ 雲端人工智慧技術 (圖片來源：Hyson Tech 海盛科技)

實際效益

此系統以 IoT 水下攝影機監控養殖魚群，搭配邊緣端 AI 水下影像除霧技術將魚隻影像變清晰並同步至雲端，雲端 AI 量測魚隻生物資訊為魚隻做健檢，並統計魚群成長狀況以報表視覺化呈現，讓漁民用手機就可迅速掌握魚群狀況，可協助客戶可達到以下 6 大效益：

- 快速判斷魚群的成長狀況與健康狀態。
- 透過人工智慧系統客觀量測可減少因人工估算主觀性所產生的錯誤判斷率。
- 避免因人工採樣造成養殖魚蝦死亡與損傷，魚隻零損傷。
- 透過自動化減少 30% 以上人力成本耗費。
- 客觀且系統化的記錄下完整的養殖經驗參數，藉由經驗累積提升水產品質，將經驗數據化，管理科學化。
- 私有雲資訊保密系統確保用戶之關鍵養殖資訊等商業機密不會因人員雇用而外流。

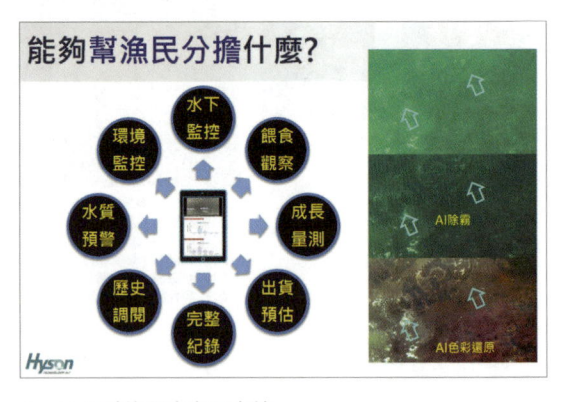

▲ AIoT 助漁民省力又高效
（圖片來源：Hyson Tech 海盛科技）

> 應用案例

養好魚系統能夠自動化 75% 的養殖日常工作,降低 40% 的風險,並提高 30% 的產量,在陸上與海上養殖場累積許多養殖科學管理案例,包含:

- 應用案例 1:協助漁民評估新飼料配方效益,此系統 5 分鐘便可在不干擾魚隻活動的狀況下自動取樣量測 300 尾魚隻生物資訊,效率高且保證魚隻零損傷,客觀精準的驗證新飼料配方可讓魚群 3 周增重 22%。

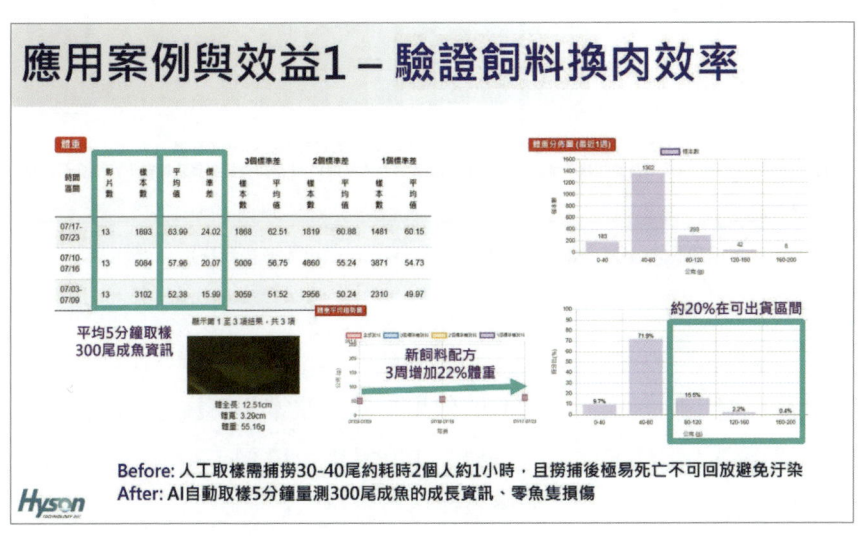

▲ 驗證飼料換肉效率(圖片來源:Hyson Tech 海盛科技)

- **應用案例 2**：業者採用系統的 AI 成長統計作為入魚分池與出貨大小判斷的決策依據，取代原先人工捕撈量測紀錄的傳統方法，可省下約 75% 人工作業時間。

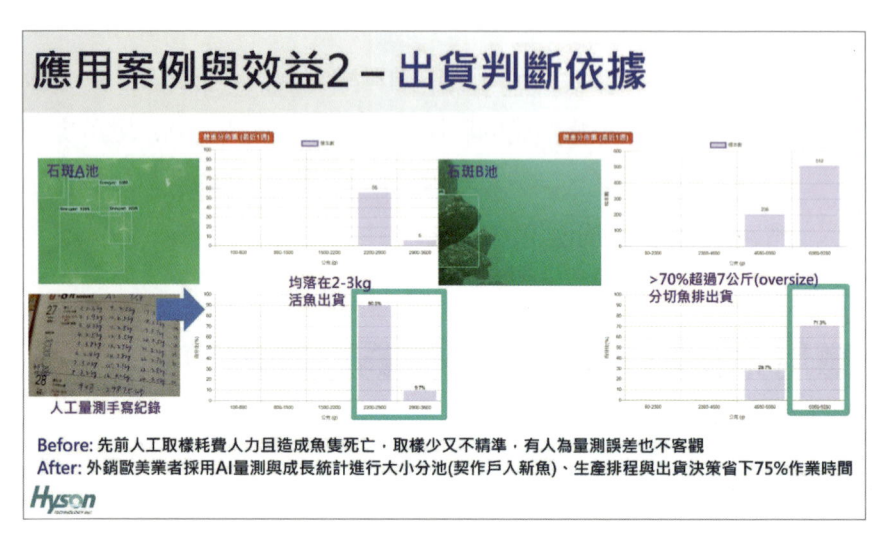

▲ 用 AI 分析結果做為出貨判斷依據（圖片來源：Hyson Tech 海盛科技）

　　本 AI 系統為養殖業創造了一把客觀的尺，運用這把尺，漁民們可以量測比對不同養殖方法造成的效果，看到原本沒有注意到的部分，創造出更多的用法與價值。透過人工智慧與物聯網等新科技的導入，成功翻轉水產養殖產業，讓養殖變得更容易，更有效率。

8-4 AI 驅動的養豬業革新

隆佑興業

養豬成本攀升與收益壓力，數位轉型的迫切需求

台灣近年來豬價高漲，豬農卻是辛苦經營，皆源於養殖成本不斷攀升，根據中央畜產會（https：//www.naif.org.tw）提供的 2022 台灣養豬統計手冊資料，肉豬生產成本已來到歷史新高，又以原物料成本高漲，導致豬隻飼料費用大幅增加為最主要原因之一。中華食物網（http：//www.foodchina.com.tw）產業統計資料顯示，「豬糧比」（豬價 / 玉米價格的比值，用來判斷養豬收益的情形）自 2021 年來都處於較低水準，代表飼料成本負擔過大，嚴重侵蝕養豬收益，所以媒體報導豬農「賠錢養豬」事件時有所聞。

成本高漲、疫情風險、競爭增加…等各項挑戰，使得台灣養豬數位轉型，刻不容緩，智慧精準養豬已經是養豬產業的趨勢，不跟上將被淘汰。

肉豬養殖過程中，「**豬隻體重**」是最重要的數據之一。豬隻體重是豬農收益的唯一依據，生長曲線更可以用來判斷豬隻健康狀態，也是後續的餵養計劃和銷售安排的參考資料，更是落實精準飼餵以及追求最佳料肉比的觀察指標。傳統的方法無法大規模的量測或者存在風險，如下表。

傳統豬隻估重方法	缺點
飼養員目測	精準度取決於經驗，人為誤差大，不穩定。
磅秤	需要人員接觸豬隻，趕豬上磅秤，耗時費力，而且有染疫、影響豬隻生長的風險。
欄內體重測定站	成本過高，無法每欄設置。

隨時掌握「豬隻數量」是養豬企業管理者的首要任務，因為豬隻是最重要的資產之一，由於豬隻是活體動物，它們常常會動來動去，這使得人工點數變得非常困難且容易出現錯誤，將無法有效的進行資產管理。

此外，**監測豬隻的「異常行為」也至關重要**，因其可能預示著健康問題或潛在疾病的發生。傳統上，飼養員透過定時巡視來預防此類狀況，若延遲發現將大幅增加群體感染的風險，進而對整個豬場的生態平衡和經濟效益造成嚴重影響。

智慧養豬新時代：AI 助攻提升效率與競爭力

經營 30 年的台南動物飼料公司 - 隆佑興業，在科技重鎮竹北成立人工智慧團隊，並在安佑生物科技集團的資源挹注下，台灣團隊獨立研發出智慧養豬系統，成功在苗栗、雲林及大陸各地養豬場落地，該系統實際覆蓋豬隻超過 10 萬頭次。其中一個令人矚目的案例是**利用 2D 鏡頭及人工智慧技術對豬隻進行估重、頭數盤點及異常行為偵測**，從而提高管理準確性和生產效率。

AI 估重系統

　　智慧養豬方案中的 **AI 估重系統**，利用了人工智慧和深度學習的技術，通過魚眼 2D 鏡頭對豬隻進行影像分析，從而實現準確的估重。首先，系統會收集大量的豬隻影像數據，並利用深度學習算法進行訓練，以辨識豬隻的外觀特徵和身體形態。然後，通過對比已知體重和對應的影像特徵，AI 模型可以迴歸出豬隻體重，最後不斷取樣和統計優化而得出結果，系統流程簡介如右圖所示：

▲ 系統流程圖（圖片來源：隆佑興業授權）

　　右圖為 AI 估重系統的結果：

▲ AI 估重系統結果（一）（圖片來源：隆佑興業）

第 8 章　AI 農業

▲ AI 估重系統結果（二）（圖片來源：隆佑興業）

> AI 點豬系統

　　AI 點豬系統也是基於此架構，利用深度學習的技術計算出畫面的豬隻數量，並將數據實時記錄在系統中，如右圖所示：

▲ AI 點豬過程（圖片來源：隆佑興業）

8-24

AI 豬隻異常行為偵測系統

AI 豬隻異常行為偵測系統,則包含「長臥不起」、「豬隻離群」、「豬隻堆疊」偵測,藉由偵測各豬隻的所在位置,採用機器學習技術和聚類演算法互相比對,以及一定時間的分析跟紀錄,來評斷異常行為的嚴重程度,下圖展示了長臥不起及離群偵測,並記錄了時間:

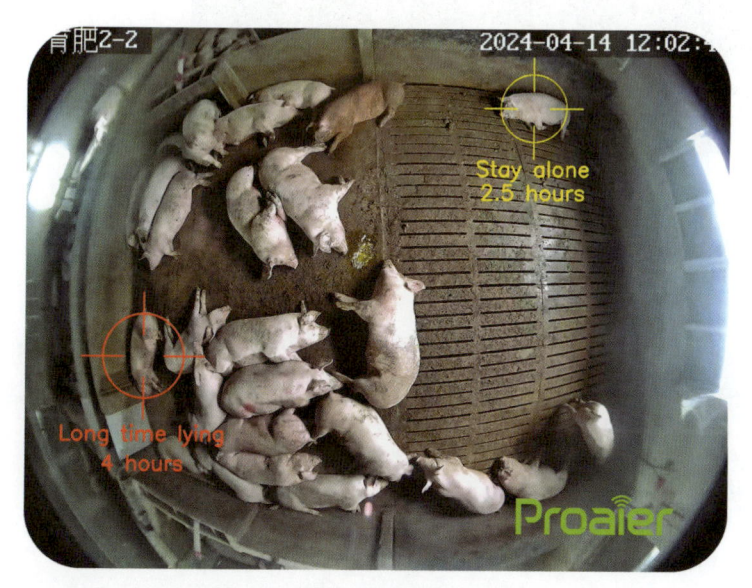

▲ 長臥不起及離群偵測(圖片來源:隆佑興業)

下圖則是請 AI 判斷豬隻堆疊程度:

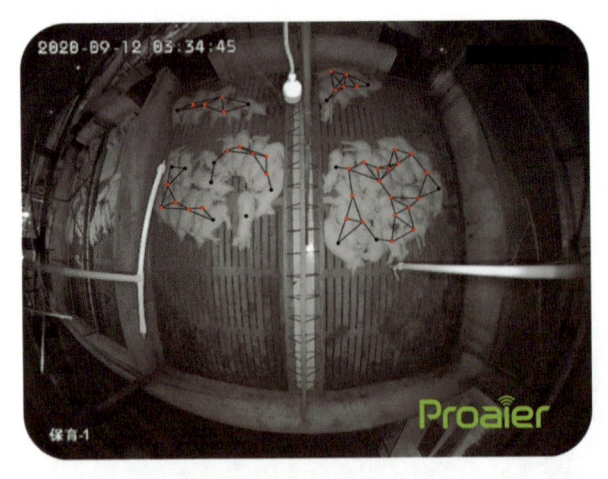

◀ 豬隻堆疊偵測（圖片來源：隆佑興業）

實際效益

介紹完各系統的功能與應用後，底下總結一下 AI 技術在畜牧業中所帶來的效益，可為未來的應用方向提供參考。

AI 估重系統

- 自動化的估重過程，節省了大量的人力和時間成本。
- 非接觸的方式，降低了染疫及影響豬隻生長的風險。
- 估重準確性跟穩定度得到了提高，豬農可以更準確地制定餵養計畫，減少飼料的浪費，同時提高豬隻的生長速度和肉質品質，也有利於銷售的安排。
- 系統還能夠提供實時的監控和數據分析，幫助豬農及時發現問題並進行調整，從而最大程度地提高了養豬效率和產量。

AI 點豬系統

- 自動化的點豬，降低了人為錯誤的可能性，實現快速、準確的資產盤點。
- 系統實時監控，可以更有效地管理豬場，對人力、物力、設備做最有效的安排，提高生產效率，從而提高產量和經濟效益。

AI 豬隻異常行為偵測系統

- 長臥不起可用來監測病死豬、豬隻堆疊嚴重則可能是環境導致不舒適、豬隻離群則可能是疾病或焦慮造成，都需要進一步的觀察和處理。
- 發現豬隻異常行為，系統即時警報，讓飼養員主動介入，避免損失擴大。
- 幫助豬農了解豬隻的健康狀況和行為模式，及時調整餵養和管理策略。

總體而言，智慧養豬方案在資產管理、精準營養、健康預警方面，帶來顯著的效益。系統集結上述各項分析數據，整合成簡單、直觀、精準的圖表頁面供豬農做決策參考。隨著 AI 的進步，系統功能也持續提升，未來智慧養殖只會更蓬勃發展，期待這個方案可持續為產業發展做出重要貢獻。

memo

CHAPTER 9

AI 創新
（跨域整合）

吳信輝 博士 ｜ 鴻海科技集團 技術處長

9-1 編輯的話：生成式 AI 的崛起，帶來全新商業模式與產業升級機會

吳信輝 博士 ｜ 鴻海科技集團 技術處長

導論 / 領域範疇

智慧創新 (Smart Innovation) 指利用先進的技術和智能系統來推動創新，從而提高生產力、效率和創造價值的過程。智慧創新通常結合了數據分析、人工智慧 (AI)、物聯網 (IoT)、大數據、雲端技術等新興技術，來解決問題、改善流程或開發新產品和服務。

智慧創新包含下列幾項特性：

1. **智能技術的應用**：通過使用新技術，特別是人工智慧、機器學習、自動化技術等，來促進創新過程。
2. **數據驅動的決策**：智慧創新依賴於大量數據的收集、分析和解讀，以便做出更精準和有效的決策。
3. **創新性解決方案**：它涉及到創造新的方法、產品或服務來解決問題或滿足新的市場需求。
4. **持續改進**：智慧創新不是一次性過程，而是一種持續更新、改進的方式，隨著技術和數據的進步，創新也會不斷進化。

智慧創新是技術進步與創新相結合的結果，為各行各業帶來了效率提升、成本降低及新商業模式的出現。

產業現況

歸納**智慧創新**的應用分類,我們整理目前較為成熟與較具規模的,主要有下列四項:

1. **智慧城市** (Smart City):運用物聯網 (IoT) 技術和大數據,對城市基礎設施進行監控和優化。例如,通過智能交通系統根據即時交通數據調整紅綠燈,減少交通擁堵。
2. **智慧醫療** (Smart Health):醫療領域中的智慧創新包括利用人工智慧進行病患資料的分析,幫助醫生更快速地診斷疾病,或通過可穿戴設備來監控病患的健康數據並給出預防建議。
3. **智慧製造** (Smart Manufacturing):利用自動化技術、機器學習和物聯網進行生產過程的數位化轉型,實現更高效的生產。例如,工廠中的機器可以即時收集生產數據,進行自我調整和預防性維護,避免停工和提高生產效率。
4. **智慧零售**:結合大數據和 AI 技術,零售商可以根據消費者的購物行為和偏好,提供個性化的購物體驗,並通過智慧物流系統實現更快速的配送。

專家觀點 - 生成式 AI 將對「智慧創新」帶來另外一次升級

人類擁有無窮無盡的創意,隨著歷史的推進,許多偉大的先知、科學家與藝術家們創造了無數改變並改善人類生活品質的傑作。如今,生成式 AI 技術的成熟,更為**智慧創新**帶來更多的可能性。生成

式 AI 透過創造新的內容、設計和解決方案，為各種產業提供了更強的創新能力。以下是生成式 AI 在**智慧創新**中帶來的具體影響：

1. **加速創新過程**

    生成式 AI 能夠自動化創造新穎的想法、設計或解決方案。傳統的創新過程往往需要大量的時間進行構思、試錯和改進，而生成式 AI 可以根據大數據和已有知識快速生成多樣化的選項，節省創新過程中的時間和人力資源。

2. **提升個性化與定制化**

    生成式 AI 能夠根據用戶的需求自動創造個性化內容，這對智慧創新中的客製化服務和產品至關重要。AI 可以根據用戶的行為和偏好，生成符合個人需求的產品、服務和內容。

3. **加強創意產業的創作能力**

    生成式 AI 能創建藝術、音樂、文本和圖像等各種形式的內容，並與人類創意工作者協作，幫助他們在短時間內產生大量創意想法。這種合作不僅提高了創作的效率，還帶來了新的藝術形式和表達方式。

4. **自動化解決複雜問題**

    生成式 AI 擅長於從大量數據中提取關鍵模式並生成解決方案，這使得它能夠應對傳統方法難以解決的複雜問題。它在處理複雜數據集和多變場景時，可以生成更為準確和高效的模型或方案。例如：在醫療領域，生成式 AI 可根據患者的病歷數

據和醫學文獻，生成可能的診斷和治療方案，幫助醫生做出更快速和精確的決策。

5. **推動自動化與智能系統的創新**

   生成式 AI 可以自主學習並根據環境變化生成最佳反應策略，這對於智能系統的開發與創新至關重要。例如，在自動駕駛、智能家居和智能工廠等領域，AI 可以根據實時數據生成決策和行動。

6. **降低創新成本**

   生成式 AI 的使用有助於降低創新成本，特別是在早期設計和開發階段，因為它能夠自動生成大量方案，減少了人力和時間成本。這讓中小企業甚至個人創業者能夠參與智慧創新，並且能以較低的成本進行實驗和測試。例如：在製藥行業中，生成式 AI 能模擬和生成化學分子，幫助科學家更快地找到潛在藥物候選，從而降低新藥開發的成本和時間。

7. **激發跨領域創新**

   生成式 AI 能夠從多個領域的數據和知識中生成創新想法，促進跨領域的合作和創新。例如，AI 可以將來自不同學科的知識結合，生成意想不到的新解決方案，打破傳統的學科界限。

隨著生成式 AI 應用的普及，**智慧創新**將迎來另外一波的爆發點，本章接下來的內容將以公司中 AI 實操現況來說明公司如何應用 AI 技術，特別是生成式 AI 的技術，促進**智慧創新**的發展。

9-2 聲學演算法

美律實業股份有限公司 × 元智大學

從傳統方法到深度學習：聲源分離的技術進化

聲音是人類感知環境和溝通最直接、方便的工具，也是智慧護理和智慧家庭感測的重要訊號。聲音中攜帶著豐富資訊，如場景、說話者及語言等，這些資訊可以應用在助聽器、說話者辨識與語音識別等領域。因此，如何利用電腦處理語音訊號，成為一個熱門的研究議題。本案例的目標是**開發一個能從錄音中分離人聲的聲源分離系統**。

受 COVID-19 大流行影響，許多會議轉移至線上平台。對於多人會議，聲源分離是會議中一項重要的信號預處理技術，其目的是從各種背景聲音中提取目標聲源。即時語音分離有助於會議的順暢溝通，然而其實現充滿挑戰。它需要對語音進行分段處理，隨著時間進行，分段內的訊息會逐漸減少，增加了分離難度與所需的計算時間。聲源分離是眾多研究人員深入探索的領域，研究方法各有不同。

過去的研究多集中於非即時語音分離，且大多使用英語語料庫。傳統方法如波束成形 (Beamforming) 和盲訊號源分離 (Blind source separation) 是基於多聲道的聲源分離技術。波束成形通過多個麥克風收音，利用接收時間與強度差異來判斷聲源方向，從而抑制非目標聲源的聲音，提升系統的信噪比 (SNR)。盲訊號源分離則假設每個聲源具有獨立的統計特徵，並據此設計濾波器來分離多個未知聲源。

然而，多聲道處理意味著增加成本。近年的研究表明，深度學習在單聲道聲源分離上也展現了優異的效果。根據訊號類型，深度學習分為時域訊號處理與頻域訊號分離。頻域分離技術在時頻圖上，使用深度學習模型設計濾波器以分離語音；時域分離技術則透過編碼器 (Encoder) 和解碼器 (Decoder) 設計，分離編碼後的聲音特徵。現階段，時域深度學習分離技術是聲源分離的重要發展方向，這種方法省略了頻率分解的步驟，簡化問題以便進行計算和訊號重建。但此方法的模型較大，對於較長的時間序列數據來說不太適合。

為了實現即時聲源分離，論文[1] 採用了多輸入多輸出 (MIMO) 方法，但需要聲源的空間位置訊息，增加了實驗成本。另一篇論文[2] 使用半身人形機器人來追蹤聲音來源，透過分佈式處理多個說話者的語音，並從混合音頻中提取語音。該系統運行於四台連接千兆以太網的計算機上。還有論文[3] 提出一種結合攝影機和麥克風陣列感測的即時語音分離方法，分為兩階段：首先使用電腦視覺技術檢測並識別目標，接著通過波束成形技術增強並分離語音。這些研究需要額外資源，如麥克風陣列、多台電腦及網絡等。

創新語音分離技術：DPRNN 模型的設計與實現

系統模型

在本文中，我們將雙路徑遞歸神經網路 (DPRNN) 作為系統的主要架構。與傳統的遞歸神經網路 (RNN) 相比，DPRNN 更適合對較長時間序列資料進行建模，也適合修改為小模型，做即時語音處理。

具體而言，DPRNN 將長輸入序列分割成更小的區塊，並在區塊內和區塊之間處理它們。下頁圖顯示了 DPRNN 的過程。首先，輸入一段音訊並將其轉換為易於模型通過編碼器學習的特徵，然後進入分離模型。如圖所示，DPRNN 模型可分為三個部分：**分割處理**、**DPRNN 塊處理**和**重疊相加** (overlap-add)。

1. **分割處理**涉及將通過編碼器傳遞的音訊特徵分解為塊狀片段，並將它們連接起來形成三維張量。在分割過程中，其中 L 表示時間長度，N 表示特徵長度，W 表示輸入信號，P 表示一個模組的長度。在本文中，使用了 50% 的重疊率。S 表示在這個分割過程中生成的塊數，最後，我們得到一個 2P *S *N 的三維張量。

2. **DPRNN 塊處理**，包含區塊內遞歸神經網路 (Intra-chunk RNN) 和區塊間遞歸神經網路 (Inter-chunk RNN)。Intra-chunk RNN 處理每個區塊內的資訊，而 Inter-chunk RNN 則跨越所有區塊處理全域資訊。Intra-chunk RNN 中的數據經過 Bi-LSTM、全連接層和歸一化層。Intra-chunk RNN 遵循相同的過程。兩者結合形成一個完整的 DPRNN 模組，可以堆疊以增加模型的深度。

3. **重疊相加**的目的是將 DPRNN 塊處理後的數據轉換回輸入格式，如下頁圖所示，其中最後一個 DPRNN 塊的三維輸出通過 overlap-add 轉換回序列輸出。

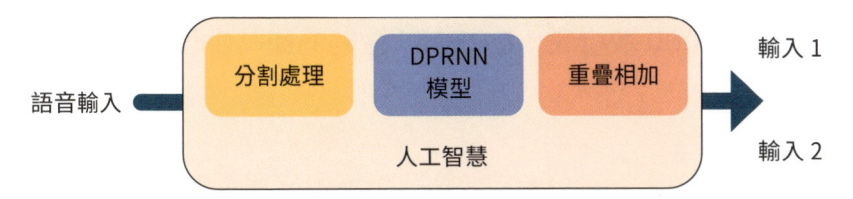

▲ DPRNN 聲源分離方塊圖（圖片來源：元智大學）

資料收集

我們使用台灣國語版的聽力測試 (TMHINT) 來準備語音數據集，包含 12 名男性和 7 名女性演講者，年齡介於 20 到 28 歲之間。

在生成訓練數據時，我們隨機選擇了 10 名男性和 6 名女性，共 16 人，訓練數據的取樣率為 8kHz。將這 16 人的語音數據混合並分為三種組合：男–男、男–女、女–女，分別生成了 13,500、10,000 和 6,500 個句子。數據生成的步驟如下：

1. 從 16 人中選擇兩個不同的說話者，每人有 170 個句子。
2. 隨機從每人的句子中選取一個語音信號。
3. 隨機選擇 -5 dB 到 5 dB 的信噪比來混合這兩個語音信號，產生混合語音。
4. 重複這個過程，生成大約 30 小時的訓練數據庫。

測試數據集包含 4 名訓練有素的說話者和 4 名未經訓練的說話者（各 2 名男性和 2 名女性）。測試數據的生成方式類似於訓練數據集的過程，最後產生了 6000 個句子的測試數據集。

800 vs 2000 取樣點：DPRNN 性能的即時處理挑戰

處理時間

我們比較了不同模型在單核 CPU 上的計算時間。使用的設備為 i7-13700k CPU，音訊取樣率為 8kHz。在即時處理要求下，800 個取樣點需在 0.1 秒內完成處理，2000 個取樣點需在 0.25 秒內完成處理。結果顯示，只有 2 層完整模型、4 層 Chunk 內模型和 3 層 Chunk 內加 1 層 Chunk 間模型滿足這些要求。這些模型的計算複雜度相同，並達到即時執行的需求。原始模型大小為 31MB，經過優化後，將其縮小到大約 10MB，並符合即時運算的需求。

我們比較了不同模型在單核 CPU 上的計算時間。使用的設備是 i7-13700k CPU。由於音訊檔的取樣頻率為 8kHz，因此要實現即時執行，對於 800 取樣點的語音片段，需要在 0.1 秒內完成處理，對於 2000 個取樣點的語音片段，需要在 0.25 秒內完成處理。結果列於右頁表 1。

表 1 顯示，在單核 CPU 計算的情況下，只有 2 層完整模型、4 層 Intra-chunk RNN 和 3 層 Intra-chunk RNN 與 1 層 Inter-chunk RNN 的 DPRNN 模型滿足這些要求。由於這三個模型的計算複雜度相同，因此它們的計算時間也相同。這意味著這些模型達到了在單核 CPU 上即時執行的計算限制。如果計算複雜度增加超過此點，它將超過即時執行的時間限制。此外，原始完整模型由 6 層組成，大小為 31MB。我們將模型架構調整為 3 層 Intra-chunk 加 層 Inter-chunk，實現了實時計算需求，並將模型大小減小到大約 10MB。

■ 表 1. 單核 CPU 計算時間

	Seg = 800	Seg = 2000
處理時間限制	0.1s	0.25s
6 layers	0.26s	0.58s
4 layers	0.19s	0.4s
2 layers	0.09s	0.2s
4 layers 全由 Intra-chunk 組成	0.09s	0.2s
3 layers Intra-chunk 與 1 layer Inter-chunk 組成	0.09s	0.2s

(效能)

　　我們從測試語料庫中選擇了 5 句話，用於在單核 CPU 上執行小數據測試。以平均 SNR = 16.7 為選擇標準，選擇高於平均水準的 2 個句子，低於平均值的 2 個句子，以及 1 個近似等於平均值的句子，共 5 個句子。結果列於下頁表 2，以 SNR 分數顯示效能，分數越高表示效能越好。

　　如表 2 所示，我們測試了不同輸入大小對系統性能的影響。輸入大小為每個輸入的 800 和 2000 個取樣點。可以觀察到，輸入大小越小，系統的性能越差。這是因為我們的方法基於 RNN，它受輸入序列長度的影響很大。如果每個模型處理的可用資訊減少，則其性能將受到不利影響。

■ 表 2. 實時系統中每個句子的 SI-SNR(dB) 值

Sentence	Seg = 800	Seg = 2000
I	10.9	16.1
II	1.23	4.2
III	-0.52	4.97
IV	14.9	16.39
V	10.9	13.37
Average	7.48	11.0

下圖顯示了 DPRNN 由 6 層調整為 4 層與結果的頻譜圖。可以觀察到，模型調整前後對結果的影響很小，兩者的頻譜圖仍然表現出高度的相似性。

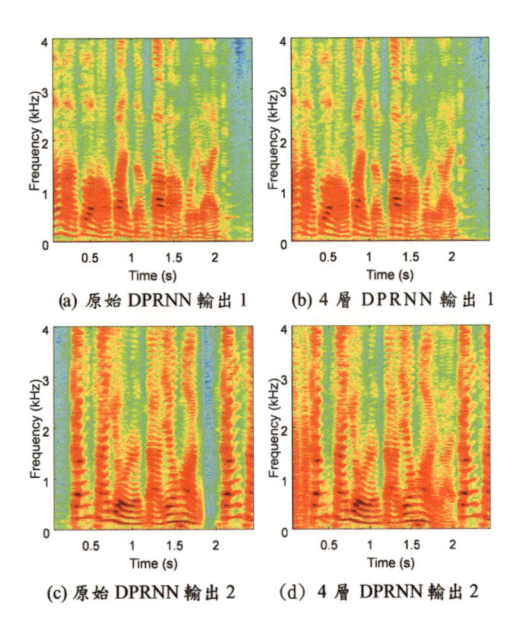

(a) 原始 DPRNN 輸出 1
(b) 4 層 DPRNN 輸出 1
(c) 原始 DPRNN 輸出 2
(d) 4 層 DPRNN 輸出 2

▲ 來自兩個不同模型的結果，原始模型和改進模型
（圖片來源：元智大學）

參考資料

1. C. Han, Y. Luo, N. Mesgarani, Real-time binaural speech separation with preserved spatial cues, in: IEEE International Conference on Acoustics, Speech and Signal Processing (ICASSP), 2020, pp. 6404–6408.
2. K. Nakadai, K. Hidai, H. Okuno, H. Kitano, Real-time speaker localization and speech separation by audio-visual integration, in: Proceedings 2002 IEEE International Conference on Robotics and Automation, volume 1, 2002, pp. 1043–1049 vol.1.
3. C.-F. Liu, W.-S. Ciou, P.-T. Chen, Y.-C. Du, A real-time speech separation method based on camera and microphone array sensors fusion approach, Sensors 20 (2020).

9-3 不動產產業 AI 客服解決方案

iStaging 愛實境

在現今數位化浪潮的推動下，AI 技術正逐漸改變各行各業的運作方式。不動產行業也不例外，透過 AI 技術的應用，不動產企業能夠提供更高效和個性化的服務。iStaging，作為一家專注於虛擬實境 (VR) 和擴增實境 (AR) 技術的公司，利用 AWS Bedrock 等先進技術，創新地為不動產行業提供解決方案，並結合 AI 客服系統，優化客戶體驗。

從現場看房到精準推薦，房地產行業的服務困境

在競爭激烈的房地產市場中，客戶對服務的期待早已超越單純的資訊提供，能否快速滿足需求、準確推薦適合的物件，成為影響成交率的關鍵因素。然而，現場看房的局限性、客服高峰的壓力，以及推薦系統的標準化問題，讓行業不得不思考如何提升整體服務效率。

1. **現場看房的困難**

    房地產交易中，實際到現場看房對於客戶而言是一個重要的環節。然而，受限於地理距離、工作繁忙或交通不便等多種原因，許多潛在買家難以親自到現場參觀房產。這種情況尤其常見於跨縣市或國際買家，他們的需求無法得到有效滿足。此外，對於當地的客戶而言，看房的安排以及現場參觀的時間限制，也可能進一步延遲了交易的推進效率。在現場無法直觀感受到所

在環境的特點,導致買家難以下決定,不僅影響交易進度,還可能讓一些客戶失去購買興趣。

2. **繁忙時段的客服壓力**

    在房地產市場的高峰時段,諸如節假日或熱門地段房產上架時等,客戶查詢量往往成倍增長。傳統客服系統基於有限的人力資源,難以快速回應大量的客戶需求。這不僅增加了客戶等待的時間,也降低了服務質量,導致客戶對購房過程產生不滿。而對於客服人員而言,長時間超負荷的工作狀態不僅可能導致疲憊與失誤,還削弱了與客戶溝通的耐心和效率,進一步影響了客戶的購房體驗。

3. **無法個性化推薦物件**

    當前許多房地產系統僅能提供標準化、固定格式的房產資訊,如地段、面積、房型和價格範圍等。這些基礎數據在一定程度上能幫助客戶篩選,但缺乏針對性,無法真正滿足不同客戶的多樣化需求。結果是,客戶需要在大量物件中手動篩選,大幅增加了時間成本與搜索疲勞,降低了購房決策的效率和積極性。長期下來,這種體驗還可能影響房地產企業的客戶留存率與品牌信譽。

應對行業痛點,智慧化解決方案推動不動產變革

目前,不動產行業正處於數位化轉型的關鍵階段,傳統的服務模式難以滿足客戶對便捷性與精準性的需求。為解決實地看房的局限、

客服資源的不足以及推薦體系的不完善，iStaging 結合 AI 技術，推出一系列創新方案，幫助企業應對挑戰並提升競爭力。

1. **虛擬看房與智能導覽**

    透過 VR 和 AR 技術，提供了一種全新的物件展示方式，讓客戶無需親臨現場即可透過虛擬看房功能沉浸式參觀房產。這一解決方案不僅突破了地理和時間的限制，還能讓客戶直觀地感受到房產的結構、裝潢和空間布局。此外，智能導覽助理 AVA (Augmented Virtual Assistant) 更能即時回答客戶的問題，無論是有關設計背景、建築材料，還是周邊設施的介紹，都能提供專業且詳盡的資訊。

2. **AI 驅動的客服系統**

    利用先進的 Amazon Lex 和 Polly 技術，構建了一個全天候運行的 AI 驅動客服系統。這套系統能夠理解並回應來自不同語言的客戶查詢，涵蓋全球多語種需求，實現真正的無障礙溝通。通過與企業內部的知識庫整合，系統能夠即時提供精準的答案和建議，減少客戶等待時間，提升整體服務效率。

3. **個性化推薦引擎**

    傳統的房產推薦系統通常只能提供基於價格範圍、地區和面積等基礎條件的建議，而難以真正滿足客戶的個性化需求。iStaging 的個性化推薦引擎依托 AWS Bedrock 平台進行深度模型微調，能夠分析客戶的行為數據，從而生成精準的物件推薦清單。這一技術不僅考慮了客戶的顯性需求，還能挖掘潛

在的偏好，例如特定風格的室內設計、靠近學校或公園的地理位置等。大幅提升了物件匹配的精準度和客戶的購買意願，同時幫助企業更高效地將合適的房產推送給目標受眾。

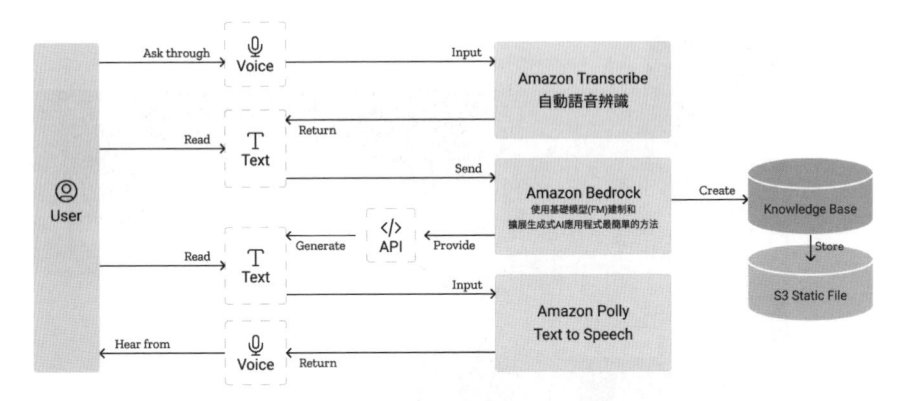

▲ 此流程利用 AWS Bedrock 平台分析客戶行為數據，生成個性化推薦內容，並結合語音與文字處理技術，提升推薦精準度與互動體驗 (圖片來源：愛實境繪製)

AI 技術全面提升購房體驗

虛擬看房技術與 AI 系統的導入，已經在房地產行業中展示了明顯的效益。這些技術應用讓企業得以縮短交易時間、降低人工壓力，同時提升客戶滿意度與運營效率。

1. **交易效率顯著提升**

    透過虛擬看房技術的應用，客戶無需再親臨現場即可快速了解物件的空間布局與細節，這有效地解決了距離與時間的限制，

縮短了 30% 的交易時程。不僅如此，虛擬看房能讓客戶在短時間內瀏覽更多房產資訊，提升篩選過程的效率。結合智能導覽助理的專業講解與即時回答，客戶可以更加自信地做出決策。

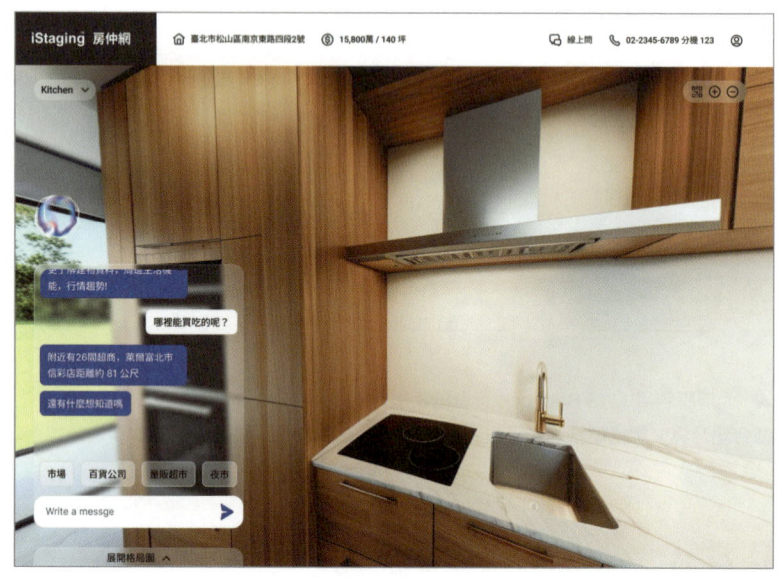

▲ 介面示意圖（圖片來源：愛實境繪製）

2. **客服資源最佳化**

AI 客服系統的導入徹底改變了傳統客服的運作模式。該系統能處理超過 85% 的常見客戶查詢，大幅減少了人工客服的工作壓力。同時，AI 系統能夠全天候運行，無需休息，確保客戶無論何時提出需求都能即時獲得回應。更重要的是，透過多語言支持和數據驅動的精準回答，AI 客服大幅提高了回應的

速度和準確性,改善了整體服務體驗,讓企業在高峰期也能穩定地提供高品質服務。

3. **客戶滿意度提升**

    個性化推薦功能基於對客戶行為和偏好的深入分析,能為客戶推薦更符合需求的房產。這項功能讓客戶回訪率提升了20%,這種服務模式使客戶感受到被重視,整體購房體驗更為愉快。

4. **運營更效率**

    自動化技術的應用優化了房地產企業的內部流程。AI 系統接手了繁瑣且重複性的任務,如客戶初步查詢、知識庫調用等,釋放了人工客服的工作壓力。客服人員因此能將更多精力投入到更高價值的服務任務中,例如處理複雜客戶需求、提供定制化服務建議以及協助高潛力客戶完成交易。同時,自動化流程減少了人為錯誤的風險,提升了內部運營的效率,讓資源分配更加合理,企業整體運營成本也得以顯著降低。

智能化不動產服務,突破核心問題

iStaging 的 AI 解決方案有效解決了不動產行業中的核心問題,顯示了 AI 技術在解決行業具體痛點上的巨大潛力,也為數位化轉型提供了技術參考。通過技術創新可以有效優化傳統流程,提升資源利用效率,並為其他行業的智能化升級提供了實用的範例。

9-4 如何用 AI 技術建立完整的資訊安全體系

8iSoft 聯雲智能

在數位化日益普及的時代，網路犯罪與網路安全成為全球關注的重要議題。特別是對於電商類網站來說，由於其涉及大量的用戶資料和金融交易，因此成為了駭客的首要攻擊對象。目前，已有超過 20 萬條的資安弱點 (Vulnerability) 被公開[1]，每天平均有超過 100 條的新弱點被添加到公開的資安弱點資料庫 (Common Vulnerabilities and Exposures，CVE)[2]。這些資安弱點可以提醒我們哪些地方是可能的弱點，但同時也可能會被惡意的攻擊者利用，對網站進行攻擊，從而導致資料洩露，甚至進一步控制底層系統。

然而，僅僅依賴技術手段來防禦網路攻擊是不夠的。企業還需要建立一套完整的資訊安全管理體系，並將資訊安全融入到企業的日常維運之中。例如，企業可以透過在資安機制中加入 AI 技術，能更迅速地應對各類資安事件，確保企業的資訊系統始終處於安全的狀態。

透過 AI 建立完整資安弱點管理流程

聯雲智能 (8iSoft) (https://8isoft.com/zh/about-8isoft-zh/) 專注於人工智慧導向的軟體解決方案，聯雲智能的使命是為企業提供容易存取操作並且具備高經濟效益的解決方案，以實現安全的維運和可擴展的彈性。

資安解決方案眾多，最根本的是先對資訊系統實施弱點掃描，因為大多數的資安威脅就是利用系統漏洞發動攻擊，包含底層系統及應用層都可能有漏洞。市面上的資安弱點掃描服務，多是配合企業客戶滿足稽核的目的，提供包含一次初掃一次複掃的服務，採用國外廠商的弱點掃描軟體，不只價格昂貴，提供的修復方式資訊也過於簡單，資安人員常常需要自己再去搜尋解法，修復工作繁重，因此常抱著得過且過僥倖心態，幻想駭客不會侵入自己的系統，那麼這些弱點仍然存在，系統的安全風險並未得到實質的降低。

ChatGPT 之類的 LLM (Large Language Model，大型語言模型) 技術近年來在 AI 應用領域掀起一股巨大浪潮之後，也有許多 LLM 的相關研究正在朝資安方面的應用進行研究探討。聯雲智能的 YODA 資安弱點管控平台看準了 LLM 在各個領域中的表現，使用提示工程 (Prompt Engineering) 與檢索增強生成 (Retrieval-Augmented Generation) 等相關技術，將這個強大的 AI 模型訓練成專精弱點掃描與滲透測試的自動化模型，並建立起一套完整的弱點管理流程，包括定期的弱點掃描、風險評估、修復工作以及效果驗證等步驟。只有這樣，我們才能持續提升資訊系統的安全性，應對日益嚴峻的網路安全形勢。

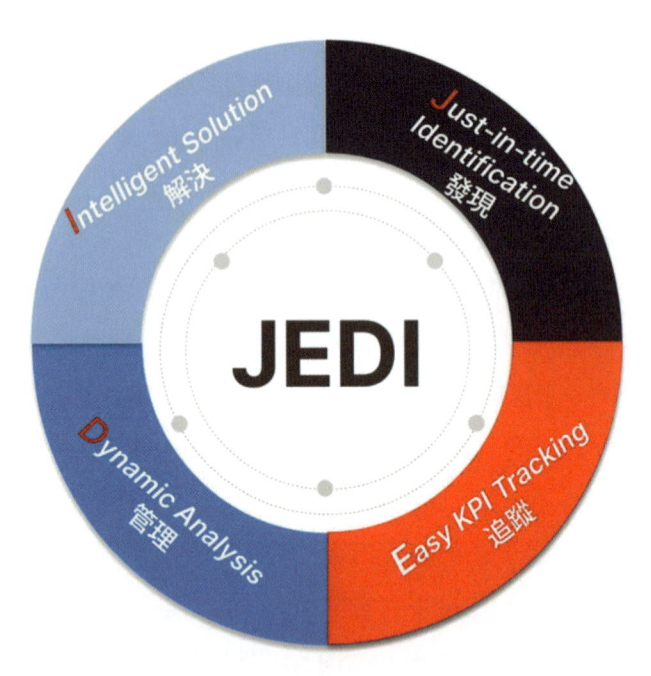

▲ 發現、追蹤、管理、解決的方案（圖片來源：聯雲智能）

　　聯雲智能股份有限公司投入弱點偵測、修復、管理技術的研發，推出的 YODA 資安弱點管控平台這項 SaaS (Software as a Service) 產品，為國內外企業組織提供結合弱點發現、追蹤、管理、解決四大需求一次滿足的方案。從弱點掃描、滲透測試，對發現的弱點進行分析，產生修復計畫，再藉由訂閱服務的方式，每週進行掃描以偵測可能的新弱點，透過雲端服務解決高風險的漏洞，保障網站的安全。

YODA 資安弱點管控平台背後整合著 Vulnerability Scanner、Threat-Level Identifier、Auto-Penetrator、Solution Builder 四個主要的模組：

- **Vulnerability Scanner**：整合 3rd-Party 網站提供的各種 Scanner，以及 OpenVAS、與 Nmap 等 Open Source Vulnerability Scanner，並且可以匯入 Tenable Nessus 等 Scanner 的弱點掃描結果。
- **Threat-Level Identifier**：已經公布的既有弱點，CVSS 相關資訊會透過 NIST 取得，但是全世界每天新發現的弱點，相關 CVSS 資訊，就透過 Threat-Level Identifier 這個自行訓練的 AI Model 來判斷與預測，日後再根據 NIST 公布的資料後送進行強化學習 (Reinforced Learning)。
- **Auto-Penetrator**：透過 LLM 的協助，自動產生滲透測試所需的相關 Script，並且進行滲透測試。
- **Solution Builder**：根據偵測到的可能弱點與主機相關資訊，透過 LLM 技術，搭配聯雲智能自行收集整理的 Dataset 先進行優化，再透過 LLM 自動產生高正確性的弱點修復步驟。

AI 提供企業資安解決方案

RedHat 在 2023 年曾經說過[3]，過去 12 個月中有 93% 的公司發生了 Kubernetes 安全事件，平均需要 277 天才能識別和控制數據洩露。透過像 YODA 提供的詳細修復步驟，企業過去必須要委外透過資安專業團隊協助修復的資安弱點，現在按部就班就有機會可以自己修復完成，也因此可以把修復時間縮短到週、甚至是天為單位。除了減少大量的人力、物力之外，更可以大幅度降低企業因為資安漏洞所造成的財務與聲譽上的損害。

不只是臺灣，全世界有很多的企業位於整個供應鏈的上游，面對與中下游廠商日漸增加的傳統與數位方式的互動，整體供應鏈正面臨著前所未有的威脅，許多的資安事件也因而發生[4]，在全球數位轉型的浪潮中，資訊安全與永續發展也成為企業無法忽視的核心議題。YODA 也跟供應鏈上游廠商合作，結合 ESG 與資安兩個企業切身的議題，以 YODA 為核心，進一步推出 ALLIANCE 第三方風險管控平台，為中下游廠商提供資安檢測與評估報告，以強化整體供應鏈的資安防衛能量。

臺灣大型資訊軟體業者精誠資訊 SYSTEX，在其 2023 精誠資訊永續報告書[5]中，特別強調供應鏈安全與永續經營的重要性，並且採用 8iSoft 的 ALLIANCE 平台，將這些理念轉化為具體的行動，不僅自動生成詳細的供應鏈安全報告，並且提供數位儀表板，讓供應鏈風險可視化。透過 AI 技術創新與臺灣最佳實踐的結合，ALLIANCE 成為企業實現數位轉型與 ESG 目標的利器。

▲ 供應鏈安全報告的數位儀表板 (圖片來源：聯雲智能)

參考資料

1. NVD Dashboard, by National Institute of Standards and Technology (NIST) https://nvd.nist.gov/general/nvd-dashboard
2. Over 40,000 CVEs Published in 2024, Marking a 38% Increase from 2023, by Cyber Press, Jan 7, 2025,https://cyberpress.org/over-40000-cves-published-in-2024/
3. Cisco Secure Application now delivers business risk observability for cloud environments, by Ronak Desai, Sep 12, 2023 https://blogs.cisco.com/news/cisco-secure-application-now-delivers-business-risk-observability-for-cloud-environments
4. 供應鏈資安敲警鐘，by 聯合報新聞部，Mar 27，2023 https://topic.udn.com/event/newmedia_hacker_supply-chain
5. 2023 精誠資訊永續報告書，by SYSTEX 精誠資訊，August 2024 https://tw.systex.com/esg-download/

9-5 數位轉型中的 AI 綠色革命

INNOLUX 群創光電

群創光電於 2021 年通過 WEF 燈塔工廠認證，藉整合 AI 技術推動永續工程，提升材料和能源使用效率，實現經濟效益與競爭優勢，在數位轉型深化中推動永續發展和減碳工程。跟著本節一起來看 AI 如何協助推動永續發展和減碳功能，實現環境效益與經濟效益的平衡，並為製造業提供突破傳統模式的新典範。

▲ 群創永續進行式策略 (圖片來源：群創光電)

製造業的雙重壓力：高效經營與綠色轉型的挑戰

製造業正面臨來自經濟和環境的雙重壓力，在推動高效經營的同時，也須將綠色轉型視為核心目標，為製造業帶來了前所未有的挑戰。如何提升能源效率、實施減碳策略以及人才與技術雙管齊下的創新管理，是公司實現永續發展的核心關鍵。

1. **能源效率與成本控制**

    面臨全球能源成本高漲的挑戰，在提升能源效率和控制製造成本間須取得平衡。通過提高生產力和減少能源使用，達成了成本控制與效率提升的目標。隨著環保意識增強，降低能源消耗和減少溫室排放成為企業的重要責任，採用創新技術和管理策略應對經濟與環保挑戰。此外，台灣水情不穩，尤其在旱象嚴重年份，穩定水資源供應對用水大戶如面板廠亦是重大挑戰。台灣還面臨缺電、缺錢、缺工、缺產業政策等問題，這些都對產業長期穩定運作造成影響。

2. **低碳產品設計開發瓶頸**

    在設計低碳產品中，主要的挑戰包括：
    (1) 計算產品碳足跡、識別碳排放熱點、鑑別產品減碳機會。
    (2) 建立邊際減量成本曲線（Marginal Abatement Cost Curve, MACC）做為評估減碳措施成本效益的關鍵工具。
    (3) 設定減碳目標。
    (4) 快速、有效率地執行減碳對策。

(5) 監控減碳對策是否符合預期。面臨這些挑戰需要經驗豐富的團隊支持，並利用生命週期評估工具和碳管理軟體等工具來協助決策。

3. **技術創新與人才缺乏**

   在 AI 和數據分析領域，人才短缺成為技術創新瓶頸，因此公司需加強人才培育和技術投入，提升員工的 AI 與數據處理技能，以確保在市場競爭中保持領先。

AI 驅動的製造業革命：從節能減碳到生產優化的全方位應用

通過 AI 技術的應用，實現資源運用的最佳化，提升能源效率，並制定最具成本效益的減碳策略，為實現永續發展目標提供了強大助力。

1. **i-ACE 智能空調系統與 iFM 大數據管理系統**

   為綠色轉型研發出的 i-ACE 智能空調系統，運用人工智慧與大數據技術，精確控制冰水主機、冷卻水塔與泵浦等設備，從單變數控制轉變為多變數最佳化控制，提升協同效率及運行效率，展示其在智能建築技術領域的創新能力。此外，為應對廠務公用系統績效管理，導入 i-FM 4.0 大數據管理系統，面對旱情缺水風險，i-FM 系統匯整歷史水情數據及設備效能等資料，整合水利署的水情資訊，在水情告急時掌握未來數月的水資源動態，精準管理水資源，有效控制缺水風險。

2. **產品碳足跡智慧管理系統**

   該系統會自動串連設計與生產數據,計算產品碳足跡,進行碳熱點分析以鑑別減碳機會。通過 MACC 邊際減量成本曲線(Marginal Abatement Cost Curve)和 AI 模型計算,推薦最適減碳方案及路徑規劃。企業可利用此系統找出最佳減碳措施組合,結合產品設計與減碳目標,實現減碳與降本雙重節約。此外,該系統可規劃年度產品減碳路徑,幫助群創光電在設計產品上達成節材、節能、低碳目標,增強品牌形象和市場競爭力,實現經濟利益最大化,促進永續發展。

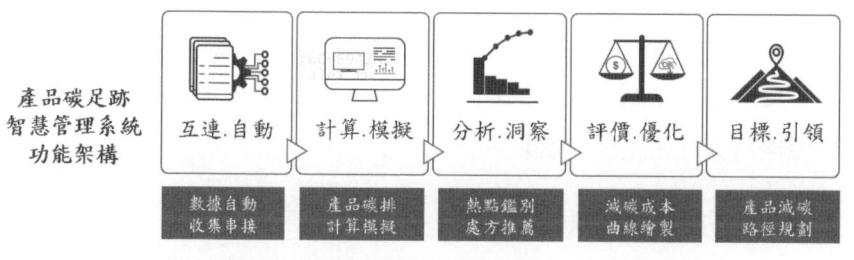

   ▲ 產品碳足跡智慧管理系統功能架構(圖片來源:群創光電)

3. **AI 驅動的製程優化**

   利用 AI 開發出預測維護工具,該工具能預先發現設備問題,建議可行維修方案,有效減少停機時間,提高效率。AI 品質控制系統在生產初期便能識別產品瑕疵,保障品質並減少資源浪費,從而顯著提升生產線的整體效能和產品品質。

4. **數據驅動的決策支持系統**

   通過 AI 工具深入解析消費者行為和市場趨勢,精確制定產品開發和銷售策略。這使公司能快速應對市場變化,提升產品滲透率和顧客滿意度,優化庫存和供應鏈管理,降低運營成本,增強業務效率。

▌AI 提升能源效率與永續發展

AI 的應用為這一挑戰提供了革命性的解決方案,憑藉其數據分析、精準預測與自主優化能力,為企業創造了經濟價值和競爭優勢,在提升能源效率的同時,幫助企業縮短產品開發周期、優化運營決策,促進技術創新與企業長期發展的深度融合,在永續發展的道路上實現經濟與社會價值的雙贏。

1. **提高能源和資源效率**

   i-ACE 智能空調系統利用精確控制和預測技術,每年節省 1,333 萬度電,節電率達 1.95%,相當於減少 6,786 噸 CO_2e 排放,相當大安森林公園一年吸收碳量的 17.5 倍。系統提升能效,確保運行穩定,並透過自主開發與持續培訓,促進公司與員工共同成長。透過積極推動水管理與水回收技術,在 14 個廠區推動「有效益水回收」,導入高效再生水技術,一滴水可以用 7 次!2023 年台灣廠區製程水總回收量達 267.5 百萬噸,回收率達 97.6%。

2. **加強企業永續發展能力**

    透過 AI 推薦產品碳足跡最適方案，大大節省了減碳、成本多維度資料分析以及判定的時間（從原先的 40 分鐘 / 8 組到 0.3 秒 / 8 組）。這使得我們能夠直接針對最適方案進行戰略決策評估，不僅縮短了低碳產品開發時程，還能向客戶清楚呈現整體產品的減碳路徑。這不僅使得我們在市場上更具競爭優勢，也能同時滿足客戶需求並降低整體環境衝擊，進一步實踐企業的永續發展承諾。

3. **提升市場競爭力**

    AI 驅動的創新不僅提高了生產效率和產品品質，也增強了在全球市場中的競爭力。透過快速響應市場變化和消費者需求，公司能夠更有效地搶占市場份額，增強其品牌形象和市場地位。

4. **促進企業文化和員工參與度**

    教育培訓和員工參與計劃，將永續理念融入公司文化。AI 技術的應用也為員工提供了學習和成長的機會，增強了員工對公司的歸屬感和參與度，這對於推動公司長期的永續發展策略至關重要。

9-6 突破資料整合挑戰的防災與氣象預測 AI

ThinkTron 興創知能

隨著氣候變遷日益加劇,如何將龐大的歷史數據化為防災與應變的智慧資源,成為科學界與社會共同關注的問題。為了達成精準的氣象預測與防災規劃,透過現在的 AI 科技,結合資料視覺化與現代網頁技術,提供災害管理的災前預警與災中應變的輔助決策。

異質性地理數據增加發展難度

地理空間數據的使用常因跨機構的資料整合不足而受限,面對不同來源的異質性地理空間資料,其資料結構可能包括物聯網儀器資料、網格資料、向量資料等,AI 工程師平均需要花費 80% 的時間進行資料清洗與前處理,這種處理方式不僅耗時,且需要相關的領域知識才能確保資料解析正確,不然可能會出現解析錯誤,進而影響 AI 模型的準確性。

▶ 異質性地理空間資料的多樣性(圖片來源:興創知能;部份數據來源:中央氣象署開放資料)

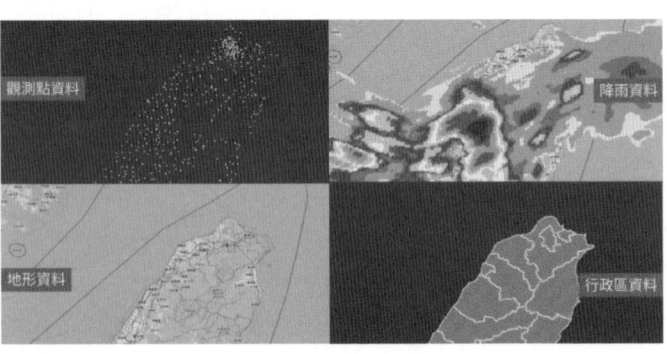

突破異質資料整合難題，以 AI 為核心的災害預測與應對

TRONCube 透過兩項核心架構進行設計，解決過去使用開放資料立方 (Open Data Cube) 取用各種地理空間資料的不便，加快 AI 模組的訓練速度：

1. **異質性資料立方技術**
   - **標準化倉儲**：讓開發者透過統一的結構進行資料的存取，並透過自動化資料處理工具，可免人工持續自動抓取並清洗最新資料。
   - **地理空間資料整合**：多樣異質性資料可以相容於倉儲內，資料跨域整合與混搭。
   - **介面多樣化**：可透過 Python 或 RESTful API 進行呼叫，同時支援 QGIS 等傳統 GIS 工具查看資料。
   - **系統容器化**：採 Docker 容器化服務，便於快速部署在任何環境，方便程式的更新與維護。

◀ TRONCube 主要功能（圖片來源：興創知能）

2. 多層次服務架構
   - **資料即服務 (Data as a Service, DaaS) 模式**：以資料立方為架構，使用者可即時直接透過 Python 或 RESTful API，直接取用已清洗好之地理空間數據，並可自行添加資料處理工具，開發者僅需專注於 AI 模式的訓練與調整上，省去資料清洗時間，提昇了開發效率。
   - **平台即服務 (Platform as a Service, PaaS)**：開發人員可以直接使用雲端版本的 Python Jupyter Notebook 環境進行開發（如下圖），僅需數行指令即可抓取時間與空間條件下的異質數據流進行 AI 建模。由於整合於同一的雲端網路架構上，資料讀取較高。對於基礎架構建置不熟的開發人員可省去於本地端搭建整體環境與安裝摸索時間。

▲ 以淹水 AI 模型為例，透過統一架構進行快速載入（圖片來源：興創知能）

   - **軟體即服務 (Software as a Service, SaaS) 模式**：對於第一線使用者也有提供如降雨、淹水與崩塌的 AI 災情預測模型，透過統一模板加速客製化開發流程，以雲端平台提供軟體即服務（SaaS）形式，當使用者依需求時空條

件取得異質性資料後，可直接使用 AI 預測模型之即時演算資訊成果，達到環境監控或防災決策輔助的效果。

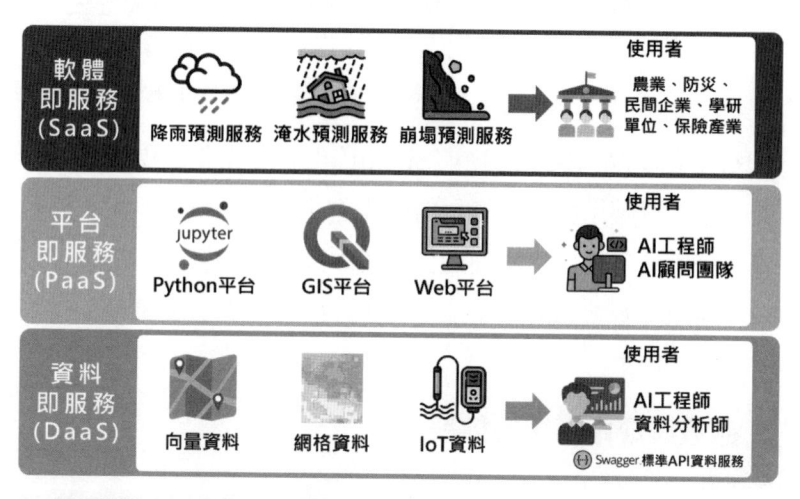

軟體即服務 (SaaS)	降雨預測服務	淹水預測服務	崩塌預測服務	→	使用者：農業、防災、民間企業、學研單位、保險產業
平台即服務 (PaaS)	Python平台 (jupyter)	GIS平台	Web平台	→	使用者：AI工程師、AI顧問團隊
資料即服務 (DaaS)	向量資料	網格資料	IoT資料	→	使用者：AI工程師、資料分析師 Swagger 標準API資料服務

▲ 服務架構 (圖片來源：興創知能)

AI 解決資料整合與效率問題

通過異質性資料立方技術和多層次服務架構的設計，提供一套資料整合與分析的系統性解決方案。針對異質資料的整合困難、資料格式不一致和處理效率低下等挑戰，提出了標準化資料倉儲、自動化處理工具以及容器化部署等技術手段，有效提升了地理空間數據的存取與應用效率。不僅降低了開發過程中的時間與資源成本，提高數據分析與 AI 應用的準確性和效率。特別是在防災應變等需要快速反應的應用場景中，提供即時性的資訊與輔助決策能力。

9-7 配方設計 AI 化！
特用化學品行業的智能轉型

Chimes AI 詠鋐智能

特用化學品（Speciality chemicals）行業作為現代製造的核心，其產品廣泛應用於高性能材料與先進化學品領域。然而，該行業面臨著諸多挑戰，例如研發周期長、成本高、數據管理困難以及技術門檻高等問題，亟需創新技術解決方案來提升效率與競爭力。

品質與成本平衡的挑戰

在全球特用化學品市場的激烈競爭中，產品品質與效能已成為企業競爭力的關鍵核心。如何在保證產品品質的同時，降低生產成本，是業界亟待解決的挑戰。特用化學品的生產過程高度複雜，涉及多種成分配比與精密的製程參數。這些挑戰對傳統的配方管理與調整方法提出了更高的要求，但傳統方法在效率與品質保障方面已顯得力不從心。

特用化學品行業作為現代製造業的重要支柱，其應用範圍涵蓋高性能材料與先進化學品，生產過程中往往需要處理複雜的化學反應與精密的製程控制。從原材料選擇到最終產品的製程控制，每一環節都對產品的品質有著重大影響。然而，傳統配方開發方法主要依賴化學家與工程師的經驗與反覆試驗，既耗時又低效，根據詠鋐智能的調查

報告指出，新材料的發現到推向市場可能需要長達 10 年的時間。無法應對快速變化的市場需求與技術進步帶來的壓力。

以台灣一家專注於高性能複合材料的公司為例，該公司希望開發出一種新型高性能樹脂，滿足汽車與電子產品領域的市場需求。然而，由於市場需求變化迅速，該公司需要在短時間內完成新產品的開發。傳統配方開發方法無法在短期內完成大量實驗，導致開發速度滯後於市場需求，嚴重影響競爭力。

AI 最佳化配方管理：提升企業競爭力

隨著數位化和人工智慧技術的發展，出現了新的解決思路。整合 AI 技術，期望實現更精準的生產配方推薦和調整，從而達到最優化的生產效率和品質控制，同時節省人力資源成本。這一新興技術被寄予厚望，有望推動特用化學品生產業邁向現代化，增強整體競爭力。Chimes AI 詠鋐智能為此開發的 Tukey－配方參數最佳化軟體，針對特用化學品的生產配方探索與參數推薦，提供了一套創新且高效的解決方案。該平台利用先進的人工智慧和機器學習技術，結合拉丁方格與粒子群演算法，能夠在實驗數據中快速找到最佳配方組合。這不僅大大縮短了研發周期，還顯著提高了產品的一致性和性能。

此解決方案結合以下創新技術點，為特用化學品研發帶來革命性的進步：

1. **AI / ML 驅動的預測性分析與最佳化技術**：利用人工智慧 (AI) 與機器學習 (ML) 技術，結合拉丁方格與粒子群演算法，能夠快速模擬與最佳化配方參數。在單一產品的開發過程中，顯著縮短研發周期，同時提升產品性能穩定性與一致性。該技術還能重塑傳統的研發流程，大幅提高團隊的效率，實現智能化轉型。

2. **直觀友善的介面設計，賦能研發工程師**：配備直觀的圖形化介面，使研發工程師能輕鬆操作原本需要專業 AI/ML 技術支持的數據分析流程。透過反向求解 (Inverse Solve) 與條件約束 (Conditional Constraints) 功能，用戶可輸入多項產品規格目標，並設定配方限制條件範圍，快速生成符合需求的最佳配方建議。這不僅降低了技術應用門檻，還顯著縮短了從實驗到產品落地的時間，幫助企業實現研發智能化，進一步降低研發成本。

3. **數據驅動的全方位研發支援**：能基於實驗數據自動建模，針對不同原材料特性與製程要求進行動態配方調整，支援多樣化應用場景。同時，搭配生成式 AI (Generative AI) 技術分析歷史實驗結果，避免重複、類似或低效的實驗設計，提升實驗設計的精準度與創新性。這讓使用者能靈活在不同材料系統中使用，全面支援特用化學品的研發需求，為研發工作注入更多靈活性與多樣性。

在實際應用中，目前已成功幫助多家領先的特用化學品公司顯著提升生產效率與產品質量。例如，詠鋐智能的合成樹脂製造商客戶使

用 AI 平台，將新型材料的研發周期縮短了 40%，同時實現產品性能的一致性優化，獲得了市場的高度認可。

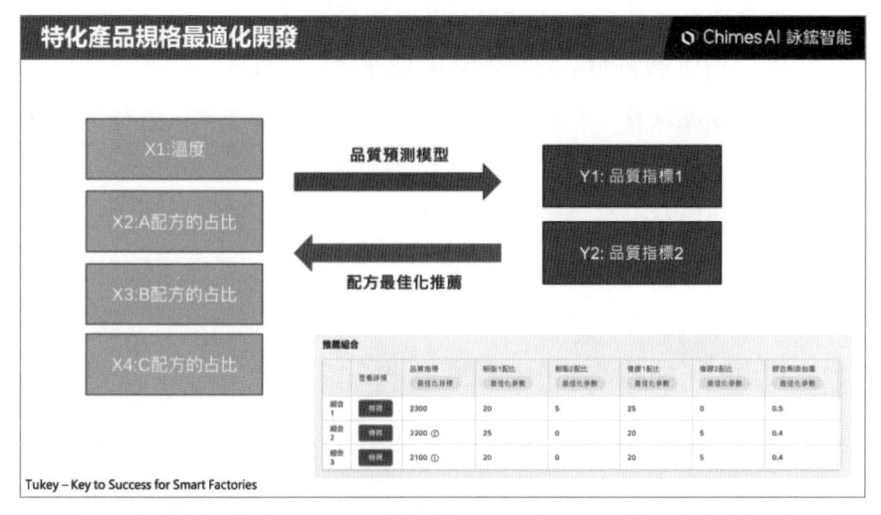

![特化產品規格最適化開發圖表]

▲ AI 模型根據溫度與配方比例預測品質指標，推薦最佳參數組合來優化特用產品的開發
（圖片來源：詠鋐智能 Tukey 實際產品畫面與客戶案例示意）

從試驗室到市場，AI 縮短產品開發週期

　　自從導入 AI 後，該公司的配方開發過程變得更加科學化與標準化。研發人員依照 AI 建議的數據格式，將實驗數據進行標準化整理，過往數據的利用率大幅提升，研發周期得以大幅縮短，並顯著提高了產品的性能與一致性。研發團隊能在更短的時間內完成更多實驗，快速找到最佳的配方組合。同時，AI 提供的直觀操作介面，使研發人員無需依賴專業的 AI / ML 科學家即可進行分析，降低技術應用門檻，全面提升了研發效率。整體量化效益如下：

1. **研發周期縮短**：研發周期縮短了約 50%，使新產品能夠更快上市，迅速滿足市場需求。
2. **成本節約**：通過高效的配方推薦和數據分析，研發成本降低了約 30%，包括實驗材料和人力成本。
3. **產品性能提升**：產品性能和一致性顯著提高，滿足了客戶對高性能樹脂材料的需求，提升了市場競爭力。
4. **數據利用率提高**：數據管理和分析效率大幅提升，數據利用率提高了約 40%，為未來的研發提供了寶貴的數據支持。
5. **技術應用門檻降低**：平台友善的操作介面使非技術人員也能輕鬆上手，顯著降低了技術應用門檻，全面提升整體研發效能。

AI 在特用化學品行業中展現了卓越的應用成效。透過先進的技術與友善的操作介面，該解決方案有效彌補了傳統配方開發與維護方法的不足，成功應對了複合材料研發中對成分配比與製程參數的高要求。

實際應用結果顯示，AI 準確率超過 90%，並在全球前十大石化集團的實證案例中取得了卓越的表現。這些成功經驗迅速獲得業界廣泛採用，證明其應用於多種領域的廣闊潛力。

從高性能材料到先進化學品，AI 不僅顯著提升了產品研發的效率與品質，還幫助企業在競爭激烈的市場中保持技術領先地位。作為一項創新且高效的解決方案，AI 正在助力特用化學品行業邁向智能化與現代化的新階段。

9-8 Building × Lifecycle Twin 引領智慧建築新未來

SIEMENS 西門子

建築產業遇生產瓶頸，缺乏有效數位管理手段

智慧工廠與工業 4.0 的應用在製造業蓬勃興起。然而，一直以來，建築、工程與設施管理產業仍面臨生產力瓶頸。

根據麥肯錫公司研究調查（McKinsey Productivity Sciences Center, 2015），過去 20 年來，相較建築、工程及設施管理產業，製造業每位員工的平均生產力是上述產業的兩倍。深入分析與訪談後發現，造成建築、工程及設施管理行業生產力瓶頸的主要原因包括**溝通效率低落、資料管理工具缺乏標準化、工程重工與延宕、勞動力短缺**，以及日益嚴苛的**永續與能源效率法規**。例如，建築專案從設計到施工再到維運階段，數據交付經常因格式不統一導致資訊遺漏，增加了管理成本與風險。同時，專業知識傳承困難與勞動力短缺問題，也進一步限制了行業發展。這些長期存在的挑戰突顯出引入新工具與技術的迫切性，以提升效率並確保合規性。

> 金管會啟動「上市櫃公司永續發展路徑圖」，要求全體上市櫃公司於 2027 年前完成溫室氣體盤查。《氣候變遷因應法》最快於 2024 年底啟動碳費徵收。隨著 ESG 減碳及永續性浪潮興起，對建築材料減量、廢棄物處理以及環境影響的 ▼

> 法規要求日益增多,使建築設施對能源效率及減碳管理機制的要求變得更加嚴格。因此,新建專案在設計、施工及設施能源管理上亟需引入新工具,以達到上述要求。而在引入新工具的同時,也會順勢導入 AI 技術。

BIM 與 AI 技術,打造高效、永續的未來建築

為解決這些施工與管理問題,近年來政府公共工程和重要基礎建設逐步引進**建築資訊建模(BIM, Building Information Modeling)技術**。BIM 作為建築、土木與機電工程的專案資訊整合管理工具,透過施工前的 3D 幾何模型模擬,能有效找出潛在衝突並提前排除,避免施工過程中的設計變更,從而節省大量時間與成本,並有效管控風險。而隨著物聯網(IoT)、人工智慧(AI)和數位雙生(Digital Twin)技術的發展,智慧建築邁向全生命週期的高效管理與永續發展。

◀ 未來建築需整合 BIM 並橫跨建築全生命週期的系統平台(圖片來源:台灣西門子)

西門子的 AI 開放樓宇應用平台 Building X，將其建築數位雙生（Building Digital Twin）技術整合至 Building X Lifecycle Twin 智慧建築產品組合中，精準回應了 BIM 技術延伸應用至建築全生命週期的產業需求，為智慧建築與自主式建築提供全面解決方案：

- **共通的數據 CDE 平台及標準化工具**：整合多方數據，採用開放標準（如COBie）提升資料一致性，解決「資料孤島」問題，降低交付與移交風險。
- **數位資產支持營運決策**：平台在設計、施工、維運及改造各階段提供 3D 可視化數據與分析，實現全生命週期的高效管理，減少資源浪費與重工風險。

▲ Building Digital Twin + AI : 實現 3D 可視化數據與分析（圖片來源：台灣西門子）

- **能耗與永續管理**：整合能耗數據，提供建築能源效率的可視化分析，支持 ESG 目標達成，助力企業實現減碳與永續經營。

> 國發會的「2050 淨零排放路徑」目標要求 100% 的新建建築及 85% 的既有建築在 2050 年前達到近零碳排放。針對 ESG 及永續性要求，建築數位雙生（Building Digital Twin）可以在單一平台中整合和互通橫跨整個建築生命週期的軟體與數據。這符合國際標準 ISO 19650-1 所闡述的「使用建築資產的共用數位化呈現方式，促進設計、建造和營運過程，以形成可靠的決策基礎」。

- **自主式建築（Autonomous building）**：應用 AI 與深度學習技術，實現設備的預測性維護與自動調整，延長設備壽命並減少維運成本。可說 Building X 平台的一大亮點，為智慧建築（Smart Buildings）邁向下一階段提前佈局。

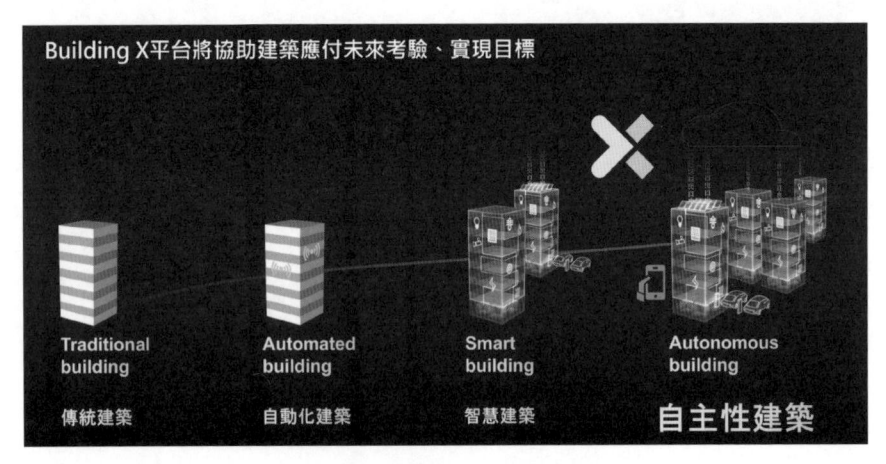

▲ 佈局智慧建築下一步：自主式建築（圖片來源：台灣西門子）

由於本書聚焦在 AI Solutions，就來著重關注**自主式建築**的部份。

智慧建築透過物聯網、資訊通信和樓宇科技，可為使用者提供便利、安全、健康和永續的建築環境。試想一下，當智慧建築變得更加聰明，自主地運用人工智慧和深度學習技術，成為 24 小時全天候的智慧總管。這樣的建築能夠基於設備的正常運行數據、過往維護報告和自訂維運關鍵指標，協助維運管理。

當設備出現非正常能耗或故障時，自主式建築能即時找出問題並提出解決方案，甚至比對庫存，協助下單購買替代物料，以實現有效的預防性維護。這不僅延長了設備和建築的使用壽命，還能避免因設備失效影響使用者和維運者。簡言之，自主式建築比智慧建築更為聰明，能夠快速應變。通過不斷生成的大量數據，建築能夠自主學習、自動調整及預測，適應各種環境變化和突發狀況，提供更優質的室內及設施環境控制。

透過數位雙生與 AI 技術的應用，西門子不僅推動了智慧建築向自主式建築的轉型，還為建築行業創造了永續發展的新模式，成為數位化轉型的典範。

memo

CHAPTER 10

智慧轉型新藍圖：AI 驅動的產業創新與永續發展

林筱玫 博士 │ 台灣人工智慧協會 (TAIA) 常務理事兼執行長
國立台灣科技大學 資訊管理系 助理教授
國立清華大學兼任助理教授（生成式 AI 與文創應用課程）

在本書的各章節中，我們收錄並深入淺出地剖析了逾 50 則台灣 AI 實踐案例與專家觀點，展現台灣在人工智慧領域的創新實力，並記錄 AI 技術如何在各產業逐步落地、生根、茁壯。這些案例清楚反映出，AI 技術正深刻地改變台灣產業的面貌。然而，面對全球 AI 競爭持續升溫，台灣若只倚賴過去的成功模式並不足以保持競爭優勢，持續推動創新以及跨領域整合與協作，才是下一步的關鍵。

根據波士頓諮詢公司（BCG）2024 年的《人工智慧企業採用研究》[1]（BCG，2024），過去三年內，領先採用 AI 的企業收入增長達 1.5 倍，股東回報增加 1.6 倍，投資資本回報率提升 1.4 倍。此外，AI 領導企業預估至 2027 年，透過 AI 可使收入增長進一步提高 60%，同時營運成本降低近 50%。另一份 IDC 的報告《生成式人工智慧帶來新的商業價值》(IDC,2024)[2] 指出，每投入 1 美元於生成式 AI，平均實現 3.7 倍的投資回報率（ROI）。金融服務領域的 ROI 最高，超過 10 倍。預測生成式 AI 支出將從 2023 年的 $19 億增至 2028 年的 $304 億，年均複合增長率達 74%。

市場研究分析結果，對追求卓越競爭力的台灣企業而言，具有高度戰略價值與吸引力。然而，技術所帶來的龐大利潤背後，也潛藏著必須正視的挑戰與風險。首先是 **AI 技能人才缺口**，世界經濟論壇的《2025 年未來就業報告》（WEF，2025）[3] 報告指出，技能缺口是企業轉型的主要障礙，全球將面臨數百萬 AI 專業人才短缺的困境。報告中，強調了培養 AI 技術技能以及重視人類能力（如創新創造力、批判思維、問題解決能力和人際互動靈活性）的重要性，這些能力恰巧是 AI 技術無法完全取代的領域，將成為 AI 時代職場競爭力的重

要因素之一。預估至 2025 年，相關人才缺口將達數百萬人。對台灣而言，這不僅是挑戰，更是推動本土 AI 人才培育與回流的契機。

再者，**數據資源的取得與管理**，同樣是 AI 技術應用的關鍵所在。在強調個人隱私與數據安全的時代，如何在合法、合規的前提下使用數據，不但要兼顧技術開發需求，也需保障個人與社會利益。顧能公司 (Gartner，2025) [4] 預測到 2027 年，60% 的企業可能因缺乏有效的數據治理框架而未能實現 AI 的預期價值。目前的資料治理實務通常過於僵化且對業務環境不敏感，而良好的數據治理能加速新數據產品的上市時間並降低成本。

此外，AI 導入勢必帶來**就業結構的變化**。麥肯錫預測，全球正面臨全球勞動市場因技術進步和人口結構變化而面臨的挑戰，到 2030 年，全球約有 3.75 億個工作機會將受到自動化影響。另一篇報告《依賴和人口減少？》(McKinsey，2025) [5] 指出，全球人口正由金字塔形轉變為方尖碑形，發達國家及中國的工作年齡人口比例將從目前的 67% 降至 2050 年的 59%。到 2050 年，如果勞動強度和生產力增長保持不變，老年人口的消費支出已超過年輕人，若生產力無法提升，人均 GDP 成長將顯著放緩，這將對政府財政和社會福利體系構成挑戰。面對此趨勢，企業與政府必須事先規劃人力資源調整與再培訓，確保社會穩定與產業永續發展。

值此之際，我們呼籲產業界、學術界與政府部門通力合作，共同推動 AI 技術的健康發展。企業應積極投資技術研發與人才培育；學術界應強化基礎研究與教育；政府則需以適切政策與法規，營造有利環境，為 AI 創新鋪設穩固基礎。

顧能 (Gartner, 2023) [6] 在其生成式 AI 熱潮週期報告中，點出三項未來十年對企業組織具有深遠影響的關鍵技術：GenAI 啟用的應用程式、基礎模型，以及 AI 信任、風險與安全管理 (AI TRiSM)。

1. **GenAI 啟用的應用程式（GenAI-Enabled Applications）**
   這些應用程式藉由生成式 AI 強化用戶體驗、協助用戶快速達成目標。儘管文本生成應用目前已使許多專業任務更趨普及化 (democratize)，但仍面臨如幻覺 (hallucinations) 與不準確性等難題。

2. **基礎模型（FoundationModels）**
   基礎模型擁有龐大的預訓練數據以及廣泛應用場景，是 AI 發展的重要支柱。Gartner 預測，到 2027 年，基礎模型將支援高達 60% 的自然語言處理 (NLP) 應用案例，展現強勁成長潛力。

3. **人工智慧信任、風險與安全管理（AI TRiSM）**
   透過此 AI TRiSM 框架，企業可確保 AI 模型在治理、信任和可靠性方面的良好管理，包括公正性、數據保護等議題。若未能有效管理 AI 風險，便易在專案推行與安全防護上失利，導致財務與聲譽雙重損失。

   Gartner 亦強調，若企業落實 AI 的透明度、信任度與安全性，將能提升 AI 模型使用率、業務目標達成度與用戶接受度，幅度可達 50%。

在全球政經局勢方面，2025 年 1 月 20 日美國總統川普上任後，第一時間便撤銷了前總統拜登於 2023 年簽署的 AI 行政命令 (E.O.

14110, 2023)[7]。該命令原意在減少 AI 於消費者、勞動與國家安全領域所帶來的衝擊風險。川普此舉使該管控措施失效，也將 AI 開發與監管權再度交還企業與開發者，顯示兩位總統對 AI 的不同立場，勢必對美國 AI 的整體發展產生深遠影響。

回到台灣，台灣在 AI 發展上擁有半導體產業的關鍵優勢。近期與 Nvidia 合作的新廠房、新產線陸續投入 AI 晶片封裝技術的創新研發，同時也因未被列入美國最新 AI 技術出口限制之中，而再次印證美國對台灣在技術控管上的信任。然而，根據英國《Tortoise Media》發布的《全球 AI 指數》(The Global AI Index)[8]，台灣在 83 個國家中排名第 21，顯示在「實踐」、「創新」、「投資」三大指標框架下仍有龐大進步空間（如下頁圖）。

十大策略性科技趨勢

根據顧能（Gartner, 2025）[9] 的預測，人工智慧（AI）及相關技術在未來幾年內將在十個領域展現顯著影響力，包括代理型 AI、AI 治理平台、假資訊安全、後量子密碼學、環境隱形智慧、節能計算、混合計畫、空間運算、多功能機器人互動、神經功能增強，以下簡介技術、預估產值及其未來趨勢：

1. **代理型 AI**（Agentic AI）：代理型 AI 能自主制定目標並執行任務，未來有望成為虛擬勞動力。Gartner 預測，2028 年將有 15% 的日常決策交由代理型 AI 完成（2024 年為 0%），企業需關注其安全性及可信性。

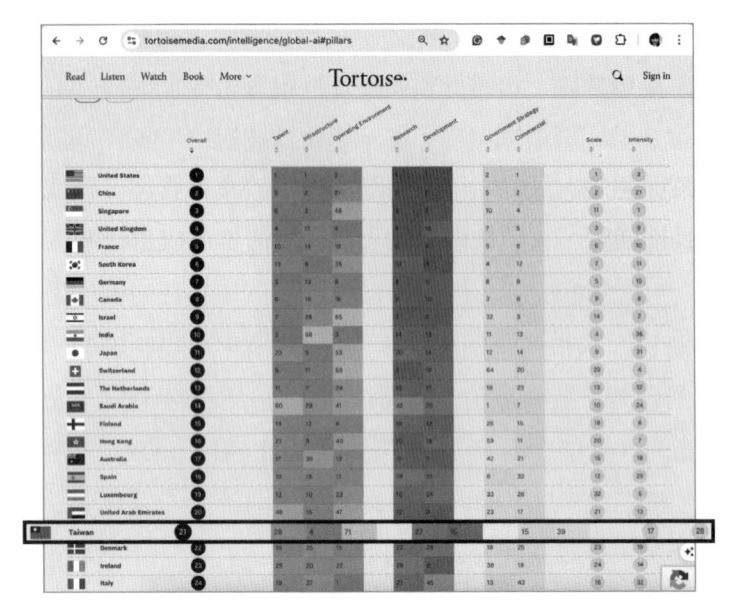

▲ 2024 全球 AI 指數（The Global AI Index），台灣在 83 個國家中排名第 21。
（資訊來源：Tortoise Media, 2025）

2. **AI 治理平台**（AI Governance Platforms）：透過 AI 治理平台管理法律、倫理與風險，建立負責任 AI 政策。預估至 2028 年，全面採用治理平台的企業將比未採用者減少 40% 的 AI 倫理事件，客戶信任度將比競爭對手高出 30%。

3. **假資訊安全**（Disinformation Security）：此新興技術用於辨識及阻止假資訊。至 2028 年，50% 企業將採用專門的假資訊安全解決方案，以防範 AI 技術惡意操控帶來的潛在損害，目前僅有不到 5% 的企業採取行動。

4. **後量子密碼學**（Postquantum Cryptography）：量子計算崛起將威脅傳統加密方式，後量子密碼學提供相應保護。Gartner 預

測 2029 年起大部分非對稱加密將面臨風險，企業需提前佈局。

5. **環境隱形智慧**（Ambient Invisible Intelligence）：基於超低成本的小型智慧標籤和感測器，可實現大規模、經濟、高效率的追蹤與感知，2027 年前期應用集中於庫存管理、物流追蹤等。長期展望，這項技術將融入日常生活，形成生活智慧。

6. **節能計算**（Energy-Efficient Computing）：高耗能應用促使企業轉向節能新技術（如光學、神經形態計算及新型加速器）。2020 年代後期起，新型計算技術將明顯降低特定應用(如 AI 優化)能源消耗，促進可持續發展。

7. **混合計算**（Hybrid Computing）：結合 CPU、GPU、ASIC、量子及光學計算等多架構，解決更複雜問題，推動 AI 等領域效能突破，實現技術創新與變革。

8. **空間運算**（Spatial Computing）：透過 AR 及 VR 融合數位與現實，是物理與虛擬體驗交互的新層次，可簡化工作流程及增強協作能力，提高組織效能。2033 年市場規模將從 2023 年的 1,100 億美元成長至 1.7 兆美元。

9. **多功能機器人**（Polyfunctional Robots）：能執行多樣任務的機器人逐步取代單一任務機器人，部署效率提升。2030 年每天與機器人互動人群將由 10% 提升至 80%。

10. **神經功能增強**（Neurological Enhancement）：透過腦機介面（BBMI）提升認知及決策能力，廣泛用於技能提升、行銷及績效優化。2030 年將有 30% 知識工作者依靠此技術維持競爭力。

智慧轉型新藍圖

為了在未來十年緊抓台灣獨有的 AI 策略利基，本文提出以下建議：

1. **強化 AI 人才培育與留任**

    政府應加大 AI 教育投資，培育高階人才，建立國際交流平台，吸引海外人才回流，防止人才外流。透過跨國合作、雙向學術交流，以及與國際 AI 組織建立緊密連結，提升台灣在全球 AI 生態系中的影響力。

2. **加強產學研合作與創新研發**

    透過政策與資金支持，鼓勵企業與學術界深度合作，推動 AI 技術研發及應用落地，加速創新成果商品化。特別是在半導體、智慧製造、生技醫療等優勢產業中，預期隨著 AI 技術日益成熟，將更緊密地結合這些產業，從提升生產效率到強化附加價值，以實現智慧化與個性化的產業升級。同時，AI 所驅動的企業數位轉型將不再只是一項技術導入，而是一場全方位結構調整，有助企業在全球市場中脫穎而出。

3. **完善 AI 產業生態系與資源整合**

    政府應積極推動 AI 產業鏈完善，尤其在晶片設計與應用端，並建置更開放的 AI 創新平台，協助新創企業與中小企業克服資源瓶頸，移除資金與資源短缺障礙，持續強化台灣的韌性與創意領先優勢，並積極延伸至 AI 應用層面，實現技術價值最大化。推動技術交流與市場融合，加速產業國際化。

    在應用層面，AI 於精準醫療與智慧長照領域展現巨大潛力。例如，AI 技術可協助臨床醫師進行更精準的診斷並提供客製化治療方案。根據 IDC[10] 預測：到 2027 年，亞太地區醫療保健產

業，將透過智慧自動化節省 1,100 億美元。此外，在智慧生活方面，代理型 AI、環境隱形智慧、多功能機器人等技術的結合，可滿足全齡民眾在日常生活和工作中的需求，提升生活品質。

4. **綠色科技與 AI 融合，邁向永續發展**

   隨著全球對碳中和與氣候變遷的關注度持續攀升，台灣也積極擬定淨零碳排策略，並推動綠色科技與循環經濟，提供低碳且穩定的能源供給。依據《麻省理工科技評論》(2023)[11] 報告指出，生成式 AI 的運行的能源消耗和水資源使用問題，包括生成一張圖像所需的能量相當於為手機充電一次，以及效率最低的模型可能消耗大量電力。同時也提及了支撐這類 AI 技術的基礎設施，必須具備穩定的電力供應和有效的散熱系統（通常需要水）來支持數以千計的高性能運算單元。

   AI 在能源管理、碳排放監測與智慧電網等關鍵領域的應用，正逐步成為驅動綠色轉型的核心動能。顧能（Gartner, 2024）[12] 推估 ，到 2027 年，全球《財富》500 大企業將投入高達 5,000 億美元發展微電網（Microgrids）建設，藉此降低營運成本，同時強化能源供應的韌性和永續性，為 AI 的長期發展奠定穩固而具彈性的基礎設施。

   展望未來，AI 與環境永續之間的深度融合，將不僅是技術演進的趨勢，更是全球淨零碳排戰略中的關鍵一環。建構與運行 AI 模型所需的資源將高度仰賴能源與水資源的有效供應，而這背後必須有強大且高效的資料中心基礎設施支撐。若台灣能成功推動「數位」與「永續」的雙軸轉型 (Twin Transformation)，勢必為台灣乃至全球創造更多可持續的價值。

5. **制定 AI 倫理與法規框架**

   參考國際先進經驗，如歐盟的《歐盟人工智慧法案》(EU AI Act)[13]，制定符合台灣在地需求的 AI 倫理指導原則與法規，確保技術發展與社會價值觀相符，同時保障公民權益。自 2023 年以來，生成式 AI 技術在創新設計、內容生成、語言翻譯等領域引起全球關注，但也帶來智慧財產權、數據隱私、倫理規範等新的課題。此外，顧能（Gartner，2024）[14] 預測，到 2028 年，40% 的大型企業將運用 AI 技術監測員工行為與情緒。雖有助企業更精準掌握員工工作狀態並提升效率，卻也可能引發關於隱私與自主性的激烈討論。如何在效能提升與員工福祉間取得平衡，將成為未來管理者的關鍵課題。

6. **積極參與國際 AI 合作與標準制定**

   主動參與國際 AI 組織與論壇，攜手制定國際 AI 技術標準，強化全球能見度與話語權。透過跨國、跨業、跨領域合作，推動尖端 AI 應用（如無人機、衛星、機器人等），並建立可信賴的供應鏈機制及韌性，促進區域均衡發展。

透過上述策略，台灣將在全球 AI 競爭中建立更穩固且獨特的優勢，推動 AI 技術的永續發展路徑。AI 與環境永續的深入融合，將為台灣及全球帶來更多可持續的價值。持續推動 AI 產業化與產業 AI 化，可促進產業均衡發展，協助中小企業透過數位化及綠能轉型，並加速培育未來人才。我們預見 AI 將持續引領下一波科技革命，為台灣產業創造無限可能。同時，台灣積極參與全球 AI 生態系，透過國際合作深化自身的技術能力與經驗，並將這些成果分享至

全球，為世界科技進步與人類福祉做出更大的貢獻。

本書的出版，一方面盤點並梳理台灣 AI 發展的階段性成果，也代表著我們對未來的承諾。面對全球 AI 競爭日趨激烈，台灣在 AI 產業的布局，不應侷限於既有成功模式，而須不斷創新思維，推動跨界整合與多方合作。我們深信，2025～2027 年將是 AI 技術與應用進一步成熟的關鍵時刻。台灣若善用本地人才與技術優勢，並積極融入全球市場，勢必在數位轉型與 AI 落地應用的浪潮中，為國際社會提供更多具創新與實效的解決方案。

讓我們以此書為起點，攜手邁向更智慧、更永續的未來。

參考資料

1. (BCG, 2024) AI Adoption in 2024: 74% of Companies Struggle to Achieve and Scale Value, URL: https://www.bcg.com/press/24october2024-ai-adoption-in-2024-74-of-companies-struggle-to-achievehttps://www.bcg.com/press/24october2024-ai-adoption-in-2024-74-of-companies-struggle-to-achieve-and-scale-valueand-scale-value
2. (IDC, 2024) Genera&ve AI Delivering New Business Value, URL https://143485449.fs1.hubspotusercontent-eu1.net/hubfs/143485449/2024%20Business%20Opportunity%20of%20AI_Generative%20AI%20Deliveri ng%20New%20Business%20Value%20and%20Increasing%20ROI.pdf
3. (WEF, 2025) Future of Jobs Report 2025: 78 Million New Job Opportunities by 2030 but Urgent Upskilling Needed to Prepare Workforce, URL: https://www.weforum.org/press/2025/01/future-of-jobshttps://www.weforum.org/press/2025/01/future-of-jobs-report-2025-78-million-new-job-opportunities-by-2030-but-urgent-upskilling-needed-to-prepare-workforces/report-2025-78-million-new-job-opportunities-by-2030-but-urgent-upskilling-needed-to-preparehttps://www.weforum.org/press/2025/01/future-of-jobs-report-2025-78-million-new-job-opportunities-by-2030-but-urgent-upskilling-needed-to-prepare-workforces/workforces/
4. (Gartner, 2025) Adopt a Data Governance Approach That Enables Business Outcomes, URL: h6ps://www.gartner.com/en/data-analyEcs/topics/data-governance
5. (McKinsey，2025) Dependency and depopulation?, URL: https://www.mckinsey.

com/mgi/ourhttps://www.mckinsey.com/mgi/our-research/dependency-and-depopulation-confronting-the-consequences-of-a-new-demographic-reality-/research/dependency-and-depopulation-confronting-the-consequences-of-a-new-demographichttps://www.mckinsey.com/mgi/our-research/dependency-and-depopulation-confronting-the-consequences-of-a-new-demographic-reality - / reality#/

6. (Gartner, 2023) Gartner Says More Than 80% of Enterprises Will Have Used Generative AI APIs or Deployed Generative AI-Enabled Applications by 2026 URL: https://www.gartner.com/en/newsroom/press-releases/2023-10-11-gartner-says-more-than-80-percenthttps://www.gartner.com/en/newsroom/press-releases/2023-10-11-gartner-says-more-than-80-percent-of-enterprises-will-have-used-generative-ai-apis-or-deployed-generative-ai-enabled-applications-by-2026of-enterprises-will-have-used-generative-ai-apis-or-deployed-generative-ai-enabled-applications-byhttps://www.gartner.com/en/newsroom/press-releases/2023-10-11-gartner-says-more-than-80-percent-of-enterprises-will-have-used-generative-ai-apis-or-deployed-generative-ai-enabled-applications-by-20262026

7. (E.O. 14110, Oct 30, 2023) Execu2ve Order on Safe, Secure, and Trustworthy Ar2ficial Intelligence, The White House, USA.

8. (Tortoise Media, 2025)The Global AI Index https://www.tortoisemedia.com/intelligence/global-ai

9. (Gartner, Oct. 2024) Gartner Identifies the Top 10 Strategic Technology Trends for 2025. URL: https://www.gartner.com/en/newsroom/press-releases/2024-10-21-gartner-identifies-the-top-10strategic-technology-trends-for-2025

10. (IDC, 2024) IDC Predicts: Asia/Pacific* Healthcare Industry to Save $110B by 2027 Through Intelligent Automation, URL: https://www.idc.com/getdoc.jsp?containerId=prAP53130025

11. (MIT Technology Review, 2023/12) Making an image with generative AI uses as much energy as charging your phone https://www.technologyreview.com/2023/12/01/1084189/making-an-image-with-generative-ai-uses-as-much-energy-as-charging-your-phone/

12. (Gartner, 2024) Gartner Predicts Fortune 500 Companies Will Shift $500 Billion from Energy Opex to Microgrids Through 2027. URL: https://www.gartner.com/en/newsroom/press-releases/2024-11-05-gartner-predicts-fortune-500-companies-will-shift-us-dollars-500-billion-from-energy-opex-to-microgrids-through-2027

13. (EU, 2024) EU AI Act. URL: h6ps://digital-strategy.ec.europa.eu/en/policies/regulatory-framework-ai

14. (Gartner, 2024) Gartner Unveils Top Predic&ons for IT Organiza&ons and Users in 2025 and Beyond h6ps://www.gartner.com/en/newsroom/press-releases/2024-10-22-gartner-unveils-top-predicEons-for-itorganizaEons-and-users-in-2025-and-beyond